U0302996

本书由以下项目资助

国家自然科学基金重点项目"黑河流域关键土壤属性数字制图研究"(41130530)
国家自然科学基金重大研究计划"黑河流域生态−水文过程集成研究"集成项目
"黑河流域土壤数据集成与土壤信息产品生成"(91325301)
国家自然科学基金面上项目"黑河流域土壤碳酸钙多尺度空间分布特征及其土壤发生学意义"
(41371224)
国家科技基础性工作专项"我国土系调查与《中国土系志（中西部卷）》编制"
(2014FY110200)

国家出版基金项目
NATIONAL PUBLICATION FOUNDATION

"十三五"国家重点出版物出版规划项目

黑河流域生态-水文过程集成研究

黑河流域土壤

张甘霖　李德成　等　著

科学出版社　龍門書局

北　京

内 容 简 介

本书依托国家自然科学基金重点项目"黑河流域关键土壤属性数字制图研究"（41130530）、重大研究计划集成项目"黑河流域土壤数据集成与土壤信息产品生成"（91325301）、面上项目"黑河流域土壤碳酸钙多尺度空间分布特征及其土壤发生学意义"（41371224）以及国家科技基础性工作专项"我国土系调查与《中国土系志（中西部卷）》编制"（2014FY110200），在收集整理前人研究成果基础上，主要基于 2012～2015 年对黑河流域区域全面调查研究的成果编撰完成。本书分章论述了成土因素，区域土壤调查与分类，成土过程、诊断特征与土壤空间分布特征，并重点介绍了上游、中游和下游典型土壤，关键土壤属性空间分布与制图。

本书主要面向从事与土壤学相关的学科，包括农业、环境、生态和自然地理等的科学研究和教学工作者，以及从事土壤、环境调查、区域规划的部门和科研机构人员。

审图号：GS（2020）2684 号

图书在版编目(CIP)数据

黑河流域土壤 / 张甘霖等著. —北京：龙门书局，2020.7

（黑河流域生态–水文过程集成研究）

"十三五"国家重点出版物出版规划项目　国家出版基金项目

ISBN 978-7-5088-5784-8

Ⅰ.①黑…　Ⅱ.①张…　Ⅲ.①黑河–流域–土壤调查　Ⅳ.①S159.24

中国版本图书馆 CIP 数据核字（2020）第 099398 号

责任编辑：李晓娟　王勤勤 / 责任校对：樊雅琼
责任印制：肖　兴 / 封面设计：黄华斌

科学出版社 龍門書局 出版

北京东黄城根北街 16 号
邮政编码：100717

http://www.sciencep.com

中国科学院印刷厂 印刷

科学出版社发行　各地新华书店经销

*

2020 年 7 月第 一 版　开本：787×1092　1/16
2020 年 7 月第一次印刷　印张：17　插页：2
字数：400 000

定价：258.00 元

（如有印装质量问题，我社负责调换）

《黑河流域生态–水文过程集成研究》编委会

主　编　程国栋

副主编　傅伯杰　宋长青　肖洪浪　李秀彬

编　委　（按姓氏笔画排序）

于静洁　王　建　王　毅　王忠静

王彦辉　邓祥征　延晓冬　刘世荣

刘俊国　安黎哲　苏培玺　李　双

李　新　李小雁　杨大文　杨文娟

肖生春　肖笃宁　吴炳方　张大伟

张甘霖　张廷军　冷疏影　周成虎

郑　一　郑元润　郑春苗　胡晓农

柳钦火　贺缠生　贾　立　夏　军

柴育成　徐宗学　尉永平　康绍忠

颉耀文　蒋晓辉　谢正辉　熊　喆

《黑河流域土壤》撰写委员会

主　笔　张甘霖　李德成

成　员　（按姓氏笔画排序）

刘　峰　杨　飞　杨　帆　杨仁敏

杨金玲　李山泉　吴华勇　宋效东

赵　霞　赵玉国　曾　荣

总　　序

20 世纪后半叶以来，陆地表层系统研究成为地球系统中重要的研究领域。流域是自然界的基本单元，又具有陆地表层系统所有的复杂性，是适合开展陆地表层地球系统科学实践的绝佳单元，流域科学是流域尺度上的地球系统科学。流域内，水是主线。水资源短缺所引发的生产、生活和生态等问题引起国际社会的高度重视；与此同时，以流域为研究对象的流域科学也日益受到关注，研究的重点逐渐转向以流域为单元的生态–水文过程集成研究。

我国的内陆河流域占全国陆地面积 1/3，集中分布在西北干旱区。水资源短缺、生态环境恶化问题日益严峻，引起政府和学术界的极大关注。十几年来，国家先后投入巨资进行生态环境治理，缓解经济社会发展的水资源需求与生态环境保护间日益激化的矛盾。水资源是联系经济发展和生态环境建设的纽带，理解水资源问题是解决水与生态之间矛盾的核心。面对区域发展对科学的需求和学科自身发展的需要，开展内陆河流域生态–水文过程集成研究，旨在从水–生态–经济的角度为管好水、用好水提供科学依据。

国家自然科学基金重大研究计划，是为了利于集成不同学科背景、不同学术思想和不同层次的项目，形成具有统一目标的项目群，给予相对长期的资助；重大研究计划坚持在顶层设计下自由申请，针对核心科学问题，以提高我国基础研究在具有重要科学意义的研究方向上的自主创新、源头创新能力。流域生态–水文过程集成研究面临认识复杂系统、实现尺度转换和模拟人–自然系统协同演进等困难，这些困难的核心是方法论的困难。为了解决这些困难，更好地理解和预测流域复杂系统的行为，同时服务于流域可持续发展，国家自然科学基金 2010 年度重大研究计划"黑河流域生态–水文过程集成研究"（以下简称黑河计划）启动，执行期为 2011~2018 年。

该重大研究计划以我国黑河流域为典型研究区，从系统论思维角度出发，探讨我国干旱区内陆河流域生态–水–经济的相互联系。通过黑河计划集成研究，建立我国内陆河流域科学观测–试验、数据–模拟研究平台，认识内陆河流域生态系统与水文系统相互作用的过程和机理，提高内陆河流域水–生态–经济系统演变的综合分析与预测预报能力，为国家内陆河流域水安全、生态安全以及经济的可持续发展提供基础理论和科技支撑，形成干旱区内陆河流域研究的方法、技术体系，使我国流域生态水文研究进入国际先进行列。

为实现上述科学目标，黑河计划集中多学科的队伍和研究手段，建立了联结观测、试验、模拟、情景分析以及决策支持等科学研究各个环节的"以水为中心的过程模拟集成研究平台"。该平台以流域为单元，以生态–水文过程的分布式模拟为核心，重视生态、大气、水文及人文等过程特征尺度的数据转换和同化以及不确定性问题的处理。按模型驱动数据集、参数数据集及验证数据集建设的要求，布设野外地面观测和遥感观测，开展典型流域的地空同步实验。依托该平台，围绕以下四个方面的核心科学问题开展交叉研究：①干旱环境下植物水分利用效率及其对水分胁迫的适应机制；②地表–地下水相互作用机理及其生态水文效应；③不同尺度生态–水文过程机理与尺度转换方法；④气候变化和人类活动影响下流域生态–水文过程的响应机制。

黑河计划强化顶层设计，突出集成特点；在充分发挥指导专家组作用的基础上特邀项目跟踪专家，实施过程管理；建立数据平台，推动数据共享；对有创新苗头的项目和关键项目给予延续资助，培养新的生长点；重视学术交流，开展"国际集成"。完成的项目，涵盖了地球科学的地理学、地质学、地球化学、大气科学以及生命科学的植物学、生态学、微生物学、分子生物学等学科与研究领域，充分体现了重大研究计划多学科、交叉与融合的协同攻关特色。

经过连续八年的攻关，黑河计划在生态水文观测科学数据、流域生态–水文过程耦合机理、地表水–地下水耦合模型、植物对水分胁迫的适应机制、绿洲系统的水资源利用效率、荒漠植被的生态需水及气候变化和人类活动对水资源演变的影响机制等方面，都取得了突破性的进展，正在搭起整体和还原方法之间的桥梁，构建起一个兼顾硬集成和软集成，既考虑自然系统又考虑人文系统，并在实践上可操作的研究方法体系，同时产出了一批国际瞩目的研究成果，在国际同行中产生了较大的影响。

该系列丛书就是在这些成果的基础上，进一步集成、凝练、提升形成的。

作为地学领域中第一个内陆河方面的国家自然科学基金重大研究计划，黑河计划不仅培育了一支致力于中国内陆河流域环境和生态科学研究队伍，取得了丰硕的科研成果，也探索出了与这一新型科研组织形式相适应的管理模式。这要感谢黑河计划各项目组、科学指导与评估专家组及为此付出辛勤劳动的管理团队。在此，谨向他们表示诚挚的谢意！

2018 年 9 月

前　　言

2012 年，依托国家自然科学基金重点项目"黑河流域关键土壤属性数字制图研究"（41130530）、重大研究计划集成项目"黑河流域土壤数据集成与土壤信息产品生成"（91325301）、面上项目"黑河流域土壤碳酸钙多尺度空间分布特征及其土壤发生学意义"（41371224）以及国家科技基础性工作专项"我国土系调查与《中国土系志（中西部卷）》编制"（2014FY110200），在中国科学院寒区旱区环境与工程研究所、青海师范大学等单位的大力支持和协助下，中国科学院南京土壤研究所开展了我国西部地区黑河流域土壤调查与制图工作。本书作为工作的主要成果之一，是项目组经过近八年的辛勤工作的结晶，也是继20 世纪 80 年代全国第二次土壤普查后，有关黑河流域土壤调查与分类方面的最新成果体现。

黑河流域土壤调查与制图工作覆盖整个黑河流域，经历了基础资料收集与整理、代表性单个土体布点、野外调查与采样、室内测定分析、土壤类型确定、专著编撰等一系列艰辛、烦琐和细致的过程，共调查采样近 300 个典型土壤剖面，观察约 400 个检查剖面，测定分析1500 多个发生层土样，拍摄 7000 多张景观、剖面和新生体等照片，获取了 30 多万条成土因素、土壤剖面形态和理化性质方面的信息，共划分出有机土、人为土、干旱土、盐成土、潜育土、均腐土、雏形土和新成土 8 个土纲、12 个亚纲、25 个土类和 45 个亚类。

本书中单个土体布点依据"综合地理单元＋已有土壤图＋专家经验"的方法，调查和采样依据《野外土壤描述与采样手册》，土样测定分析依据《土壤调查实验室分析方法》，土壤类型确定依据《中国土壤系统分类检索（第三版）》。

作为一本区域性专著，本书共分为七章，第 1～第 3 章分别介绍了黑河流域成土因素，区域土壤调查与分类概况，成土过程、诊断特性与土壤空间分布特征，第 4～第 6 章分别介绍了黑河上游、中游和下游地区土壤类型和特征，第 7 章主要介绍了包括机械组成、容重、pH、有机碳和全氮、碳酸钙相当物、电导、草毡层、土壤有机磷等关键土壤属性空间分布与制图。

本书在编撰过程中得到"黑河流域生态－水文过程集成研究"的专家和同仁的指导，在此表示感谢，同时特别感谢程国栋院士、傅伯杰院士等专家给予的悉心指导！

受时间和经费的限制，本次黑河流域土壤调查与制图工作不同于全国第二次土壤普查的全面调查和采用的土壤发生学分类，而是依据土壤系统分类，针对流域内的典型土壤。由于作者水平有限，不足之处在所难免，敬请读者批评指正。

张甘霖　李德成

2020 年 1 月 31 日

目　　录

第1章 成土因素概述

1.1 区域概况

1.1.1 区域位置

黑河流域位于97°19′E ~ 101°55′E，37°43′N ~ 42°40′N，跨青海、甘肃和内蒙古，面积约为14.29万 km²，北部与蒙古国接壤，东部以大黄山与武威盆地相连，西部以黑山与疏勒河流域毗邻，为我国西北部第二大内陆河流域。其上游包括青海省的祁连县和甘肃省的肃南裕固族自治县部分地区，为祁连山高寒半湿润区；中游包括甘肃省的山丹县、民乐县、临泽县、高台县、嘉峪关市、酒泉市等，为河西走廊温带干旱区；下游包括甘肃省的金塔县、东风场区和内蒙古的额济纳旗，为阿拉善荒漠干旱区和额济纳旗荒漠极端干旱区。

黑河流域有发源于祁连山的大小山溪河流39条，其中35条具有供水意义，集水面积在100 km²以上的有18条，多年平均地表径流超过1000万 m³的有24条。但随着用水的不断增加，部分支流逐步与干流失去地表水力联系，形成东、中、西三个独立的子水系：西部子水系包括讨赖河、洪水河等，归宿于金塔盆地，面积为2.1万 km²；中部子水系包括马营河、丰乐河等，归宿于高台盐池–明花盆地，面积为0.6万 km²；东部子水系即黑河干流水系，包括黑河干流、梨园河及20多条沿山小支流，面积为11.6万 km²。黑河流域多年平均地表水资源量为37.28×10⁸ m³。其中东部子水系多年平均出山径流量为24.75×10⁸ m³，包括干流莺落峡出山径流量15.8×10⁸ m³，梨园河出山径流量2.37×10⁸ m³，其他沿山支流出山径流量6.58×10⁸ m³；讨赖河多年平均径流量为6.38×10⁸ m³（程国栋，2009）。

1.1.2 土地利用

黑河流域土地利用总体格局（图1-1）如下：①以未利用地为主，占75.88%，其中，裸岩和裸地合计占59.54%，沙漠占12.75%，裸岩主要分布在上游祁连山地区；冰雪占0.22%，主要分布在上游祁连山地区。②其次是草甸和草地（如荒漠草地、高寒草甸等），合计占17.36%，主要分布在上游祁连山地区和中游河西走廊地区。③耕地（包括水浇地和旱地等）占3.91%，主要分布在中游河西走廊地区，其中水浇地占耕地的97.2%。④林地（如常绿针叶林、落叶针叶林等）和灌丛各占0.60%和1.94%，主要分布在上游祁连山地区和中游河西走廊地区。⑤水域（如内陆体）占 0.27%，主要分布在下游额济纳旗地区。⑥城镇建设用地占 0.04%。

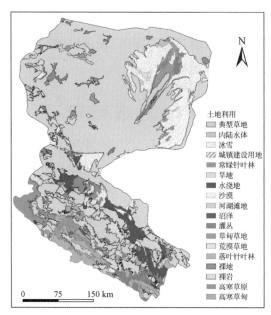

图 1-1　黑河流域土地利用

黑河流域土地利用格局变化总体表现为耕地、林地和城镇用地面积呈现增加趋势，但草地和水域面积呈现减少趋势，这种变化造成整个流域生态环境退化，表现在水环境变化、土地荒漠化、土壤盐渍化以及植被退化等方面（陶希东和赵鸿婕，2002；Qi et al.，2003；齐善忠等，2004；郑丙辉等，2005；白福等，2008）。

1.2　成土因素

1.2.1　气候

黑河流域气候具有明显的东西差异和南北差异（图 1-2）。

上游祁连山区降水量由东向西递减，也随海拔变化而变化，一般海拔每升高 100 m，降水量增加 15.5～16.4 mm。海拔 2600～3200 m 地区年均气温为-2.0～1.5 ℃，年均降水量为 200～700 mm，相对湿度约为 60%，蒸发量约为 700 mm，不宜农垦，仅适合牧业；海拔 1600～2300 m 地区气候冷凉，是农业向牧业过渡地带。中游河西走廊属于温带干旱区，光热资源丰富，年均日照时数为 3000～4000 h，年均气温为 2.8～7.6 ℃，降水量由东部的 250 mm 向西部递减到 50 mm 以下，蒸发量则由东向西递增，自 2000 mm 以下增至 4000 mm 以上，加之具有灌溉条件，总体上属于可发展农业的地区。下游额济纳旗属极强

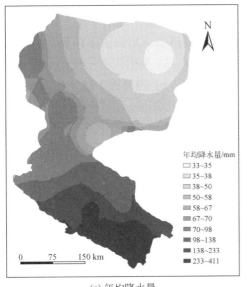
(a) 年均降水量

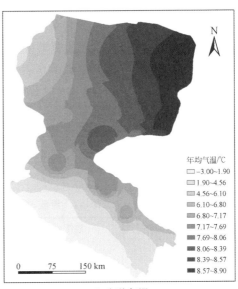
(b) 年均气温

图 1-2　流域年均降水量和年均气温

的大陆性气候，降水少、蒸发强、温差大、日照长。年均日照时数为 3326 ~ 3446 h，气温介于 -36.1 ~ 41.6 ℃，年均气温为 8.3 ℃，≥0 ℃积温为 4073 ℃，≥5 ℃积温为 3933 ℃，≥10 ℃积温为 3400 ~ 3700 ℃，单从积温指标看完全可以满足玉米、高粱、大豆、小麦等作物需要；无霜期为 120 ~ 140 天，适宜各种作物生长；降水量仅为 40.3 mm，干旱天数为 180 ~ 252 天，蒸发量为 3700 ~ 4756 mm，相对湿度为 32% ~ 35%，干旱缺水严重制约了农牧业生产。

50cm 深度处年均土壤温度昼夜之间相差不大 [图 1-3（a）]。土壤温度是土壤系统分

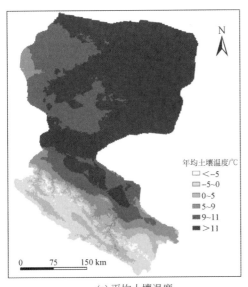
(a) 平均土壤温度

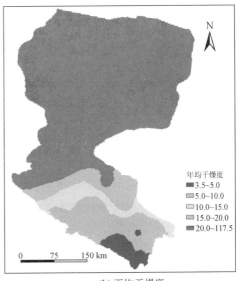
(b) 平均干燥度

图 1-3　流域 50cm 深度处年均土壤温度和年均干燥度空间分布

类中的一个诊断特性（中国科学院南京土壤研究所土壤系统分类课题组和中国土壤系统分类课题研究协作组，2001），可按其与年均气温相差 1～3℃ 推出（龚子同，1999），也可采用年均气温与海拔和经纬度的模型推断（冯学民和蔡德利，2004；张慧智，2008）。按模型推算出 50 cm 深度处土壤温度（表 1-1）介于 -9.1～12.8℃，其中上游介于 -9.1～9.9℃，中游介于 -4.4～11.5℃，下游介于 4.8～12.8℃。上游祁连山区土壤温度状况主要为寒冻、永冻、寒性、冷性类型，分别占 53.54% 和 46.25%；温性类型仅占 0.21%。中游河西走廊地区主要为温性类型，占 64.53%；其次为冷性或寒性类型，占 30.17%；寒冻仅占 5.30%。下游主要为温性类型，占 98.07%，其次为冷性或寒性类型，仅占 1.93%。

表 1-1　流域 50cm 深度处土壤温度级别统计

地区	温度分级/℃	占区域面积/%	占流域总面积/%
上游	-9.1～-5.0	2.76	0.53
	-5.0～0.0	50.78	9.76
	0.0～5.0	34.18	6.57
	5.0～9.0	12.07	2.32
	9.0～9.9	0.21	0.04
中游	-4.4～0.0	5.30	0.82
	0.0～5.0	8.27	1.28
	5.0～9.0	21.90	3.39
	9.0～11.0	43.21	6.68
	11.0～11.5	21.32	3.3
下游	4.8～5.0	0.02	0.01
	5.0～9.0	1.91	1.25
	9.0～11.0	25.13	16.41
	11.0～12.8	72.94	47.62

土壤水分状况也是土壤系统分类中的一个诊断特性，年均干燥度可辅助用于确定土壤水分状况，干旱、半干润、（常）湿润类型，其年均干燥度分别为 >3.5、1～3.5 和 <1（中国科学院南京土壤研究所土壤系统分类课题组和中国土壤系统分类课题研究协作组，2001）。仅从年均干燥度来看，黑河流域年均干燥度［图 1-3（b）］介于 3.5～117.5，其中 3.5～5.0 的区域占整个流域总面积的 2.84%，主要分布在上游祁连山的东段；5.0～10.0 的区域占 11.01%，主要分布在上游祁连山的西段和中游河西走廊的南部；10.0～15.0 和 15.0～20.0 的区域分别占 5.56% 和 6.81%，主要分布在中游河西走廊的北部；20.0～117.5 的区域占 73.78%，主要分布在中游河西走廊的最北部和整个下游额济纳旗。

1.2.2　地形地貌

（1）地质构造与地形地貌

上游祁连山区海拔介于 2540～5240 m，主要是冰缘、冰川山地，存在三级夷平面，第一级东段海拔 4400～4600 m，西段海拔 4800～5000 m；第二级东段海拔 4000～4200 m，西段海拔 4500～4700 m；第三级东段海拔 3600～3800 m，西段海拔 4000～4200 m。河谷中发育多级阶地。中游河西走廊海拔介于 1200～2500 m，平均海拔在 1500 m 左右，属于祁连山地槽边缘拗陷带，主要为流水平原和流水丘陵。喜马拉雅运动时，祁连山大幅度隆升，走廊接受了大量新生代以来的洪积、冲积物。自南而北，依次出现南山北麓坡积带、洪积带、洪积冲积带、冲积带和北山南麓坡积带。沿河冲积平原形成武威、张掖、酒泉等大片绿洲，其余广大地区以风力作用和干燥剥蚀作用为主，戈壁和沙漠广泛分布，尤其是嘉峪关以西戈壁面积广大，绿洲面积更小。下游额济纳旗海拔介于 900～1600 m，平均海拔在 1000 m 左右，为北东走向的断裂凹陷盆地，地形呈扇状，总势西南高，北边低，中间呈低平状［图 1-4（a）］。地貌上分为三片：①剥蚀低山和残丘。分布在西部、南部边缘、东北部雅干山一带，台地海拔介于 1200～1400 m，相对高度介于 50～150 m。②冲洪积平原。分布在中东部，包括东、西戈壁和弱水河两岸阶地。③巴丹吉林沙漠。分布在东缘，为低平原，海拔介于 990～1000 m，湖泊多聚集于此。

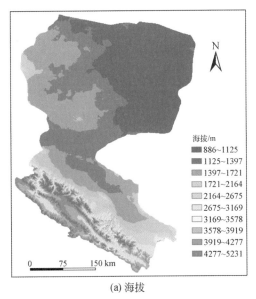

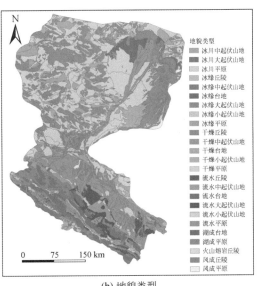

（a）海拔　　　　　　　　　　　　　　（b）地貌类型

图 1-4　流域海拔和地貌类型

（2）地貌构成

整个流域地貌中［图 1-4（b）和表 1-2］，山地占 16.40%，主要为上游祁连山地区冰缘山地、冰川山地和中游河西走廊地区流水山地，分别占山地的 27.99%、30.24% 和

34.02%，三者合计占 92.25%。丘陵占 25.24%，主要为下游额济纳旗地区干燥丘陵和中游河西走廊地区风成丘陵，分别占丘陵的 56.89% 和 33.56%，两者合计占 90.45%。台地占 11.67%，主要为下游额济纳旗地区干燥台地，占台地的 75.32%；其次为中游河西走廊地区湖成台地，占台地的 16.02%，两者合计占 91.34%。平原占 46.69%，主要为下游额济纳旗地区干燥平原，占平原的 64.15%；其次为中游河西走廊地区和下游额济纳旗地区沿黑河两岸的流水平原，占平原的 30.58%，两者合计占 94.73%。

表 1-2　黑河流域地貌构成　　　　　　（单位：%）

地貌类型		面积占比	地貌类型		面积占比
山地（16.40）	冰缘山地	4.59	台地（11.67）	冰缘台地	0.04
	冰川山地	4.96		流水台地	0.97
	流水山地	5.58		干燥台地	8.79
	干燥山地	1.27		湖成台地	1.87
丘陵（25.24）	冰缘丘陵	0.17	平原（46.69）	冰缘平原	0.22
	火山熔岩丘陵	0.53		冰川平原	0.06
	流水丘陵	1.71		流水平原	14.28
	风成丘陵	8.47		风成平原	0.50
	干燥丘陵	14.36		干燥平原	29.95
				湖成平原	1.68

1.2.3　成土母质

（1）成土母质类型与构成

黑河流域成土母质主要包括冲积物、风沙、洪积物、浅色结晶岩风化物、石灰质沉积岩及相应的变质岩风化物、碎屑沉积岩及相应的变质岩风化物六类［图 1-5（a）］，其占总流域的面积比例依次为 12.71%、11.40%、21.02%、9.10%、7.16% 和 38.61%。

（2）成土母质空间分布

上游祁连山成土母质主要为中奥陶统的碎屑沉积岩及相应的变质岩风化残积-坡积物，岩性主要为中基性火山岩、变质砂岩、变质灰岩、片麻岩、千枚岩、红紫色砂砾岩、花岗岩、夹煤岩等。

中游河西走廊成土母质主要为黄土状冰水沉积物、黄土状湖相沉积物，分别分布于祁连山北坡的接壤地区和黑河河道两岸，其次为碎屑沉积岩及相应的变质岩风化残积-坡积物、浅色结晶岩风化残积-坡积物和风沙，主要分布在河西走廊的东北部。

下游额济纳旗成土母质类型较为复杂，大致空间分布如下：①西部、南部边缘、东北部雅干山一带的剥蚀低山和残丘，地表基本被岩石风化碎屑掩盖，岩性多为中酸性岩和中基性岩，部分为碳酸盐岩类，成土母质主要为上述岩类风化的残积-坡积物，其次为砂砾质母质。②中东部的东、西戈壁，为近代洪积而成的砾质戈壁，成土母质为砂砾质的第四

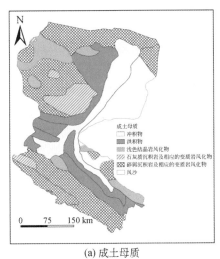

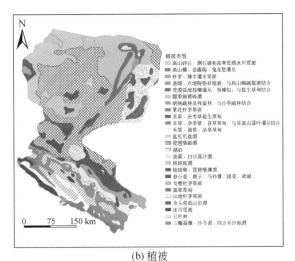

(a) 成土母质　　　　　　　　　　　　(b) 植被

图 1-5　流域成土母质和植被

纪洪积物和古老的湖相沉积物。③弱水河是季节性浅水河，其流域成土母质为砂砾质的冲积–洪积物，其次为堆积和覆盖的风积物。④东缘的巴丹吉林沙漠，成土母质为风沙沉积物。⑤境内的古日乃湖、拐子湖、木吉湖、天鹅湖、苏古淖尔等湖盆洼地，成土母质为湖相沉积物。

1.2.4　植被

上游祁连山区植被属温带山地森林草原［图 1-5（b）］，主要生长着呈片状、块状分布的灌丛和乔木林，具有明显的垂直带谱。上游的东西山区存在差异，从高海拔区域到低海拔区域分布规律如下：海拔 3900～4200 m 主要分布高山垫状植被带，是高山带流石滩植被组成的寒漠；海拔 3600～3900 m 主要分布高山草甸植被带，植被类型是矮草型的嵩草高寒草甸和杂类草高寒草甸等；阳坡海拔 3400～3900 m，阴坡海拔 3300～3800 m 主要分布高山灌丛草甸带，植被类型包括常绿革叶杜鹃灌丛、金露梅矮灌丛和落叶阔叶高山柳灌丛等；阳坡海拔 2500～3400 m，阴坡海拔 2400～3400 m 主要分布山地森林草原带，属于祁连山区森林主要分布带，由青海云杉、祁连圆柏等树木组成。此植被带对形成径流、调蓄河流水量、涵养水源有非常重要的作用；阳坡海拔 2300～2600 m、阳坡海拔 2200～2500 m 主要分布山地草原带，为山地典型草原、植被稀疏；海拔 1900～2300 m 主要分布荒漠草原带，在中部低山带，具有超旱生小灌木、小半灌木组成的草原化荒漠类型分布。

中下游地带性植被为温带小灌木、半灌木荒漠植被。中游山前冲积扇下部和河流冲积平原上分布有灌溉绿洲栽培农作物和林木，呈现以人工植被为主的绿洲景观，是我国著名的产粮基地。下游两岸三角洲与冲积扇缘的湖盆洼地里，生长有荒漠地区特有的荒漠河岸林、灌木林和草甸植被，主要树种有胡杨、沙枣、红柳和梭梭。荒漠植被的植物种类和中游差别不大，呈现出荒漠天然绿洲的景观。

下游额济纳旗天然植被单一，为极干旱的荒漠植被特征，大致类型和空间分布为：①低山草原化荒漠植被，主要分布在西部海拔 1400～1600 m 的低山残丘，植被稀疏，只有旱生、超旱生灌丛植物生长，盖度为 1%～5%，主要优势植物有霸王、白刺、白皮锦鸡儿、麻黄等，伴生植物有木蓼、沙拐枣、短叶假木贼、红砂、醉马草等。②低山残丘荒漠植被，主要分布在东南部和西部海拔 1100～1500 m 低山残丘上，植被主要生长在冲沟和谷地中，为旱生、超旱生灌木和半灌木，伴有稀少的禾类杂草，主要建群优势种为红砂、霸王、蒙古扁桃、短叶假木贼，伴生种有白刺、黑果枸杞、珍珠、木蓼、沙拐枣、补血草等，盖度一般低于 5%。③高平原荒漠植被，分布在广阔的戈壁地带，主要优势植物为红砂，其次有霸王、泡泡刺、梭梭、沙拐枣、西伯利亚白刺、柽柳、沙冬青、麻黄、白皮锦鸡儿等，伴生种有骆驼刺、小果白刺、珍珠、禾本科猪毛菜、蒙古扁桃、雾冰藜、补血草、枸杞等。其中，中部冲积平原砾石戈壁上主要分布着红砂植物群落，盖度为 5%～6%。东北部雅干山洪积扇上分布的植物群落为沙冬青-红砂-霸王-泡泡刺，盖度为 20%～30%。赛汉陶来以西戈壁滩上分布着梭梭-红砂群落，盖度为 5%～10%。西南部和东部戈壁上分布着泡泡刺-红砂群落，盖度为 10% 左右。河流附近的戈壁滩上分布着麻黄-红砂-霸王-沙拐枣群落，盖度为 15% 左右。两河附近的覆沙戈壁上分布着沙拐枣-红砂-泡泡刺、沙蒿、霸王-红砂群落，盖度为 10%～15%。沿河两岸和湖盆外围多分布着柽柳灌丛、盐爪爪-红砂-西伯利亚白刺群落，沿河西岸盖度为 25%～30%，其他地区为 5%～10%。在拐子湖、古日乃湖、扎哈乌苏周围及巴丹吉林边缘地带，植物组合主要为小果白刺-沙蒿-芦苇-沙竹、梭梭-沙拐枣-霸王、梭梭群落，盖度为 5%～25%。④河泛低地草甸植被，主要分布在弱水河两岸和湖盆（拐子湖、古日乃湖、木吉湖、苏古淖尔）低地，沿河两岸以胡杨、柽柳为主，湖盆地带以芦苇为主。建群优势种有胡杨、柽柳、沙枣、芦苇、芨芨草等，伴生种有苦豆子、白刺、麻黄、披碱草、沙蒿、盐爪爪、珍珠、枸杞、骆驼刺等，盖度为 30%～50%。

1.2.5　人类活动

（1）上游地区的林地过度砍伐和牧地过度放牧

祁连山区早期植被茂盛，是自然优质林场和牧场，祁连圆柏林下多为干润均腐土，由于过度砍伐，林地大面积消失，消失林区的土壤蓄水保水能力消退，均腐殖质特性逐渐削弱，土壤类型由干润均腐土演变为寒冻雏形土。原来的草毡寒冻雏形土由于过度放牧，加之气候逐步变干，草毡层逐渐弱化，土壤类型逐渐变为暗沃-暗瘠或简育寒冻雏形土。近年来，当地加强了生态保护，过度放牧现象得到有效遏制，草被逐步得到恢复。

（2）中游地区的盐碱地改耕地

中游北部一些地区，原来的土壤为干旱正常盐成土或盐积正常干旱土，近年来被垦为旱地，其改造方法是将地表 50～100 cm 推向四周形成田埂，中间裸露的新土开垦种植小麦、枸杞，此类新土在 30 cm 或 75 cm 以上无盐积层或碱积层，土壤类型可定为干旱正常新成土。但根据连续跟踪观察，种植小麦的新垦耕地在耕作 2～3 年后，盐分又大量上移集聚，在 30 cm 或 75 cm 以上重新出现盐积层或碱积层，土壤类型又重新变为干旱正常盐成土或盐积正常干旱土；而种植枸杞的土壤，由于需要定期灌溉，土壤水分条件由干旱转为半干润，同时灌溉会起到一定的压盐作用，土壤类型逐步演变为简育或钙积干润雏形土。

（3）中下游地区的沙漠治理

中下游靠近河道的沙漠区，经过种植草灌防风固沙，一些流动的沙丘变为半固定或固定沙丘，植被下微域环境得到改善，表层腐殖质慢慢得到积累，同时地表植被留住了降尘带来的细土，表层的养分含量逐渐提高，土壤结构逐渐改善。

（4）中游地区的灌淤耕作

河西走廊的绿洲地区，原始土壤应为冲积新成土。由于 2000 多年来的引水灌溉、施肥耕作等，逐步形成了灌淤表层，土壤类型逐步演变为灌淤干润雏形土或灌淤旱耕人为土。而一些原来位于缓坡地段的属于干润雏形土的耕地，由于农户为了加厚土体、培肥土壤或平整土地，在原来土壤上堆垫了大量土粪等物质，经过长期的耕作，土壤类型可能演变为土垫旱耕人为土。

1.2.6 时间因素

（1）时间与土壤类型演变

上游祁连山区，早期的一些河漫滩地上的土壤为冲积新成土，但随着冲积物质长期积累，加上地质运动造成的地势抬升，逐渐变为阶地或台地，土体中雏形层开始发育，土壤类型演变为雏形土；位于山坡上的一些土壤，最初土层浅薄，为寒冻新成土，随着岩石的风化、降尘和坡积物积累，逐步形成了雏形层，发育为寒冻雏形土。对于一些石灰草毡寒冻雏形土，降水导致土体中的碳酸钙或流失殆尽，或在中部和底部出现钙积层，土壤类型逐步转为普通草毡寒冻雏形土或钙积草毡寒冻雏形土；位于南坡上的一些土壤，由于气候逐步干旱的影响，一些草毡寒冻雏形土的植被逐渐退化，草被盖度降低，根系减少，土壤类型逐渐演变为简育寒冻雏形土。中游河西走廊灌淤干润雏形土和灌淤旱耕人为土也是经过人类长期的灌淤耕作才能形成。

（2）时间与土壤发育程度

上游祁连山区草被长势良好的地区，一方面一直存在土壤腐殖质积累过程；另一方面草被又滞留住了大气降尘，土壤厚度得以稳定或逐渐加深，腐殖质化程度和有机碳含量逐渐提升，蓄水保肥能力逐渐提高，土壤理化性质和基础肥力逐渐改善。

河西走廊绿洲耕作土壤经过长期灌溉、施肥、作物秸秆和根系残体残留，耕层养分含量得以提高，土壤熟化程度加深，土壤中水稳性大团聚体数量逐渐提高，总体上土壤的理化性质、结构和肥力逐渐提高。

第 2 章 | 区域土壤调查与分类概况

2.1 历史上的土壤调查与分类

2.1.1 上游祁连山区

20 世纪 50 年代青海省开展了土壤调查与分类工作，如 1959 年开展了第一次土壤普查，重点是东部农业区，但牧区未进行普查。青海省农垦厅勘测设计院为了建立国营农场，在海南、海西等地区展开了多次土壤调查；青海省水利局勘测队为了寻找可垦荒地，也进行了土壤调查；青海省草原总站草原勘测队为了建立国营牧场和摸清全省草地资源，也进行了大面积的土壤概查。到了 60 年代，中国科学院甘青荒地勘测队和青海省农建十二师勘测设计院为建立国营农场，对格尔木等地区进行了土壤详查；中国科学院微生物研究所和综合考察队 70 年代在青南和海南等地区考察了草地资源和寻找了可垦荒地，均进行了土壤考察和调查；80 年代初期青海省农牧业区划委员会开展了全省农牧业区划工作，编制 1:100 万青海土壤图，但未查阅到祁连山区的土壤内容。在 1982 年开展的历时一年的农牧业自然资源调查和农牧业区划工作中，依据《青海省土壤分类系统（草案）》进行了土壤调查和制图，基于地理发生分类确定了祁连县土壤涉及 9 个土类、25 个亚类、31 个土属、39 个土种。

2.1.2 中游河西走廊地区和下游肃北马鬃山地区

甘肃省涉及河西走廊的土壤调查比较早，如 20 世纪 30 年代侯光炯和梭颇（1935）撰写的《中国北部及西北部之土壤》、梭颇（1936）撰写的《中国之土壤》均有记载。中华民国经济部中央地质调查所的李庆逵、黄希素、席连之、王文魁等也在河西走廊地区进行过土壤调查。马溶之在甘肃省进行土壤调查颇多，并先后撰写了《甘肃西北部之土壤》（1938 年）、《甘肃土壤调查记》（1943 年）、《甘肃西部和青海东部之土壤及其利用》（1943 年）、《甘肃省土壤地理及其利用》（1944 年）、《甘肃省之土壤概要》（1946 年）等，其编撰的 1:300 万甘肃土壤概图中的四个土壤区域包括河西的漠钙土区（如棕漠钙土、淡棕漠钙土、砾质石膏棕漠钙土、盐渍棕漠钙土、盐渍湿土、准灰漠钙土、淡寒漠钙土、盐渍寒漠钙土）以及祁连山区土壤（自下而上为淡栗钙土、暗栗钙土、黑钙土、高山草原土）。50 年代国内也有学者在河西走廊地区进行过土壤调查，提出了不同的分类意见。1958 年进行的全国第一次土壤普查，侧重于耕种土壤，强调人类生产活动（人为熟化过程）在耕种土壤形成过程中的主导作用，基本以农民鉴定土壤的方法来鉴别土壤，用农民的语言来命名土壤，突出反映了土壤颜色、质地以及与之相关的耕性和肥力水平，部分也反映了生产上存在的问题，形成的《甘肃土壤》（初稿）中包括 20 个土类、63 个土属、292 个土种。1979 年，甘肃省按全国统一部署开始了第二次土壤普查，基于土壤地理发生分类，全省共划分了 11 个土纲、22 个亚纲、37 个土类、99 个亚类、172 个土属和 284 个土种（甘肃省土壤普查办公室，1993a，1993b）。其中，张掖地区涉及 21 个土类、55 个亚类、74 个土属，但没有对各市县的土种进行汇总归纳；酒泉和嘉峪关地区涉及 20 个土类、42 个亚类、65 个土属、72 个土种。

2.1.3 下游额济纳旗地区

虽然内蒙古历史上开展过土壤调查，如 1931 年受聘于中华民国农矿部地质调查所土壤研究室美国土壤学家潘德顿（R. L. Pendleton）等在萨拉齐至包头及察哈尔附近的调查，1934 年受聘于中华民国农矿部地质调查所土壤研究室美国土壤学家梭颇（J. A. Thorp）等在平绥线沿线及察哈尔南部的调查，1935 年马溶之等在五原至临河间的调查，1956 年文振旺、徐琪、李锦、蔡蔚琪、方文哲等对内蒙古中西部的调查，1956～1958 年熊毅、席承藩等对内蒙古土默特草原和河套平原的调查，1961～1964 年中国科学院组织的内蒙古和宁夏草原地区土壤和土地资源综合考察。上述土壤调查基本没有涉及或极少涉及额济纳旗境内的土壤资源。1986 年 5 月～1987 年 2 月在全国第二次土壤普查中，基于地理发生分类系统确定额济纳旗土壤涉及 4 个土纲、11 个土类、24 个亚类、28 个土属（内蒙古自治区土壤普查办公室和内蒙古自治区土壤肥料工作站，1994）。

2.2 本次土壤调查与分类

本次黑河流域土壤调查与分类依托国家自然科学基金重点项目"黑河流域关键土壤属性数字制图研究"（41130530）、面上项目"黑河流域土壤碳酸钙多尺度空间分布特征及其土壤发生学意义"（41371224）以及重大研究计划集成项目"黑河流域土壤数据集成与土壤信息产品生成"（91325301），始于 2012 年 1 月，历时 5 年完成。土壤类型划分不再采用地理发生分类，而是采用国际上目前普遍流行的基于诊断层和诊断特性的系统分类（soil taxonomy），命名按照中国土壤系统分类进行（中国科学院南京土壤研究所土壤系统分类课题组和中国土壤系统分类课题研究协作组，2001）。

2.2.1 典型土壤调查方法与依据

代表性单个土体位置确定采用目的性设计方法，通过将 90 m 分辨率的 DEM 数字高程图、1 : 25 万成土母质图（由地质图结合专家经验衍生而成）、归一化植被指数

(normalized differential vegetation index, NDVI) 图和土地利用类型图 (由 TM 卫星影像提取)、地形因子、第二次土壤普查地理发生土壤类型图进行数字化叠加 (表 2-1), 形成综合地理单元图, 针对不同的综合地理单元, 考虑单元图斑面积和道路可达性后再确定需要调查的单个土体数量和具体位置。

表 2-1　黑河流域单个土体位置确定协同环境因子数据

因子	协同环境因子	比例尺/分辨率
气候	年均气温、降水量和蒸发量	1 km
母质	成土母质图	1∶25 万
植被	NDVI (2000~2009 年的均值)	1 km
土地利用	土地利用类型 (2000 年)	1∶25 万
地形	高程、坡度、剖面曲率、等高线曲率、地形湿度指数	90 m

预定的代表性单个土体样点 250 个 (采用挖掘标准土壤剖面调查), 每个代表性单个土体布设的辅助单个土体 2~3 个 (采用土钻分层取样方式调查, 距代表性单个土体 10~50 m)。由于个别预定样点或已被建设用地占用, 或由于道路桥梁毁坏、位于特殊区域无法抵达等, 实际调查的代表性样点 220 个 (图 2-1)。其中, 上游、中游和下游标准样点数量分别为 96 个、70 个和 54 个。

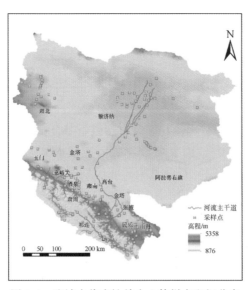

图 2-1　流域内代表性单个土体样点空间分布

野外单个土体调查和采样依据《野外土壤描述与采样手册》 (张甘霖和李德成, 2017), 土壤比色依据《中国土壤标准色卡》 (中国科学院南京土壤研究所和中国科学院西安光学精密机械研究所，1989），土样测定分析依据《土壤调查实验室分析方法》（张甘霖和龚子同，2012），土壤系统分类高级单元土纲–亚纲–土类和亚类确定依据《中国土壤系统分类检索（第三版）》（中国科学院南京土壤研究所土壤系统分类课题组和中国土壤系统分类课题研究协作组，2001）。

2.2.2 成土环境信息统计

表 2-2 为代表性单个土体成土环境信息，包括海拔、坡度、坡向、平面曲率、剖面曲率、地形湿度指数、NDVI、年均降水量、年均气温、50 cm 土壤温度。其中，海拔、坡度和坡向依据野外实际测定，平面曲率、剖面曲率、地形湿度指数依据 90 m 分辨率 DEM 数据提取，NDVI 为 2000～2009 年 1 km 分辨率的 NDVI 平均值，年均气温、年均降水量依据 1 km 分辨率全国气象数据计算，50 cm 土壤温度采用年均气温与海拔和经纬度的模型推断。

表 2-2 代表性单个土体成土环境信息

区域	指标	海拔/m	坡度/(°)	坡向/(°)	平面曲率	剖面曲率	地形湿度指数	NDVI	年均降水量/mm	年均气温/℃	50 cm 土壤温度/℃
上游(96)	最低值	1 838	0.1	1.9	-0.438 5	-0.488 8	3.703 9	-0.039 47	96	-7.7	0.8
	最大值	4 370	32.1	355.5	0.530 2	0.420 8	10.237 7	0.689 44	444	6.0	8.7
	平均值	3 224	11.2	178.4	0.036 6	0.009 9	5.983 0	0.330 58	279	-1.2	4.6
	标准差	625	7.7	112.6	0.159 5	0.135 6	1.516 9	0.226 79	79	3.4	1.9
中游(70)	最低值	1 205	0.3	0.0	-0.082 2	-0.065 9	5.799 2	-0.082 19	48	1.6	6.2
	最大值	2 805	6.2	359.1	0.040 1	0.189 4	10.014 6	0.637 58	336	9.3	9.9
	平均值	1 723	1.8	162.0	-0.005 8	0.003 7	7.932 6	0.131 50	133	6.6	8.8
	标准差	397	1.5	124.9	0.025 7	0.032 1	0.952 8	0.215 30	71	1.8	0.9
下游(54)	最低值	905	0.1	0.0	-0.055 1	-0.040 1	7.218 0	-0.089 66	24	3.1	6.1
	最大值	2 051	2.5	355.6	0.058 6	0.080 7	10.827 4	0.272 73	84	9.2	10.1
	平均值	1 235	0.6	182.1	-0.002 2	0.001 9	8.717 8	-0.036 20	45	7.4	8.7
	标准差	388	0.5	113.4	0.022 0	0.020 7	0.699 1	0.054 82	20	2.1	1.2

注：括号中的数值为样点数量（个）。

（1）气候

样点年均气温介于–7.7～9.3 ℃，平均为 3.4 ℃。其中，年均气温<–5 ℃、–5～0 ℃、0～5 ℃和5～10 ℃的样点分别为 13 个、48 个、59 个和 100 个，分别占样点总数的 5.91%、21.82%、26.82%和45.45%。样点 50 cm 年均土壤温度介于 0.8～10.1 ℃，平均

为 7.0 ℃。其中，50 cm 年均土壤温度 0~3 ℃、3~6 ℃、6~9 ℃和 9~12 ℃的样点分别为 18 个、56 个、75 个和 71 个，分别占样点总数的 8.18%、25.46%、34.09% 和 32.27%。样点年均降水量介于 44~444 mm，平均为 175 mm。其中，年均降水量<100 mm、100~200 mm、200~300 mm、300~400 mm、>400 mm 的样点分别为 84 个、46 个、39 个、45 个和 6 个，分别占样点总数的 38.18%、20.91%、17.73%、20.45% 和 2.73%。样点年均干燥度介于 3.8~117.4，平均为 30.5。其中，年均干燥度<5、5~10、10~25、25~50、50~75、75~100、>100 的样点分别为 28 个、53 个、56 个、39 个、11 个、13 个和 20 个，分别占样点总数的 12.73%、24.09%、25.45%、17.73%、5.00%、5.91% 和 9.09%。

（2）地形地貌

样点海拔介于 805~4370 m，平均为 2258 m。其中，坡度<1000 m、1000~2000 m、2000~3000 m、3000~4000 m 和 4000~4500 m 样点分别为 23 个、90 个、40 个、57 个和 10 个，分别占样点总数的 10.45%、40.91%、18.18%、25.91% 和 4.55%。样点地形地貌主要为高山、中山、低丘、台地、平原、河流阶地、河漫滩和沙堆沙丘，样点数分别为 39 个、30 个、15 个、24 个、84 个、11 个、6 个和 11 个，分别占样点总数的 17.73%、13.63%、6.82%、10.91%、38.18%、5.00%、2.73% 和 5.00%。样点坡度介于 0.1°~32.1°，平均为 5.6°。其中，坡度<2°、2°~5°、5°~8°、8°~15°、15°~25°和>25°样点分别为 107 个、36 个、19 个、34 个、17 个和 7 个，分别占样点总数的 48.64%、16.36%、8.64%、15.45%、7.73% 和 3.18%。

（3）成土母质与植被盖度

样点成土母质主要为冰碛物、残积物、坡积物、洪积物、洪积-冲积物、冲积物、湖积物和风积物，样点数分别为 10 个、2 个、62 个、13 个、62 个、47 个、21 个和 3 个，分别占样点总数的 4.55%、0.91%、28.18%、5.91%、28.18%、21.36%、9.55% 和 1.36%。样点 NDVI 介于 -0.0897~0.6894，平均为 0.1772。其中，NDVI<0、0~0.20、0.20~0.40、0.40~0.60 和 0.60~0.70 的样点分别为 79 个、58 个、28 个、37 个和 18 个，分别占样点总数的 35.91%、26.36%、12.73%、16.82% 和 8.18%。

（4）土地利用

样点土地利用类型主要为旱地、林灌地、高覆草地、中-低覆草地、盐碱地、戈壁、沙地和裸岩，样点数分别为 22 个、12 个、58 个、62 个、4 个、38 个、12 个和 12 个，分别占样点总数的 10.00%、5.45%、26.37%、28.18%、1.82%、17.28%、5.45% 和 5.45%。

（5）地理发生土壤类型

样点地理发生土壤类型主要涉及 10 个土纲（半淋溶土、钙层土、干旱土、漠土、初育土、半水成土、水成土、盐碱土、人为土、高山土）、24 个土类和 45 个亚类（表 2-3），分别覆盖了黑河流域地理发生土壤类型的土纲（10 个）、土类（25 个）和亚类（69 个）总数的 100.00%、96.00%、65.22%。预设布点的时候每类亚类均有布点，但在实际调查中，一些面积小、分布零星、位于特殊位置的样点，或是由于路桥毁坏、人为阻拦、特殊禁区而无法抵达，或是由于野外观察到的类型与图斑显示的类型不符被并入其他亚类，致使土类和亚类的覆盖率没有达到100%。

表 2-3 代表性单个土体大致对应的地理发生分类统计

土纲	土类	亚类	土纲	土类	亚类
半淋溶土（6）	黑土（1）	草甸黑土（1）	半水成土（12）	潮土（1）	潮土（1）
	灰褐土（5）	淋溶灰褐土（5）		草甸土（4）	盐化草甸土（3）
钙层土（16）	黑钙土（3）	黑钙土（3）			石灰性草甸土（1）
	栗钙土（13）	暗栗钙土（4）		林灌草甸土（7）	林灌草甸土（3）
		栗钙土（3）			盐化林灌草甸土（4）
		淡栗钙土（6）	盐碱土（10）	盐土（9）	盐土（6）
干旱土（12）	灰钙土（10）	灰钙土（5）			草甸盐土（2）
		淡灰钙土（3）			结壳盐土（1）
		草甸灰钙土（2）		漠境盐土（1）	残余盐土（1）
	棕钙土（2）	棕钙土（2）	人为土（18）	灌漠土（18）	灌漠土（5）
漠土（62）	灰漠土（4）	灰漠土（2）			盐化灌漠土（1）
		盐化灰漠土（2）			灰灌漠土（12）
	灰棕漠土（58）	灰棕漠土（30）	高山土（57）	草毡土（14）	草毡土（9）
		灌耕灰棕漠土（1）			薄草毡土（1）
		石膏灰棕漠土（27）			棕草毡土（4）
初育土（21）	粗骨土（3）	钙质粗骨土（3）		黑毡土（17）	黑毡土（5）
	石质土（14）	含盐石质土（6）			薄黑毡土（3）
		钙质石质土（8）			棕黑毡土（9）
	新积土（1）	新积土（1）		寒钙土（6）	暗寒钙土（3）
	风沙土（3）	荒漠风沙土（3）			寒钙土（3）
水成土（6）	沼泽土（4）	腐泥沼泽土（3）		冷钙土（20）	暗冷钙土（4）
		草甸沼泽土（1）			冷钙土（16）
	泥炭土（2）	低位泥炭土（2）			

注：括号中的数据为样点数量（个）。

2.2.3 土壤系统分类归属

通过对调查的220个单个土体进行筛选和归并，涉及有机土、人为土、干旱土、盐成土、潜育土、均腐土、雏形土和新成土8个土纲，12个亚纲，25个土类，45个亚类（表2-4）。

表 2-4　代表性单个土体的系统分类统计

土纲	亚纲	土类	亚类
有机土	永冻有机土	纤维永冻有机土	半腐纤维永冻有机土
		半腐永冻有机土	矿底半腐永冻有机土
人为土	旱耕人为土	灌淤旱耕人为土	斑纹灌淤旱耕人为土
			普通灌淤旱耕人为土
干旱土	正常干旱土	钙积正常干旱土	斑纹钙积正常干旱土
			钠质钙积正常干旱土
			石膏钙积正常干旱土
			普通钙积正常干旱土
		盐积正常干旱土	石膏盐积正常干旱土
		石膏正常干旱土	石质石膏正常干旱土
			斑纹石膏正常干旱土
			普通石膏正常干旱土
		简育正常干旱土	石质简育正常干旱土
			斑纹简育正常干旱土
			弱石膏简育正常干旱土
			普通简育正常干旱土
盐成土	正常盐成土	潮湿正常盐成土	结壳潮湿正常盐成土
			普通潮湿正常盐成土
		干旱正常盐成土	洪积干旱正常盐成土
			普通干旱正常盐成土
潜育土	滞水潜育土	简育滞水潜育土	普通简育滞水潜育土
均腐土	干润均腐土	寒性干润均腐土	钙积寒性干润均腐土
			普通寒性干润均腐土
		暗厚干润均腐土	普通暗厚干润均腐土
雏形土	寒冻雏形土	草毡寒冻雏形土	钙积草毡寒冻雏形土
			石灰草毡寒冻雏形土
			普通草毡寒冻雏形土
		潮湿寒冻雏形土	普通潮湿寒冻雏形土
		暗沃寒冻雏形土	普通暗沃寒冻雏形土
		简育寒冻雏形土	钙积简育寒冻雏形土
			石灰简育寒冻雏形土
			普通简育寒冻雏形土
	潮湿雏形土	淡色潮湿雏形土	弱盐淡色潮湿雏形土

土纲	亚纲	土类	亚类
雏形土	干润雏形土	灌淤干润雏形土	钙积灌淤干润雏形土
			斑纹灌淤干润雏形土
		底锈干润雏形土	石灰底锈干润雏形土
			普通底锈干润雏形土
		简育干润雏形土	钙积简育干润雏形土
			普通简育干润雏形土
新成土	砂质新成土	干旱砂质新成土	石灰干旱砂质新成土
	冲积新成土	寒冻冲积新成土	斑纹寒冻冲积新成土
		干旱冲积新成土	斑纹干旱冲积新成土
			普通干旱冲积新成土
	正常新成土	寒冻正常新成土	石质寒冻正常新成土
		干旱正常新成土	石灰干旱正常新成土

第3章 成土过程、诊断特征与土壤空间分布特征

3.1 成土过程

3.1.1 原始成土过程

在上游祁连山区，岩石在冻融过程和冷热变化的作用下，经物理风化崩解，产生岩石碎屑和少量细颗粒，开始能蓄少量水分，适应地衣、苔藓等低等植物生长。石缝中的细土上由于有了水分和微弱细菌起作用，可以分解少量矿物质供给高山地区垫状植物生长，形成了寒冻正常新成土和寒冻雏形土。在下游风积流动沙丘上，接纳雨水，可以生长先锋植物——虫实，然后逐渐生长耐旱耐瘠的沙蒿等植物，借此积累有机碳，经过分解，可增加土壤养分，进而可供粗壮嵩草、赖草、针茅等植物生长，逐渐扩大植被盖度，形成干旱冲积新成土，这些土壤形成的起始点就是原始成土过程。

3.1.2 有机碳积累与腐殖质化过程

有机碳积累是土壤区别于岩石风化物的重要标志。一般来说，土壤都经过有机碳积累和腐殖质化过程，土壤上生长的植物，其残体和根系以及动物粪便进入土体内，经过微生物作用，土壤中有机物质腐殖化，形成腐殖质，导致土壤表层具有明显的腐殖质层。由于植被类型、盖度差异，以及其他成土因素不同，腐殖质组成也有很大差别，从而形成不同类型的土壤。有机碳的积累和腐殖化过程主要发生在上游祁连山区，其次是中游河西走廊以及下游额济纳旗的植被和耕作地区。下游额济纳旗的戈壁和沙漠地区，植被极为稀疏，生物量低，植物残体少，矿化快，腐殖化作用微弱，因此表土有机质含量很低，一般低于3 g/kg，胡敏酸/富里酸一般低于0.5；而在一些林灌草甸或草甸植被地区，有机质积累过程较强，有机质含量一般在10 g/kg左右，很少高于20 g/kg。

土壤有机碳的消长与气候等环境因素密切相关。以上游地区为例（图3-1），土壤有机碳含量随海拔升高而增加（$R^2 = 0.79$，除森林样点）。3000 m处的森林土壤有机碳含量（>110 g/kg）显著高于其他样点。海拔低于2600 m的荒漠草原土壤有机碳含量极低，平均为7 g/kg。

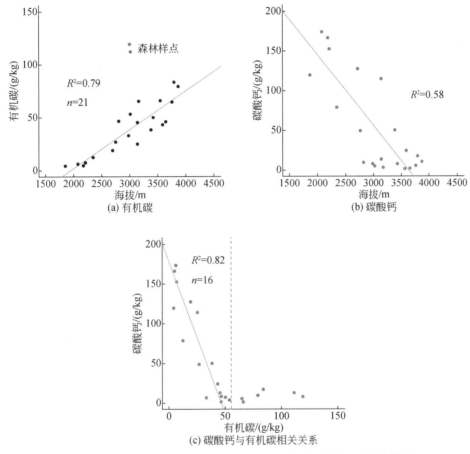

图 3-1　土壤有机碳和碳酸钙随海拔变化及碳酸钙与有机碳相关关系

3.1.3　钙积过程

　　黑河流域的成土母质多为富集碳酸盐的黄土性物质，在降水影响下，碳酸盐在土体内会发生淋溶和淀积过程。尤其是雨季，土壤内的矿物经风化后，释放出的易溶性盐大部分被淋失，但其硅铁铝氧化物在土体内基本上不移动，而最活跃的钙镁元素则在土体中发生淋溶，淀积在心土层内形成钙积层，经此钙积过程，土壤中往往会存在钙积层或钙积现象。钙积过程在流域内分布广泛，上游、中游和下游均有分布，如上游的钙积草毡寒冻雏形土和钙积简育寒冻雏形土，中游的钙积正常干旱土和钙积灌淤干润雏形土，下游的钙积正常干旱土。额济纳旗碳酸盐风化壳厚度一般介于 50 ~ 70 cm，一些地方低于 30 cm，由于降水稀少，蒸发极为强烈，风化壳中各种元素基本没有移动或移动极弱，往往表现为碳酸钙在土壤表层聚集；在钙积过程中同时伴有石膏的大量积累，形成较为明显的石膏聚集层。

碳酸钙的移动与降水量有密切关系。在上游地区，碳酸钙含量随海拔上升而下降（$R^2 = 0.58$，$P<0.01$）。有机碳含量低于 50 g/kg 时，碳酸钙与有机碳呈负相关关系（$R^2 = 0.82$，$P<0.01$）。在这个土壤有机碳含量区间，碳酸钙含量从 173 g/kg 下降至 10 g/kg。但之后碳酸钙含量并未随有机碳含量继续升高而降低，而是在 1 ~ 17 g/kg 范围内波动［图 3-1（c）］，这可能是由于森林、灌丛植被具有较强的复钙作用，以及降尘的持续输入。

3.1.4 盐碱化过程

流域内盐碱化过程的形成包括自然因素和人类活动两个方面。在上游祁连山北坡向中游河西走廊之间的过渡洪积扇地带，下游西部剥蚀低山丘陵地区中一些古老洪积–冲积平原、湖盆高起部位及河流两岸阶地，春夏季节冰川溶解和暴雨通过含盐岩层时，溶解其中盐分而成为含盐多的地面径流，并在低洼地带汇集，同时由于旱季的强烈蒸发作用而发生盐分表聚。在中游和下游的湖泊四周与河谷两岸的地势低洼地带，由于地下水矿化度较高，蒸发强烈，可溶性盐分向地表上移而发生盐分表聚。在中游河西走廊和下游额济纳旗的耕作地区，当发展大规模引水灌溉时，由于灌排不当，灌区地下水位上升，在地下水矿化度较高的情况下，盐分向地表迁移而发生盐分表聚。盐碱化过程在中游和下游地区形成了潮湿正常盐成土、干旱正常盐成土，在下游地区也形成了盐积正常干旱土。

3.1.5 潜育和泥炭化过程

潜育和泥炭化过程主要发生在流域内局部地势低洼易积水地带，如祁连山东部的沿河洼地和缓坡间洼地，由于气候寒冷，降水较多，地下存在永冻层，地下水位高或地表积水，生长湿生植物，同时因嫌气和低温环境，植物残体不能很好分解，有机残体累积表层，形成具有很厚泥炭层的永冻有机土。祁连山西北央隆乡沿河两岸的大片平缓洼地，由于常年积水，土体内空气缺乏，有机碳在分解过程中产生较多的还原性物质，氧化铁发生还原作用，变为亚铁化合物，从而变成蓝灰或青灰色潜育特征的还原层次，发育为滞水潜育土。

3.1.6 氧化还原过程

氧化还原过程主要发生在地势平缓山间洼地、湖泊周围以及沿河两岸具有灌溉条件或地下水位较高的地区，定期人为灌溉或地下水的升降，致使土体干湿交替，引起铁锰等元素的氧化态与还原态交替变化，产生局部的移动或淀积，从而形成具有铁锰斑纹、结核、胶膜的土层。例如，上游的潮湿寒冻雏形土和斑纹寒冻冲积新成土，中游的斑纹灌淤旱耕人为土、结壳潮湿正常盐成土和斑纹灌淤干润雏形土、普通底锈干润雏形土和斑纹干旱冲积新成土，下游的斑纹钙积正常干旱土、斑纹石膏正常干旱土、斑纹简育正常干旱土、潮湿正常盐成土、淡色潮湿雏形土，土体中都可发现由于氧化还原过程形成的铁锰斑纹。

3.1.7 旱耕熟化过程

旱耕熟化过程主要指人类的耕作、灌溉、施肥等农业措施改良和培肥土壤的过程，表现为耕作层的厚度增加、结构改善、容重降低、有机碳及各类养分含量增加、肥力和生产力提高等方面。熟化过程是流域内的耕地和园地土壤的主要成土过程之一，如耕作土壤中的灌淤旱耕人为土和灌淤干润雏形土。

3.2 诊 断 层

在《中国土壤系统分类检索（第三版）》的 33 个诊断层、20 个诊断现象和 25 个诊断特性中，本地区土壤主要涉及 11 个诊断层，包括有机表层、草毡表层、暗沃表层、淡薄表层、灌淤表层/灌淤现象、干旱表层、盐结壳/盐积层/盐积现象、雏形层、耕作淀积层/耕作淀积现象、石膏层/石膏现象、钙积层/钙积现象。

3.2.1 有机表层

有机表层指矿质土壤中经常被水分饱和，具高量有机碳的泥炭质有机土壤物质表层；或被水分饱和的时间很短，具极高量有机碳的枯枝落叶质有机土壤物质表层。

有机表层（图 3-2）出现在有机土纲下的 2 个典型单个土体（大致对应地理发生分类

(a) 典型景观　　　　　　(b) 剖面　　　　　　(c) 有机碳

图 3-2 典型有机土景观与剖面

位于青海省祁连县峨堡镇，37°51′20.505″N，101°06′18.532″E，海拔 3636 m，0 ~ 100 cm 为有机表层

上的泥炭土），分别为半腐纤维永冻有机土和矿底半腐永冻有机土，为大量根系腐解后形成的高有机碳的泥炭质有机土壤物质表层，土体厚度介于 100~120 cm，之下为永冻层次。土壤有机碳含量介于 150~200 g/kg，黏粒含量分别介于 150~430 g/kg 和 230~340 g/kg。

3.2.2 草毡表层

草毡表层指高寒草甸植被下具高量有机碳有机土壤物质、活根与死根根系交织缠结的草毡状表层。

草毡表层（图 3-3）出现在上游祁连山区的寒冻雏形土土类的 19 个单个土体，分别为钙积草毡寒冻雏形土、石灰草毡寒冻雏形土和普通草毡寒冻雏形土（本书只列出了最具代表性的土体，余同）。这些土壤表层为高寒草甸植被，活根与死根根系交织缠结，根系体积>50%。草毡草层的厚度、颜色、容重、有机碳、碳酸钙的统计指标见表 3-1，可以看出草毡表层的色调介于 7.5~10YR，干态明度介于 3~5，润态明度介于 1~4，润态彩度介于 1~3，容重介于 0.50~1.06 g/cm³，有机碳含量介于 17.5~118.6 g/kg，碳酸钙含量介于 1~90 g/kg。草毡表层的形成是祁连山区海拔 3000~4500 m 极为重要的土壤发育过程。

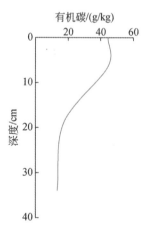

(a) 典型景观　　　　　　　(b) 剖面　　　　　　　(c) 有机碳

图 3-3　典型草毡寒冻雏形土景观与剖面

位于青海省祁连县央隆乡，38°45′57.806″N，98°14′06.257″E，海拔 3851 m，0~13 cm 为草毡表层

表 3-1　不同草毡寒冻雏形土草毡表层指标统计

亚类	厚度/cm	色调/YR	干态明度	润态明度	润态彩度	容重/(g/cm³)	有机碳/(g/kg)	碳酸钙/(g/kg)
钙积亚类（10）	10~33	7.5~10	3~5	3	1~2	0.58~1.06	17.5~83.1	15~90
石灰亚类（3）	10~30	7.5~10	3~5	2~3	2~3	0.55~1.05	18.5~64.6	18~53
普通亚类（6）	15~38	7.5~10	3~5	1~4	1~3	0.50~0.87	44.2~118.6	1~8

3.2.3 暗沃表层

暗沃表层指有机碳含量高或较高、盐基饱和、结构良好的暗色腐殖质表层。

暗沃表层（图3-4）出现在上游祁连山区的钙积寒性干润均腐土、普通寒性干润均腐土、普通暗沃寒冻雏形土、石质寒冻正常新成土，以及中游河西走廊的普通暗厚干润均腐土。暗沃表层的厚度、颜色、有机碳、pH、碳酸钙的统计指标见表3-2，可以看出暗沃表层干态明度介于3~5，润态明度介于2~3，润态彩度介于1~3，pH介于6.5~8.7，有机碳含量介于14.8~131.7 g/kg，碳酸钙含量介于1~139 g/kg。

(a) 典型景观

(b) 剖面

图 3-4　典型干润均腐土暗沃表层景观与剖面

位于青海省祁连县野牛沟乡，38°15′57.875″N，99°53′35.859″E，海拔 3025 m，0~83 cm 为暗沃表层

表 3-2　不同亚类土壤暗沃表层指标统计

亚类（单个土体数量/个）	厚度/cm	干态明度	润态明度	润态彩度	pH	有机碳/(g/kg)	碳酸钙/(g/kg)
钙积寒性干润均腐土（4）	55~67	3~5	2~3	2~3	7.4~8.7	14.8~45.9	7~139
普通寒性干润均腐土（4）	60~110	3~5	2~3	1~3	7.0~8.2	20.8~131.7	6~41
普通暗厚干润均腐土（1）	55	4	3	1~3	8.0~8.2	30.0~46.3	10~50
普通暗沃寒冻雏形土（1）	42	3	3	2	6.5~6.8	35.3~65.8	1~2
石质寒冻正常新成土（2）	24~29	4~5	3	2	6.7~7.0	21.0~48.1	1~8

3.2.4 淡薄表层

淡薄表层指发育程度较差的淡色或较薄的腐殖质表层,有机碳含量在0.6%以下(有机质为1%);或者其颜色达不到暗沃表层的标准。

淡薄表层出现较为普遍,在流域的上、中、下游均有分布。淡薄表层厚度介于5~60 cm,质地类型多样,主要有砂土、壤质砂土、砂质壤土、粉壤土、壤土、粉质黏壤土、黏壤土,pH介于6.3~9.0,有机碳含量介于2.2~100.0 g/kg,碳酸钙含量介于0.9~469.7 g/kg(表3-3和表3-4)。

表3-3　不同区域土壤淡薄表层特征

区域(单个土体数量/个)	指标	厚度/cm	质地	pH	有机碳/(g/kg)	碳酸钙/(g/kg)
上游(50)	范围	5~60	壤质砂土、砂质壤土、粉壤土、壤土、粉质黏壤土、黏壤土	6.3~8.7	3.1~100.0	0.9~469.7
	平均	22		7.8	28.1	98.6
中游(15)	范围	10~32	砂土、壤土、粉壤土	7.8~9.0	2.2~26.3	42.2~167.8
	平均	17		8.3	11.7	96.3
下游(1)	范围	20	壤土	8.5	6.3	96.6
	平均	—		—	—	—

表3-4　不同土纲土壤淡薄表层特征

土纲(单个土体数量/个)	指标	厚度/cm	质地	pH	有机碳/(g/kg)	碳酸钙/(g/kg)
潜育土(1)	范围	17	壤土	8.1	26.1	161.2
	平均	—		—	—	—
雏形土(51)	范围	10~60	砂土、砂质壤土、粉壤土、壤土、粉质黏壤土、黏壤土	6.3~9.0	2.2~100.0	0.9~324.9
	平均	22		7.9	25.3	81.8
新成土(9)	范围	5~20	砂质壤土、粉壤土、壤土	7.6~8.6	4.5~55.2	76.4~469.7
	平均	14		8.0	21.0	207.2

3.2.5 灌淤表层/灌淤现象

灌淤表层指长期引用富含泥沙的浑水灌溉,水中泥沙逐渐淤积,并经施肥、耕作等交迭作用影响,失去淤积层理而形成的由灌淤物质组成的人为表层,其厚度≥50 cm,土层性质均一,土表至50 cm有机碳加权平均值≥4.5 g/kg,土层最底部有机碳≥3 g/kg,含煤渣、木炭、砖瓦碎屑、陶瓷片等人为侵入体。灌淤现象指具有灌淤表层的特征,但厚度介于20~50 cm。

灌淤表层和灌淤现象出现在中游河西走廊的绿洲地区,其中灌淤表层出现在斑纹灌淤旱耕人为土、普通灌淤旱耕人为土；灌淤现象出现在钙积灌淤干润雏形土、斑纹灌淤干润雏形土。灌淤层厚度均≥100 cm，灌淤现象厚度介于 20～48 cm，质地有壤质砂土、砂质壤土、粉壤土、壤土，粒状–小块状结构，pH 介于 7.9～8.7，平均为 8.3；有机碳含量介于 2.2～13.7 g/kg，平均为 8.7 g/kg；碳酸钙含量介于 40.4～234.7 g/kg，平均为 116.1 g/kg（表 3-5）。

表 3-5　不同亚类土壤灌淤表层/灌淤现象特征

亚类	单个土体数量/个	厚度/cm	质地	pH	有机碳/（g/kg）	碳酸钙/（g/kg）
斑纹灌淤旱耕人为土	2.0	≥100	壤土、粉壤土	8.2～8.5	5.0～8.4	68.7～234.7
普通灌淤旱耕人为土	3.0	≥100	壤土、粉壤土	7.9～8.7	8～13.7	47.1～161.1
钙积灌淤干润雏形土	2.0	25～48	砂质壤土、粉壤土、壤土	8.0～8.4	3.8～12.1	126.8～150.4
斑纹灌淤干润雏形土	2.0	20～40	砂质壤土、粉壤土、壤土	7.9～8.5	2.2～10.8	40.4～118.1

3.2.6　干旱表层

干旱表层指在干旱水分状况条件下形成的具特定形态分异的表层，地表无植被或植被稀疏，腐殖质积累具有很弱的特征，表层常有干旱结皮。

干旱表层广泛出现，上、中、下游均有分布，主要涉及干旱土、盐成土和新成土 3 个土纲，7 个土类，20 个亚类。其厚度介于 5～20 cm，砾石含量介于 0～60%，有机碳含量介于 0.7～25.4 g/kg，碳酸钙含量介于 15.4～199.0 g/kg（表 3-6）。

表 3-6　不同亚类土壤干旱表层特征

土类	单个土体数量（上游+中游+下游）/个	指标	厚度/cm	砾石/%	有机碳/（g/kg）	碳酸钙/（g/kg）
钙积正常干旱土	2+13+10	范围	5～15	0～30	0.8～25.4	15.4～182.9
		平均	11	9	2.7	66.4
盐积正常干旱土	0+0+2	范围	5～8	0～60	1.1～3.3	36.7～39.7
		平均	7	30	2.2	38.2
石膏正常干旱土	0+2+14	范围	5～18	0～50	0.8～6.9	31.3～130.1
		平均	14	17	2.2	74.4
简育正常干旱土	8+8+11	范围	5～20	0～20	1.1～8.0	19.4～199.0
		平均	10	7	2.8	75.6
干旱正常盐成土	0+0+1	平均	10	5	1.2	6.5
干旱砂质新成土	0+5+0	范围	8～15	0～20	0.7～4.6	43.8～123.2
		平均	11	8	2.0	88.6
干旱正常新成土	2+10+6	范围	5～20	10～50	0.8～9.5	24.8～149.0
		平均	9	51	2.4	97.3

3.2.7 盐结壳/盐积层/盐积现象

盐结壳指由大量易溶性盐在干旱环境中胶结成的灰白色或灰黑色表层结壳，其厚度≥2 cm，含盐量≥100 g/kg。盐积层是在冷水中溶解度大于石膏的易溶性盐富集的土层，厚度≥15 cm，干旱地区土壤含盐量≥20 g/kg，或电导（1∶1 土水比）≥30 dS/m。盐积现象指土层中具有一定易溶性盐聚积的特征，干旱地区土壤含盐量介于 5~20 g/kg。

盐结壳和盐积层主要出现在中游和下游土壤中（表3-7）。盐结壳厚度介于 2~20 cm，平均为 7.5 cm；盐积层厚度介于 8~86 cm，平均为 25.0 cm，电导介于 31.2~87.2 dS/m，平均为 38.2 dS/m。盐积现象出现在普通干旱正常盐成土和弱盐淡色潮湿雏形土中，出现深度介于 25~53 cm 和 0~10 cm，电导分别为 16.4 dS/m 和 18.6 dS/m。

表 3-7　不同亚类土壤盐积层统计

亚类	单个土体数量 （上游+中游+下游）/个	指标	盐结壳厚度/cm	盐积层	
				厚度/cm	电导/(dS/m)
结壳潮湿正常盐成土	0+2+6	范围	2~20	8~46	31.2~87.2
		平均	7.5	19.4	41.9
普通干旱正常盐成土	0+3+2	范围	0	25~86	33~53.2
		平均	0	48.2	38.4
石膏盐积正常干旱土	0+0+2	范围	0~2	14~40	33.8~38.1
		平均	1	27	36.0
普通潮湿正常盐成土	0+0+1	下游	0	18	40.9
洪积干旱正常盐成土	0+1+0	上游	2	13	33.7

3.2.8 雏形层

雏形层指风化-成土过程中转变（alteration）不明显的土层，基本上无物质淀积，未发生明显黏化，但与上下层相比开始带棕、红棕、红、黄或紫等颜色，且有土壤结构发育的 B 层。

雏形层分布最为广泛，出现在流域所有区域中。雏形层出现上界介于 8~105 cm，120 cm 深度范围内的厚度介于 9~112 cm，质地类型多样，主要有砂土、壤质砂土、砂质壤土、粉壤土、壤土、砂质黏壤土、粉质黏壤土、黏壤土，pH 介于 6.3~10.0，有机碳含量介于 0.4~74.6 g/kg，碳酸钙含量介于 0.6~243.1 g/kg（表3-8 和表3-9）。

表 3-8 不同区域土壤雏形层特征

区域（单个土体数量/个）	指标	出现上界/cm	厚度/cm	质地	pH	有机碳/（g/kg）	碳酸钙/（g/kg）
上游（45）	范围	8~105	10~100	壤质砂土、砂质壤土、粉壤土、壤土、砂质黏壤土、粉质黏壤土、黏壤土	6.3~9.1	1.0~74.6	0.6~243.1
	平均	38	37		8.1	12.0	81.7
中游（39）	范围	8~101	9~90	壤质砂土、砂质壤土、粉壤土、壤土、粉质黏壤土、黏壤土	7.8~9.5	0.7~22.6	30.2~164.5
	平均	28	51		8.4	5.9	110.3
下游（23）	范围	8~12	12~112	砂土、壤质砂土、砂质壤土、壤土、砂质黏壤土、粉质黏壤土、黏壤土	7.3~10.0	0.4~9.7	13.1~121.9
	平均	22	63		8.7	2.0	53.4

表 3-9 不同土纲土壤雏形层特征

土纲（单个土体数量/个）	指标	出现上界/cm	厚度/cm	质地	pH	有机碳/（g/kg）	碳酸钙/（g/kg）
人为土（5）	范围	30~101	19~90	壤土、粉质黏壤土、黏壤土	7.9~8.6	2.9~7.9	88.8~164.5
	平均	57	63		8.3	5.2	124.8
干旱土（38）	范围	8~60	9~112	砂土、壤质砂土、砂质壤土、粉壤土、砂质黏壤土、粉质黏壤土、黏壤土	7.3~9.5	0.4~11.5	13.1~147.3
	平均	20	56		8.5	3.1	89.2
盐成土（11）	范围	14~49	12~102	砂土、壤质砂土、砂质壤土、粉壤土、粉质黏壤土	7.3~10.0	0.6~5.3	13.8~157.9
	平均	26	43		8.8	2.3	79.1
均腐土（3）	范围	55~90	30~46	砂质壤土、粉壤土	8.1~8.6	1.8~22.6	17.1~88.0
	平均	73	39		8.4	12.7	62.5
雏形土（50）	范围	10~105	10~100	壤质砂土、砂质壤土、粉壤土、壤土、砂质黏壤土、粉质黏壤土	6.3~9.1	1.0~74.6	0.6~243.1
	平均	35	41		8.1	12.0	80.2

3.2.9 耕作淀积层/耕作淀积现象

耕作淀积层指旱地土壤中受耕种影响而形成的一种淀积层，紧接耕作层之下的土层。耕作淀积现象指旱地土壤心土层中具有一定耕作淀积的特征。

耕作淀积层出现在中游的灌耕土壤（表3-10），包括灌淤旱耕人为土、灌淤干润雏形土和底锈干润雏形土，其厚度介于10~25 cm，色调为10YR，干态明度介于6~7，润态彩度介于2~3，润态明度介于5~6。

表 3-10 不同土类土壤耕作淀积层特征

土类	单个土体数量/个	土层厚度/cm	干态颜色	润态颜色
灌淤旱耕人为土	5	10~25/17	10YR 7/2~10YR 8/2	10YR 5/2~10YR 6/2
灌淤干润雏形土	2	20~22/21	10YR 6/2~10YR 8/2	10YR 5/2~10YR 6/2
底锈干润雏形土	1	15	10YR 7/3	10YR 5/2

3.2.10 石膏层/石膏现象

石膏层指富含次生石膏的未胶结或未硬结土层，厚度≥15 cm，石膏含量介于 50~500 g/kg，肉眼可见的次生石膏按体积计≥1%，土层厚度与石膏含量乘积≥1500。石膏现象指土层中具有一定次生石膏聚积的特征，但石膏含量介于 10~49 g/kg。

石膏层主要出现在中下游（表 3-11），涉及石膏钙积正常干旱土、石膏盐积正常干旱土、石质石膏正常干旱土和普通石膏正常干旱土，石膏层的厚度>23 cm，石膏含量介于 48.2~276.2 g/kg，平均为 113.3 g/kg。石膏现象出现在下游的弱石膏简育正常干旱土的典型单个土体，通体石膏含量介于 20~45 g/kg，可见石膏粉末。

表 3-11 不同亚类土壤石膏层信息统计

亚类	单个土体数量 （上游+中游+下游）/个	含量范围/(g/kg)	平均含量/(g/kg)	厚度/cm
石膏钙积正常干旱土	0+1+7	95.8~143.9	111.6	>66
石膏盐积正常干旱土	0+0+2	48.2~133.8	91.0	>35
石质石膏正常干旱土	0+0+2	71.2~129.5	100.36	>23
普通石膏正常干旱土	0+2+10	70.7~276.2	120.4	>25

3.2.11 钙积层/钙积现象

钙积层指富含次生碳酸盐的未胶结或未硬结土层，其厚度≥15 cm，碳酸钙相当物介于 50~500 g/kg，且比下垫土层至少高 50 g/kg 或 100 g/kg；有可辨认的次生碳酸盐，如凝团、结核、假菌丝体、软粉状石灰、石灰斑或石灰斑点等，这些次生碳酸盐在土层中按体积计≥5% 或 10%。钙积现象指土层中具有一定次生碳酸盐聚积的特征，但不完全符合钙积层条件，其厚度介于 5~14 cm，或碳酸钙相当物只比下垫土层高 20~50 g/kg，或可辨认的次生碳酸盐按体积计只占 2%~5%。

钙积层在流域上、中、下游均有出现，其中正常干旱土、寒冻雏形土和干润雏形土最为常见。统计表明，钙积层的出现上界介于 10~95 cm，在 1.2 m 深度内的厚度介于 10~110 cm，质地主要有砂土、砂质壤土、壤质砂土、粉壤土、壤土、粉质黏壤土、黏壤土，pH 介于 7.4~10.1，有机碳含量介于 0.4~26.2 g/kg，碳酸钙含量介于 101.7~464.5 g/kg

（表 3-12 和表 3-13）。

表 3-12 不同区域土壤钙积层信息统计

区域（单个土体数量/个）	指标	出现上界/cm	厚度/cm	质地	pH	有机碳/(g/kg)	碳酸钙/(g/kg)
上游（36）	范围	10~75	15~109	砂质壤土、粉壤土、壤土、粉质黏壤土、黏壤土	7.7~9.6	1.5~26.2	102.8~464.5
	平均	33	52		8.4	9.1	179.5
中游（24）	范围	10~95	10~110	壤质砂土、砂质壤土、粉壤土、壤土、粉质黏壤土、黏壤土	7.4~9.0	0.9~18.6	111.9~373.1
	平均	36	52		8.3	5.2	187.5
下游（13）	范围	10~55	15~108	砂土、壤质砂土、壤土、粉质黏壤土、黏壤土	7.6~10.1	0.4~6.8	101.7~391.9
	平均	33	58		8.7	1.4	178.4

表 3-13 不同亚纲土壤钙积层信息统计

亚纲（单个土体数量/个）	指标	出现上界/cm	厚度/cm	质地	pH	有机碳/(g/kg)	碳酸钙/(g/kg)
旱耕人为土（1）	范围	46	55	壤土、粉壤土	8.2~8.7	3.2~6.2	289.6~330.0
	平均	—	—		—	—	—
正常干旱土（25）	范围	10~94	10~109	砂土、壤质砂土、砂质壤土、粉壤土、壤土、粉质黏壤土、黏壤土	7.4~9.9	0.4~18.6	101.7~391.9
	平均	27	49		8.4	3.0	183.3
正常盐成土（6）	范围	13~56	64~107	砂土、砂质壤土、粉壤土、粉质黏壤土、黏壤土、粉质黏土	8.1~10.1	0.9~6.8	111.9~327.4
	平均	48	73		8.8	4.3	182.8
干润均腐土（4）	范围	55~67	23~57	粉壤土	7.9~9.5	4.24~15.5	153.1~259.2
	平均	61	40		8.7	9.9	184.0
寒冻雏形土（26）	范围	10~75	18~109	砂质壤土、粉壤土、壤土、粉质黏壤土、黏壤土	7.7~9.6	2.6~26.2	102.8~464.5
	平均	31	55		8.4	9.8	177.6
干润雏形土（11）	范围	10~95	15~110	粉壤土、壤土、粉质黏壤土	7.9~8.8	2.8~15.4	130.4~261.2
	平均	40	53		8.3	6.3	177.1

从 150 cm 土体碳酸钙淀积模式来看，存在一次钙积的有 70 个样点，二次钙积的有 33 个样点，三次及其以上钙积的有 5 个样点（图 3-5）。

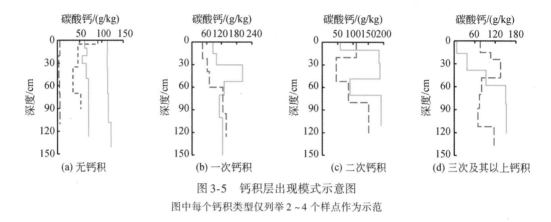

图 3-5　钙积层出现模式示意图

图中每个钙积类型仅列举 2~4 个样点作为示范

3.3　诊　断　特　性

在《中国土壤系统分类检索（第三版）》的 33 个诊断层、20 个诊断现象和 25 个诊断特性中，本地区土壤主要涉及 14 个诊断特性，包括有机土壤物质、岩性特征、石质接触面、人为淤积物质、土壤水分状况、潜育特征、氧化还原特征、土壤温度状况、永冻层次、冻融特征、均腐殖质特性、钠质特性/钠质现象、石灰性、盐基饱和度等。

3.3.1　有机土壤物质

有机土壤物质指经常被水分饱和，具高有机碳的泥炭、腐泥等物质，或被水分饱和时间很短，具极高有机碳的枯枝落叶质物质或草毡状物质。

有机土壤物质出现在半腐纤维永冻有机土和矿底半腐永冻有机土，其土体中高解和半腐的死根与活根体积占 90% 左右，润态颜色为暗棕色、黑棕色、黑色，润态明度介于 2~3，润态彩度介于 1~3（见 3.2.1 节有机表层的图 3-2）。

3.3.2　岩性特征

岩性特征指土表至 125 cm 范围内土壤性状明显或较明显保留母岩或母质的岩石学性质特征。

岩性特征中，冲积物岩性特征出现在上游祁连山区的斑纹寒冻冲积新成土、中游的斑纹干旱冲积新成土和普通干旱冲积新成土，位于洪积-冲积平原河道附近处，受定期泛滥影响，土体可见冲积层理，淡薄表层之下多为洪积-冲积的砾石和砂粒，体积占 80% 以上。

砂质沉积物岩性特征出现在中游的石灰干旱砂质新成土，地貌为冲积平原中流动-半固定沙丘，成土母质为风积沙，砂粒含量在 800 g/kg 以上，有机碳含量介于 0.7 ~ 0.8 g/kg，草灌盖度极低，一般低于 5%。

3.3.3 石质接触面

石质接触面指土壤与下垫岩石之间的界面层，若下垫物质为整块状，则坚硬不能用铁铲挖开；若为碎裂块体，则在水中或六偏磷酸钠溶液中振荡 15 h 不分散。

石质接触面主要出现在上游祁连山区的 11 个单个土体中（表 3-14），出现上界介于 39 ~ 120 cm。中游石灰干旱正常新成土的典型单个土体，出现上界为 20 cm；下游石质石膏正常新成土的典型单个土体，出现上界为 40 cm，岩性主要为钙质岩、钙性变质岩、砾岩或砾质岩、花岗片麻岩、红砂岩、蛇绿岩、橄榄石等。

表 3-14　上游不同亚类土壤石质接触面出现上界

亚类	单个土体数量/个	出现上界/cm	平均值/cm
石质简育正常干旱土	1	55	55
钙积草毡寒冻雏形土	3	50 ~ 110	71
石灰简育寒冻雏形土	4	39 ~ 120	61
普通简育寒冻雏形土	3	72 ~ 100	82
石质寒冻正常新成土	9	15 ~ 90	37
石灰干旱正常新成土	1	40	40

3.3.4 人为淤积物质

人为淤积物质指由人为活动造成的沉积物质，如以灌溉为目的引用浑水灌溉形成的灌淤物质，是灌淤表层的物质基础，每年淤积厚度 ≥ 0.5 cm，沉积层理和微层理因耕翻扰动基本消失。河西地区耕垦历史悠久，早在西汉时就已开渠引水发展灌溉农业，灌溉水主要来自河流上游祁连山区的冰雪融水，洪水期带有大量泥沙，如石羊河流域金塔河泥沙含量为 2.9 kg/m³，以每亩①灌水 607 m³ 计，每年耕地可淤高地面 1 ~ 2 cm。

人为淤积物质主要出现在中游河西走廊绿洲耕地，包括斑纹灌淤旱耕人为土、普通灌淤旱耕人为土、钙积灌淤干润雏形土和斑纹灌淤干润雏形土。灌淤层次的厚度介于 20 ~ 100 cm，质地有壤质砂土、砂质壤土、粉壤土、壤土，pH 介于 7.9 ~ 8.7，有机碳含量介于 2.2 ~ 13.7 g/kg。

---

① 1 亩 ≈ 666.67 m²。

3.3.5　土壤水分状况

土壤水分状况指年内各时期土壤或某土层内地下水或<1500 kPa 张力持水量的有无或多寡。

黑河流域依据蒸发量和降水量 Penman 经验公式计算的年干燥度介于 3.8 ~ 117.4，平均为 30.5，均为干旱土壤水分状况，土壤水分状况的确定需要综合考虑土地利用类型、灌溉情况、地形部位、土体的形态特征和干燥度。在黑河流域参与统计分析的 208 个典型单个土体中，干旱和半干润土壤水分状况分别为 98 个和 95 个，分别占 47.12% 和 45.67%；潮湿土壤水分状况为 13 个，占 6.25%，湿润和滞水各为 1 个，合计占 0.96%（表 3-15）。上游主要为半干润，其次为干旱；中游主要为干旱，其次为半干润；下游主要为干旱，也有少数受地下水影响的潮湿水分状况。

表 3-15　不同区域土壤水分状况　　　　　　　　　（单位：个）

区域	干旱	半干润	湿润	常湿润	滞水	人为滞水	潮湿	合计
上游	12	71	1	0	1	0	3	88
中游	42	24	0	0	0	0	2	68
下游	44	0	0	0	0	0	8	52
全流域	98	95	1	0	1	0	13	208

3.3.6　潜育特征

潜育特征指长期被水饱和，导致土壤发生强烈还原的特征。

潜育特征出现在上游普通简育滞水潜育土的典型单个土体，位于常受洪水影响的冲积平原，土体滞水潮湿，通体具有潜育特征，色调为 2.5Y，润态明度介于 4 ~ 5，润态彩度为 3。

3.3.7　氧化还原特征

氧化还原特征指大多数年份某一时期土壤受季节性水分饱和，发生氧化还原交替作用而形成的特征。

氧化还原特征在上、中、下游都有出现。例如，上游的普通潮湿寒冻雏形土、普通简育寒冻雏形土、斑纹寒冻冲积新成土，中游的斑纹灌淤旱耕人为土、斑纹灌淤干润雏形土、底锈干润雏形土、斑纹简育正常干旱土、结壳潮湿正常盐成土、普通干旱正常盐成土，下游的斑纹钙积正常干旱土、斑纹石膏正常干旱土、斑纹简育正常干旱土、普通简育正常干旱土、结壳潮湿正常盐成土、普通潮湿正常盐成土和弱盐淡色潮湿雏形土。这些土壤或位于山间和平原的洼地，或靠近河流，或人为长期灌溉，因此土体中存在干湿交替过程，一般可见铁锰斑纹，占结构面的 2% ~ 30%，个别可见少量铁锰结核，占土体的 2% 左右，氧化还原特征出现上界介于 20 ~ 90 cm。其中，有些土壤已是干旱土壤水分状况，并无干湿交替过程，其斑纹应该是历史残留的。

3.3.8　土壤温度状况

土壤温度状况指土表下 50 cm 深度处或浅于 50 cm 的石质或准石质接触面处的土壤温度。

黑河流域 50 cm 深度年均土壤温度上游介于 0.8 ~ 9.3℃，平均为 4.6℃；中游介于 6.2 ~ 9.9℃，平均为 8.8℃；下游介于 6.1 ~ 10.1℃，平均为 8.1℃。可以看出，土壤温度状况包括寒性（0 ~ 9℃，且夏季 6 ~ 8 月平均土壤温度与冬季 12 月至次年 2 月平均土壤温度之差<6℃）、冷性（0 ~ 9℃，且夏季 6 ~ 8 月平均土壤温度与冬季 12 月至次年 2 月平均土壤温度之差≥6℃）和温性（9 ~ 16℃）三种类型（表 3-16）。其中，寒性主要分布于上游祁连山南部及祁连县境内，冷性主要分布于中游河西走廊绿洲南部的祁连山北坡及西北部的肃北蒙古族自治县马鬃山地区，温性主要分布于中游河西走廊绿洲地区和下游地区。在 208 个典型单个土体中，寒性 70 个，占 33.6%；冷性 53 个，占 25.5%，温性 85 个，占 40.9%。

表 3-16　不同区域 50cm 深度年均土壤温度状况

区域	寒性		冷性		温性		合计	
	样点/个	占比/%	样点/个	占比/%	样点/个	占比/%	样点/个	占比/%
上游	70	79.5	18	20.5	0	0	88	100.0
中游	0	0	33	47.8	36	52.2	69	100.0
下游	0	0	2	3.9	49	96.1	51	100.0
全流域	70	33.6	53	25.5	85	40.9	208	100.0

3.3.9　永冻层次

永冻层次指土表至 200 cm 范围内土壤温度常年≤0℃的层次。湿冻者结持坚硬，干冻者结持疏松。

永冻层次（图 3-6）出现在上游两个典型单个土体，地形为较为平缓的阴坡洼地或河谷冲积平原中的洼地，土体下部常年积水，加之土壤温度常年≤0℃，而形成永冻层次，出现上界介于 1 ~ 1.2 m（7 月下旬至 8 月中旬观察结果）。

3.3.10　冻融特征

冻融特征指由冻融交替作用在地表或土层中形成的形态特征，如地表具有石环、冻胀丘等冷冻扰动形态，A 或 B 层的部分亚层具鳞片状结构，具昼夜冻融现象。

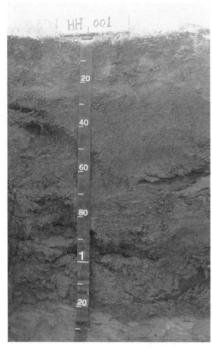

图 3-6　有机土剖面的永冻层

位于青海省祁连县峨堡镇，37°51′20.505″N，101°6′18.532″E，海拔 3636 m，120 cm 以下为永冻层

冻融特征主要出现在上游祁连山区的永冻有机土土类、寒冻雏形土、寒冻冲积新成土和寒冻正常新成土。冻融特征的表现特征为地表粗碎块较多的地区易出现石环（图 3-7），草被较好的地区易出现冻胀丘（图 3-8）。另外，土体中表层甚至 B 层中可见鳞片状结构（图 3-9）。

图 3-7　冻融特征中的石环

位于青海省祁连县野牛沟乡，38°32′8.719″N，99°29′0.658″E，海拔 3399 m

图 3-8 地表冻胀丘
位于青海省祁连县峨堡镇，37°51′20.505″N，101°6′18.532″E，海拔 3636 m

图 3-9 鳞片状结构
位于青海省祁连县央隆乡，38°47′22.147″N，98°44′30.146″E，海拔 4051 m

3.3.11 均腐殖质特性

均腐殖质特性指草原或森林草原中腐殖质的生物积累深度较大，有机质的剖面分布随草本植物根系分布深度中数量的减少而逐渐减少，50 cm 以上无陡减现象的特性。

均腐殖质特性主要出现在上游，其有机质含量随深度的增加逐渐降低，0~20 cm 与 0~100 cm 腐殖质储量比（Rh）介于 0.23~0.39，平均为 0.28；碳氮比（C/N）介于 8.6~13.3，平均为 11.9。

3.3.12 钠质特性/钠质现象

钠质特性指交换性钠饱和度（ESP）≥30% 和交换性钠离子≥2 cmol（+）/kg，或交换性钠镁饱和度≥50%的特性。钠质现象指 ESP 介于 5%~29%。

钠质特性出现在下游的钠质钙积正常干旱土（碱化灰棕漠土），多处于洼地，细土可溶性盐中钠离子含量高。干旱碱结皮厚度介于 1~3 mm，表层电导介于 33~36 dS/m，碳酸钙含量介于 15~55 g/kg，交换性钠镁饱和度约为 65%。

3.3.13　石灰性

石灰性指土表至 50 cm 范围内所有亚层中碳酸钙相当物均≥10 g/kg，用 1∶3 HCl 处理有泡沫反应。

黑河流域成土母质多为黄土，故一般都具有石灰性。一些土壤处于酸性针叶林下，或长期滞水，或碳酸钙淋溶程度高，导致 50 cm 以上土体全部或部分层次已没有石灰性，这些无石灰性的土壤多出现在上游祁连山区，如有机土纲的 2 个典型单个土体，其 50 cm 以上土层的 pH 介于 4.7~6.1，碳酸钙含量介于 0.2~1.9 g/kg；干润均腐土亚纲的 3 个典型单个土体，其 pH 介于 7.0~9.3，碳酸钙含量介于 0.8~9.3 g/kg；普通草毡寒冻雏形土亚类的 6 个典型单个土体以及普通简育寒冻雏形土亚类的 4 个典型单个土体，其 pH 介于 6.8~8.6，碳酸钙含量介于 1.0~8.9 g/kg。

3.3.14　盐基饱和度

盐基饱和度指吸收复合体被 K^+、Na^+、Ca^{2+} 和 Mg^{2+} 饱和的程度，≥50% 为饱和，<50% 为不饱和。盐基饱和度用于具有暗沃表层的土壤（见 3.2.3 节暗沃表层），其 pH 介于 6.5~8.7，盐基饱和度均>50%。

3.4　土壤类型及空间分布

3.4.1　土壤的垂直分布

祁连山山体陡峻，高差变化大，气候、地形、地质背景、成土母质和土地利用等成土因素垂直变化较为复杂，土壤呈现出较好的垂直分布特征。

以祁连山东部葫芦沟小流域土壤类型的海拔序列为例 [图 3-10（a）]，在海拔 3500~4000 m 的冰缘线附近，由于气温很低，植被生长困难，地表主要为稀疏草被，盖度一般低于 5%，土体浅薄，淡薄表层厚度介于 5~15 cm，之下一般多为石质接触面，土壤为寒冻新成土。海拔 3500 m 以下，植被生长较好，植被盖度一般在 85% 以上，一般在草被茂盛、盖度高的地区（草被盖度接近 100%），诊断层包括草毡表层和雏形层，土壤为草毡寒冻雏形土；在草被盖度低于 85% 的地区，没有草毡表层，诊断层包括淡薄表层、暗沃表层和雏形层，土壤为寒冻雏形土；而在局部的针叶林区，一般具有暗沃表层和均腐殖质特性，土壤为干润均腐土。这一土壤垂直带分布趋势与祁连山东部土壤垂直带谱基本一致［图 3-10（b）］。

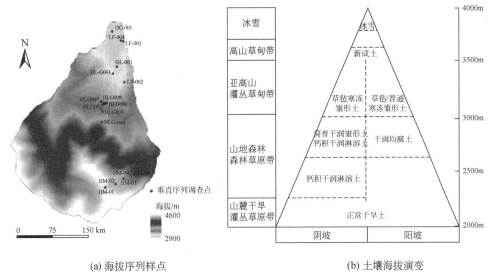

(a) 海拔序列样点　　　　　　　　(b) 土壤海拔演变

图 3-10　祁连山葫芦沟小流域海拔序列样点与祁连山东部土壤海拔演变

3.4.2　土壤的水平分布

从上游祁连山的北坡山麓经河西走廊到下游额济纳旗的盆地中心居延海，气候由半干润过渡到干旱和极干旱，地形由高山向下依次过渡到洪积扇、山麓平原、洪积–冲积平原和冲积平原，土地利用由草地、林地依次过渡到旱地、戈壁沙漠，成土母质由残积物依次过渡到坡积物、洪积–冲积物、冲积物，相应地，土壤类型依次由祁连山北麓的简育干润雏形土和正常干旱土，依次过渡到中游河西走廊的灌淤干润雏形土和灌淤旱耕人为土，再向北过渡到戈壁沙漠地区的正常干旱土、正常盐成土、砂质新成土和干旱正常新成土交错分布区，其地球化学分异现象也十分明显，相应地，出现了石灰、石膏、苏打、芒硝与食盐累积带（图 3-11）。

（1）有机土纲

有机土纲主要分布于上游祁连山的东部高寒冷湿地带，其成土母质为不同腐解程度的有机物，常与多年冻土共同分布，植被为湿生耐寒草甸，主要有西藏嵩草、薹草、海韭菜、长管马先蒿及苔藓等。由于气温低，土体潮湿，地表长期积水，微生物活动弱，有机质易积累，多见冻融坑、冻胀丘或塔头草墩。有机土纲中，半腐纤维永冻有机土亚类主要分布在江河源头倾斜滩地、碟形洼地、平缓分水岭和山间湖盆地；矿底半腐永冻有机土亚类主要分布在阴坡或半阴坡上的碟形洼地。

（2）人为土纲

人为土纲主要分布于中游河西走廊内陆灌区–绿洲地带，是旱耕人为土亚纲下的灌淤

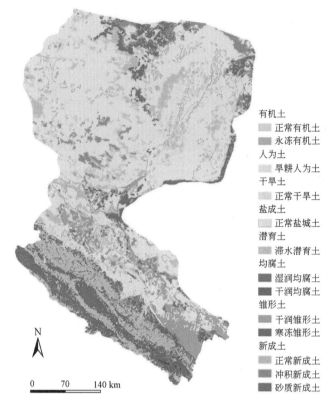

有机土
正常有机土
永冻有机土
人为土
旱耕人为土
干旱土
正常干旱土
盐成土
正常盐城土
潜育土
滞水潜育土
均腐土
湿润均腐土
干润均腐土
雏形土
干润雏形土
寒冻雏形土
新成土
正常新成土
冲积新成土
砂质新成土

N

0　　70　　140 km

图 3-11　祁连山北部土壤类型水平空间分布

旱耕人为土土类，其成土母质为含有碳酸钙的灌淤沉积物，在人类长期灌溉、耕作、施肥等影响和作用下定向培育形成，是干旱荒漠地带灌溉农业土壤的典型，现多种植玉米、小麦、油菜等旱作作物。其中，斑纹灌淤旱耕人为土亚类主要分布于河流河谷、河滩地或部位较低的河岸阶地，50～100 cm 土体或部分土体可见氧化还原作用形成的斑纹、结核；普通灌淤旱耕人为土亚类则主要分布于地势略较高的地带，50～100 cm 土体或部分土体没有氧化还原作用形成的斑纹、结核。

（3）干旱土纲

干旱土纲广泛分布于中游河西走廊北部和下游额济纳旗的荒漠地带，属极其干旱的温带漠境气候，其成土母质主要是粗骨性的石砾和砂粒物质，植被为极端干旱的荒漠类型，多为耐旱、深根、肉汁的灌木和小灌木，主要优势种有红砂、梭梭、霸王及禾本科猪毛菜等，其生长特点为单个丛状分布，盖度一般低于5%。干旱土纲仅有正常干旱土1个亚纲，下有钙积正常干旱土、盐积正常干旱土、石膏正常干旱土和简育正常干旱土4个土类，12个亚类。

钙积正常干旱土土类是干旱土纲的主体，广泛分布于中游河西走廊北部和下游额济纳旗的荒漠地带。其中，①斑纹钙积正常干旱土亚类主要分布于下游额济纳旗赛汉陶来一带，靠近黑河河道，土体中可见氧化还原作用形成的斑纹；②钠质钙积正常干旱土亚类主要分布于中游河西走廊的张掖市高台县骆驼城乡以及下游额济纳旗赛汉陶来坡状高平原中低平洼地和洪积–冲积扇外缘的径流汇集地，具有一定的积盐和碱化条件，土体中钠离子含量较高；③石膏钙积正常干旱土亚类广泛分布于下游额济纳旗、肃北蒙古族自治县马鬃山和中游河西走廊东部的荒漠地带，0～100 cm 土体中可见石膏层；④普通钙积正常干旱土亚类主要分布于祁连山向河西走廊过渡的洪积–冲积扇地带。

盐积正常干旱土主要分布于下游额济纳旗的温图高勒苏木和中游河西走廊金塔县的东风航天城一带，多为洪积–冲积平原和湖积平原中沿湖周围和沿河附近的局部封闭洼地，具有积盐条件，且 0～100 cm 土体可见石膏层，为石膏盐积正常干旱土亚类。

石膏正常干旱土主要分布于下游额济纳旗和肃北蒙古族自治县马鬃山地区，0～100 cm 土体可见石膏层。其中，①石质石膏正常干旱土亚类主要分布于下游西部肃北蒙古族自治县马鬃山地区的低山残丘地带，50 cm 以上可见（准）石质接触面；②斑纹正常干旱土亚类主要分布于下游额济纳旗赛汉陶来靠近沿河两岸地势较低地带，50～100 cm 土体或部分土体可见氧化还原作用形成的斑纹、结核；③普通石膏正常干旱土亚类则广泛分布于下游地区。

简育正常干旱土主要分布于祁连山向河西走廊过渡的洪积–冲积扇地带以及下游额济纳旗和肃北蒙古族自治县马鬃山地区。其中，①石质简育正常干旱土亚类主要分布于祁连山向河西走廊过渡的洪积–冲积扇地带，50 cm 以上可见（准）石质接触面；②斑纹简育正常干旱土亚类主要分布于祁连山向河西走廊过渡的洪积–冲积扇地带的下部和下游额济纳旗赛汉陶来靠近黑河河道的地带，50～100 cm 土体或部分土体可见氧化还原作用形成的斑纹、结核；③弱石膏简育正常干旱土亚类主要分布于下游赛汉陶来的北部，100 cm 以上土体或部分土体有石膏现象；④普通简育正常干旱土亚类则广泛分布于祁连山向河西走廊过渡的洪积–冲积扇地带和下游地区。

（4）盐成土纲

盐成土纲主要分布于中游河西走廊和下游额济纳旗的河流两岸地势低洼的阶地、湖盆洼地和封闭洼地，形成原因主要是气候干旱，地势低洼，地下水位浅，矿化度高，排水不畅以及生物集盐等。其中，①结壳潮湿正常盐成土和普通潮湿正常盐成土两个亚类主要分布于中游河西走廊和下游额济纳旗的河流两岸地势低洼的阶地、湖盆洼地，地下水位较浅，土体受地下水上下移动的影响，具有潮湿土壤水分状况，50 cm 以上土体或部分土体可见氧化还原作用形成的斑纹；②洪积干旱正常盐成土和普通干旱正常盐成土两个亚类主要分布于中游河西走廊和下游额济纳旗局部的封闭洼地地带，地下水位较深，已不再参与成土过程，多为含盐多的地面径流在低洼地带汇集后由于旱季强烈蒸发作用而发生盐分表聚形成，前者不定期受山洪作用影响，质地和含盐量随深度变化没有规律。

（5）潜育土纲

潜育土纲仅有普通简育滞水潜育土 1 个亚类，主要分布于上游祁连山区西部央隆乡境内宽阔的洪积–冲积平原局部封闭的低洼地带，地下水位在 10 cm 左右，淡薄表层厚度介于 5～15 cm，之下为砾质的洪积母质，砾石含量在 70% 以上，土体长期滞水，潜育特征较为明显。

（6）均腐土纲

均腐土纲有干润均腐土 1 个亚纲，包括钙积寒性干润均腐土、普通寒性干润均腐土和普通暗厚干润均腐土 3 个亚类，前两者主要分布于上游祁连山东部地区地形，一般为坡地，植被主要为云杉、圆柏，以及高盖度的高山柳、金露梅及薹草、早熟禾等草本植物；后者主要分布于民乐县南丰乡一带，洪积扇平原，现为旱地。均腐土一般根系多，分布深，土体颜色暗，有机碳含量高，且向下逐渐递减，具有均腐殖质特性。

（7）雏形土纲

雏形土纲主要分布于上游祁连山区和中游河西走廊地区，少量分布于下游额济纳旗地区，有寒冻雏形土、干润雏形土和潮湿雏形土 3 个亚纲，8 个土类和 14 个亚类。

寒冻雏形土集中分布于上游祁连山区，多为植被盖度高的草地。其中，①草毡寒冻雏形土（有钙积草毡寒冻雏形土、石灰草毡寒冻雏形土和普通草毡寒冻雏形土 3 个亚类）和简育寒冻雏形土（有钙积简育寒冻雏形土、石灰简育寒冻雏形土和普通简育寒冻雏形土 3 个亚类）分布最为广泛，基本遍布祁连山区。前者具有发育较好的草毡层，由于淋溶程度不一，碳酸钙含量变化大，有的土体碳酸钙淋溶淀积强烈，有钙积层；有的碳酸钙淋溶较为强烈，虽然没有钙积层但尚保留石灰性；有的碳酸钙淋溶彻底，土体已无石灰性。②潮湿寒冻雏形土（仅有普通潮湿寒冻雏形土 1 个亚类）集中分布于祁连山西部央隆乡境内的河谷与山地之间的洪积-冲积平原过渡地带，50 cm 以上土体或部分土体仍受地下水上下移动的影响，可见氧化还原作用形成的斑纹。③暗沃寒冻雏形土（仅有普通暗沃寒冻雏形土 1 个亚类）主要分布于祁连山东部扎麻什乡一带的高山坡地中下部，具有暗沃表层。④简育寒冻雏形土（有钙积简育寒冻雏形土、石灰简育寒冻雏形土和普通简育寒冻雏形土 3 个亚类），其中钙积简育寒冻雏形土广泛分布于祁连山区，石灰简育寒冻雏形土和普通简育寒冻雏形土主要分布于祁连山中部和东部。

干润雏形土有钙积灌淤干润雏形土、斑纹灌淤干润雏形土、钙积简育干润雏形土和普通简育干润雏形土 4 个亚类。其中，①钙积灌淤干润雏形土和斑纹灌淤干润雏形土亚类分布于中游河西走廊绿洲地区，为具有灌淤条件的旱地，具有厚度介于 20～50 cm 的灌淤表层。前者土体中钙积过程明显，具有钙积层；后者钙积过程较弱，但 50～100 cm 土体或部分土体可见由定期灌溉造成土体干湿交替形成的斑纹。②钙积简育干润雏形土和普通简育干润雏形土亚类主要分布于上游祁连山区海拔较低的山麓及河谷两岸地带以及祁连山与河西走廊交接的洪积-冲积平原地带，或为植被盖度高的草地，或为长期耕作定期灌溉旱地。前者土体中钙积过程明显，具有钙积层。

潮湿雏形土仅有弱盐淡色潮湿雏形土 1 个亚类，分布于下游额济纳旗赛汉陶来南部冲积平原中的低阶地带，地表遍布盐斑，具有盐积现象，淡薄表层厚度介于 15～20 cm，之下的土体可见少量氧化还原作用形成的斑纹，为老盐碱地，灌木盖度约 30%。

（8）新成土纲

新成土纲包括砂质新成土、冲积新成土和正常新成土 3 个亚纲，4 个土类和 5 个亚类。

砂质新成土仅有石灰干旱砂质新成土 1 个亚类，主要为中游河西走廊和下游额济纳旗的沙漠、沙丘，成土母质为风积沙，为流动-半固定沙丘，通体有石灰反应，干旱表层厚度介于 5~10 m。

冲积新成土有斑纹寒冻冲积新成土、斑纹干旱冲积新成土和普通干旱冲积新成土 3 个亚类。其中，①斑纹寒冻冲积新成土亚类主要分布于上游祁连山区，地处宽阔洪积–冲积平原的河道两岸，地下水位在 50 cm 左右，干旱表层厚度介于 5~15 cm，之下为砾质洪积母质，砾石多，体积在 70% 以上。②斑纹干旱冲积新成土亚类主要分布于中游祁连山与河西走廊之间的洪积扇平原下缘靠近老河道地带，先多为戈壁，干旱表层厚度介于 5~15 m，之下土体以冲积砂为主，受季节性骤雨影响，尚可见较为明显的冲积层理，50 cm 以下土体可见氧化还原作用形成的斑纹。③普通干旱冲积新成土亚类主要分布于中游河西走廊与下游额济纳旗交接地带，靠近黑河河道的两岸，干旱表层厚度介于 5~15 m，之下土体以冲积砂为主，受季节性骤雨影响，可见明显的冲积层理，50 cm 以下土体可见氧化还原作用形成的斑纹。

正常新成土包括石质寒冻正常新成土和石灰干旱正常新成土 2 个亚类。其中，①石质寒冻新成土亚类分布于祁连山区雪缘线向下的邻近地区和祁连山与河西走廊之间的洪积扇地带。靠近雪缘线的土体较薄，50 cm 以上出现（准）石质接触面；分布在洪积扇地带的土体砾石多，50 cm 以上土体中 >2 mm 砾石体积占 70% 以上。②石灰干旱正常新成土亚类主要分布于中游河西走廊和下游额济纳旗紧邻黑河河道的两岸以及下游西部地区的低山残丘顶部，土体一般具有强烈的石灰性。分布在河流两岸的土体虽然深厚，但发育很弱，表层之下土体还保留着冲积母质特征，如明显的冲积层理；分布在低山残丘顶部的土体薄，砾石多，50 cm 以上出现（准）石质接触面，土体中 >2 mm 砾石体积占 70% 以上。

第4章 黑河上游地区土壤

黑河上游地区是指黑河干流流域莺落峡以上的所有地区，主要包括祁连山及其北坡山前洪积扇。黑河流域上游祁连山区土壤包括有机土、干旱土、潜育土、均腐土、雏形土和新成土6个土纲，8个亚纲，14个土类，20个亚类。

4.1 有机土纲

4.1.1 成土环境与成土因素

有机土纲多发育于多年冻土之上，分布于上游祁连山东部高寒冷湿地带，特别是江河源头倾斜滩地、碟形洼地、平缓分水岭和山间湖盆地，以及冰川边缘高山的阴坡或半阴坡上的碟形洼地。有机土的成土母质是不同组成和分解程度的植物残体，在具有矿质底土的情形下，其母质常为沉积物；有机土常出现在高山寒冷湿润气候和植被盖度高的草地环境，地表具有冻胀丘冻融特征。海拔在3500 m左右，地形坡度介于3.2°~12.7°，年均降水量介于330~450 mm，年均气温介于-3.0~-2.0 ℃，50 cm深度年均土壤温度介于3.5~4.5 ℃，成土母质为冰碛物及冰水沉积物，植被为高盖度的湿生耐寒草甸，主要有西藏嵩草、薹草、海韭菜、长管马先蒿及苔藓等。由于气温低，降水充裕，土体潮湿，地表长期积水，微生物活动弱，有机质易积累，多见冻融坑、冻胀丘或塔头草墩。

4.1.2 主要亚类与基本性状

从2个代表性单个土体来看（图4-1），祁连山有机土的有机表层厚度介于100~120 cm，为大量根系腐解后形成的高有机碳的泥炭，其高解和半腐的死根与活根体积占90%左右，容重很低，介于0.49~0.68 g/cm³，有机碳含量很高，介于137.3~194.6 g/kg。润态颜色为暗棕色、黑棕色和黑色，润态明度介于2~3，润态彩度介于1~3。矿质部分的细土物质主要是黄土冲积物和沉积物，质地类型复杂，以壤土和粉壤土为主，也有粉质黏壤土，黏粒含量介于150~430 g/kg。土壤呈酸性，pH介于4.7~6.4，全磷（P）介于1.30~5.70 g/kg，全钾（K）介于11.3~20.1 g/kg，CEC介于8.5~66.9 cmol（+）/kg。碳酸钙相当物含量极低，一般<2.0 g/kg，含盐量也较低，电导一般<1.5 dS/m。

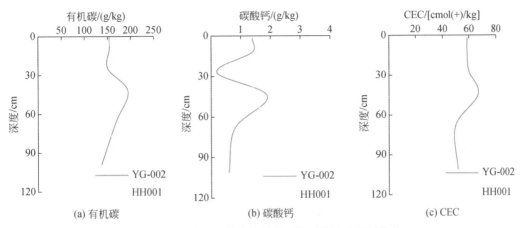

(a) 有机碳　　　　　　　　(b) 碳酸钙　　　　　　　　(c) CEC

图 4-1　上游有机土代表性单个土体理化性质剖面分布

（1）半腐纤维永冻有机土

半腐纤维永冻有机土分布于上游祁连山区东部的阴坡、半阴坡的洼地。

半腐纤维永冻有机土诊断层包括有机表层；诊断特性包括寒性土壤温度状况、湿润土壤水分状况、有机土壤物质、永冻层次、冻融特征。有机表层厚度在 1 m 左右，之下为永冻层次，土体质地为砂质黏壤土–砂质黏土–砂质壤土，砂质含量介于 490～710 g/kg，pH介于 5.7～6.4。

代表性单个土体　位于青海省海北藏族自治州祁连县扎麻什乡，38°14′20.7″N，99°53′22.9″E，海拔 3557 m，高山阴坡洼地，母质为沉积物，草地，50 cm 深度年均土壤温度 3.9 ℃，编号 YG-002（图 4-2 和表 4-1）。

(a) 典型景观　　　　　　　　　　　　　(b) 剖面

图 4-2　上游半腐纤维永冻有机土代表性单个土体典型景观与剖面

Oed1：0~20 cm，暗棕色（7.5YR 3/4，干），极暗棕色（7.5YR 2/3，润），50%活根，40%腐殖质化死根，壤土，发育弱的粒状结构，松散，向下层波状渐变过渡。

Oed2：20~30 cm，棕色（7.5YR 4/3，干），暗棕色（7.5YR 3/3，润），40%活根，50%腐殖质化死根，壤土，发育弱的粒状结构，松散，向下层波状渐变过渡。

Oed3：30~55 cm，棕色（7.5YR 4/3，干），极暗棕色（7.5YR 2/3，润），5%活根，85%腐殖质化死根，粉壤土，发育弱的粒状结构，松散，向下层波状渐变过渡。

Oad1：55~78 cm，棕色（7.5YR 4/3，干），暗棕色（7.5YR 3/3，润），5%活根，85%腐殖质化死根，壤土，单粒，松散，无结构，向下层波状渐变过渡。

Oad2：78~105 cm，棕色（7.5YR 4/3，干），黑色（7.5YR 2/1，润），95%腐殖质化死根，粉壤土，发育弱的鳞片状结构，松软，少量铁锰斑纹，向下层波状渐变过渡。

Cf：>105 cm，黄色（2.5Y 8/8，干），亮黄棕色（2.5Y 7/6，润），永冻层，粉壤土，无结构，松软，少量铁锰斑纹。

该类型目前为优质的牧草地，应适度放牧，防止过度放牧。

表4-1　上游半腐纤维永冻有机土代表性单个土体化学性质

深度/cm	容重 /（g/cm³）	pH*	有机碳 /（g/kg）	全氮 （N）/（g/kg）	全磷 （P）/（g/kg）	全钾 （K）/（g/kg）	CEC/［cmol (+)/kg］	碳酸钙** /（g/kg）
0~20	0.64	5.7	154.0	11.75	1.81	18.9	58.9	1.4
20~30	0.39	6.0	150.8	11.42	1.72	18.9	60.1	0.2
30~55	0.60	6.1	194.6	13.77	1.73	16.0	66.9	1.9
55~78	0.67	6.2	167.7	9.26	1.31	20.1	50.2	0.8
78~105	0.68	6.4	137.3	7.76	1.30	19.8	52.1	0.6

*1:2.5水浸提（下同）；**碳酸钙相当物（下同）。

（2）矿底半腐永冻有机土

矿底半腐永冻有机土分布于上游祁连山区东部的河谷冲积平原碟仙洼地。

矿底半腐永冻有机土诊断层包括有机表层；诊断特性包括寒性土壤温度状况、潮湿土壤水分状况、有机土壤物质、永冻层次、冻融特征。有机表层厚度在1.2 m以上，之下为永冻层次，土体质地为粉质黏壤土-粉壤土-壤土，粉粒含量介于390~600 g/kg，pH介于4.7~5.8。

代表性单个土体　位于青海省海北藏族自治州祁连县峨堡镇，37°51′20.505″N，101°06′18.532″E，海拔3636 m，冲积平原，母质为沉积物，草地，50 cm深度年均土壤温度4.1℃，编号HH001（图4-3和表4-2）。

Ode1：0~10 cm，浊黄棕色（10YR 4/3，干），黑棕色（10YR 3/2，润），35%活根，65%腐殖质化死根，松散，向下层波状渐变过渡。

Oed2：10~28 cm，浊黄橙色（10YR 6/4，干），浊黄棕色（10YR 4/3，润），20%活根，70%腐殖质化死根，松散，向下层波状渐变过渡。

Oad1：28~59 cm，棕色（10YR 4/4，干），暗棕色（10YR 3/3，润），5%活根，

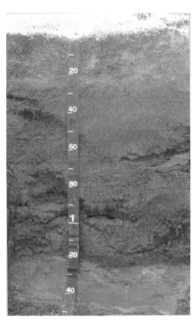

(a) 典型景观   (b) 剖面

图 4-3 上游矿底半腐永冻有机土代表性单个土体典型景观与剖面

85% 腐殖质化死根，松散-松软，向下层平滑清晰过渡。

Oad2：59~76 cm，浊黄棕色（10YR 4/3，干），黑棕色（10YR 3/2，润），5% 活根，85% 腐殖质化死根，松散-松软，有因冻融交替形成的横向裂隙，向下层平滑清晰过渡。

Oad3：76~120 cm，灰黄棕色（10YR 4/2，干），黑棕色（10YR 3/1，润），90% 腐殖质化死根，松软，有因冻融交替形成的横向裂隙，向下层波状清晰过渡。

Cf：>120 cm，棕灰色（10YR5/1，干），黑棕色（10YR 3/1，润），永冻层，10% 腐殖质化死根，壤土，发育弱的鳞片状结构，坚硬。

该类型目前为优质牧草地，应适度放牧，防止过度放牧。

表 4-2 上游矿底半腐永冻有机土代表性单个土体化学性质

深度/cm	容重 /（g/cm³）	pH	有机碳 /（g/kg）	全氮 （N）/（g/kg）	全磷 （P）/（g/kg）	全钾 （K）/（g/kg）	CEC/［cmol（+）/kg］	碳酸钙 /（g/kg）
0~10	0.49	5.7	155.0	10.12	5.72	13.5	10.12	1.3
10~28	0.49	4.8	157.9	11.82	4.58	15.8	11.82	0.5
28~59	0.59	4.7	148.8	9.66	4.72	12.9	9.66	1.7
59~76	0.54	4.8	154.9	8.63	4.81	11.5	8.63	1.1
76~120	0.35	5.4	153.0	8.49	5.45	11.3	8.49	0.7

4.2 干 旱 土 纲

4.2.1 成土环境与成土因素

干旱土纲广泛分布于祁连山北坡向河西走廊过渡的洪积–冲积地带，地貌类型为侵蚀剥蚀的中山和洪积平原、洪积扇平原，坡度介于 2.5°~30°，成土母质主要是洪积–冲积粗骨性石砾和砂粒物质以及风积黄土，形成于极干旱的温带漠境气候，区域年均降水量介于 90~200 mm，年均气温介于 3.0~6.0 ℃，50 cm 深度年均土壤温度介于 7.0~8.5 ℃，植被为极端干旱的荒漠类型，多为耐旱、深根、肉汁的植物类型，主要优势种有红砂、梭梭、霸王及禾本科猪毛菜等，其生长特点为单个丛状分布，盖度一般介于 5%~10%。

4.2.2 主要亚类与基本性状

从 10 个干旱土代表性单个土体的统计信息来看，干旱土一般具有厚度介于 1~4 mm 干旱结皮，地表有大小不一的砾石，一般介于 20%~30%，低的仅有 5% 左右，但高的可达 80%。土体厚度多在 1 m 以上，一些土体中含有 10%~50%（体积）的砾石，高的可达 70% 以上。由于成土母质类型复杂多样，有风积黄土，也有不同岩性的风化搬运物，以粉粒为主，含量介于 450~520 g/kg，砂粒含量介于 290~340 g/kg，质地包括壤土、粉壤土、砂质壤土和砂质黏壤土。由于植被盖度低，腐殖质积累弱，表层土壤有机碳含量低，一般介于 2.0~8.0 g/kg，极个别可达 10 g/kg，容重介于 1.12~1.57 g/cm³。干旱土一般富含碳酸钙，含量多介于 110~270 g/kg，因此一些土体存在钙积层，但个别土体碳酸钙含量较低，介于 30~70 g/kg。由于土体富含碳酸钙，pH 较高，多介于 8.0~9.0。含盐量变化大，电导介于 0.3~26.2 dS/m。干旱土的干旱表层厚度介于 10~20 cm，砾石含量介于 0~20%，有机碳含量介于 2.0~10.6 g/kg，碳酸钙含量介于 71.5~173.1 g/kg，容重介于 1.07~1.47 g/cm³。

（1）普通钙积正常干旱土

普通钙积正常干旱土主要分布于肃南裕固族自治县和酒泉市的高台地，母质为石砾和黄土交替沉积物或黄土沉积物，荒地或稀疏草灌地，植被盖度一般低于 20%，高寒山地半干旱气候，年均气温介于 3.5~7.5 ℃，降水量介于 80~230 mm，无霜期介于 80~130 天。

普通钙积正常干旱土诊断层包括干旱表层和钙积层；诊断特性包括冷性土壤温度状况、干旱土壤水分状况和石灰性。从 2 个代表性单个土体的统计信息来看（表 4-3 和表 4-4，图 4-4），钙积过程较为明显，形成了钙积层，其出现上界介于 10~15 cm，厚度介于 25~50 cm，碳酸钙含量介于 150~180 g/kg，可见白色碳酸钙粉末。

表 4-3 上游普通钙积正常干旱土物理性质（n=2）

土层	>2 mm 砾石/%	细土颗粒组成（粒径）/(g/kg)			容重 /(g/cm³)
		砂粒（0.05~2 mm）	粉粒（0.05~0.002 mm）	黏粒（<0.002 mm）	
A	15±0	367±19	464±8	170±11	1.35±0.12
B	22±20	298±2	525±17	177±18	1.30±0.00

表 4-4 上游普通钙积正常干旱土化学性质（n=2）

土层	pH	有机碳 /(g/kg)	全氮 (N)/(g/kg)	全磷 (P)/(g/kg)	全钾 (K)/(g/kg)	CEC/[cmol (+)/kg]	碳酸钙 /(g/kg)
A	8.6±0.3	4.4±2.4	0.43±0.24	0.56±0.10	14.6±0.6	5.7±0.6	136.1±10.9
B	8.4±0.1	3.0±1.2	0.30±0.14	0.56±0.08	14.8±1.0	8.0±1.0	162.1±12.4

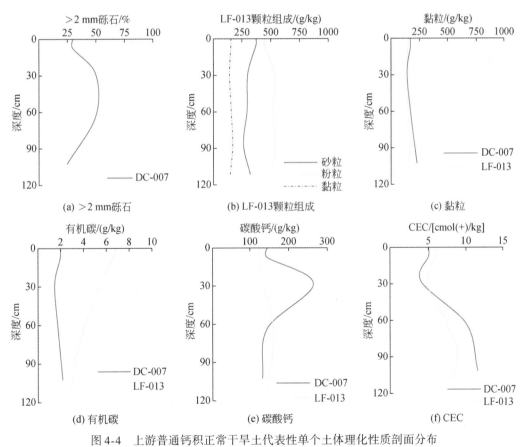

图 4-4 上游普通钙积正常干旱土代表性单个土体理化性质剖面分布

代表性单个土体① 位于甘肃省张掖市肃南裕固族自治县祁丰藏族乡树湾子村南，刘湾村北，39°31′18.335″N，98°23′37.844″E，海拔 1920 m，中山高台地，母质为石砾和黄土交替沉积物，稀疏草灌地，植被盖度约20%，50 cm深度年均土壤温度8.0 ℃，编号DC-007（图4-5，表4-5和表4-6）。

(a) 典型景观

(b) 剖面

图4-5　上游普通钙积正常干旱土代表性单个土体①典型景观与剖面

K：+2~0 cm，干旱结皮。

Ah：0~15 cm，橙白色（10YR 8/2，干），浊黄橙色（10YR 6/4，润），30%石砾，壤土，发育弱的粒状结构，松散，少量草被根系，中度石灰反应，向下层平滑清晰过渡。

Bk：15~42 cm，橙白色（10YR 8/2，干），灰黄橙色（10YR 6/3，润），50%石砾，壤土，发育弱的中块状结构，松软，可见白色碳酸钙粉末，强度石灰反应，向下层平滑清晰过渡。

Bw1：42~85 cm，橙白色（10YR 8/2，干），灰黄橙色（10YR 6/3，润），50%石砾，粉壤土，发育弱的小块状结构，稍坚硬，强度石灰反应，向下层平滑清晰过渡。

Bw2：85~120 cm，橙白色（10YR 8/2，干），灰黄橙色（10YR 6/3，润），25%石砾，粉壤土，发育弱的小块状结构，稍坚硬，强度石灰反应，向下层平滑清晰过渡。

C3：>120 cm，淡黄橙色（10YR 8/3，干），浊黄橙色（10YR 6/4，润），2%石砾，粉壤土，单粒，无结构，稍坚硬，强度石灰反应。

该类型分布在台地边缘，坡度较陡，草被盖度低，应禁止放牧，逐步恢复草被。

表 4-5　上游普通钙积正常干旱土代表性单个土体①物理性质

土层	深度/cm	>2 mm 砾石/%	细土颗粒组成（粒径）/(g/kg)			质地	容重 /(g/cm³)
			砂粒 (0.05~2 mm)	粉粒 (0.05~0.002 mm)	黏粒 (<0.002 mm)		
Ah	0~15	30	348	471	181	壤土	1.47
Bk	15~42	50	496	353	151	壤土	1.40
Bw1	42~85	50	266	548	186	粉壤土	1.32
Bw2	>85	25	180	579	241	粉壤土	1.22

表 4-6　上游普通钙积正常干旱土代表性单个土体①化学性质

深度/cm	pH	有机碳 /(g/kg)	全氮 (N)/(g/kg)	全磷 (P)/(g/kg)	全钾 (K)/(g/kg)	CEC/[cmol (+)/kg]	碳酸钙 /(g/kg)
0~15	8.8	2	0.19	0.46	14.0	5.1	147.0
15~42	9.1	1.5	0.19	0.40	14.2	4.1	270.8
42~85	8.3	1.8	0.15	0.49	12.7	10.0	147.0
>85	7.8	2.2	0.16	0.54	14.7	11.5	134.1

代表性单个土体②　位于甘肃省酒泉市肃州区清水镇榆林坝村黄草七组南，葛家庄西，39°16′9.32″N，99°3′37.39″E，海拔 2016 m，中山高台地，母质为黄土物质，稀疏草灌地，植被盖度约 20%，50 cm 深度年均土壤温度 7.8 ℃，编号 LF-013（图 4-6，表 4-7 和表 4-8）。

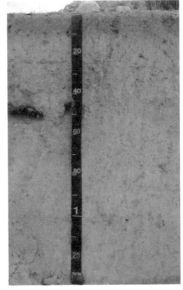

(a) 典型景观　　　　　　　　　　(b) 剖面

图 4-6　上游普通钙积正常干旱土代表性单个土体②典型景观与剖面

K：+2～0 cm，干旱结皮。

Ah：0～10 cm，浊黄橙色（10YR 7/2，干），浊黄棕色（10YR 5/3，润），壤土，发育弱的粒状结构，松散，中量草灌根系，强度石灰反应，向下层平滑清晰过渡。

Bw1：10～48 cm，浊黄橙色（10YR 7/2，干），棕色（10YR 4/4，润），5%石砾，粉壤土，发育弱的中块状结构，稍坚硬，少量草灌根系，强度石灰反应，向下层波状渐变过渡。

Bk1：48～70 cm，橙白色（10YR 8/2，干），棕色（10YR 4/4，润），粉壤土，发育弱的中块状结构，稍坚硬，极少量草灌根系，强度石灰反应，向下层波状渐变过渡。

Bk2：70～105 cm，橙白色（10YR 8/2，干），棕色（10YR 4/4，润），粉壤土，发育弱的中块状结构，稍坚硬，强度石灰反应，向下层波状渐变过渡。

Bw2：>105 cm，浊黄橙色（10YR 7/2，干），棕色（10YR 4/4，润），粉壤土，发育弱的中块状结构，稍坚硬，强度石灰反应。

该类型由于分布地形坡度较陡，草被盖度低，应禁止放牧，逐步恢复草被。

表4-7 上游普通钙积正常干旱土代表性单个土体②物理性质

土层	深度/cm	>2 mm 砾石/%	细土颗粒组成（粒径）/（g/kg）			质地	容重 /（g/cm³）
			砂粒 （0.05～2 mm）	粉粒 （0.002～0.05 mm）	黏粒 （<0.002 mm）		
Ah	0～10	0	385	456	159	壤土	1.23
Bw1	10～48	5	311	543	146	粉壤土	1.25
Bk1	48～70	0	305	535	160	粉壤土	1.21
Bk2	70～105	0	272	554	174	粉壤土	1.37
Bw2	>105	0	332	518	151	粉壤土	1.4

表4-8 上游普通钙积正常干旱土代表性单个土体②化学性质

深度/cm	pH	有机碳 /（g/kg）	全氮（N） /（g/kg）	全磷（P） /（g/kg）	全钾（K） /（g/kg）	CEC/[cmol (+)/kg]	碳酸钙 /（g/kg）
0～10	8.3	6.8	0.67	0.66	15.2	6.2	125.2
10～48	8.6	5.5	0.55	0.71	16.2	4.9	136.4
48～70	8.2	4.2	0.42	0.64	16.4	7.2	161.9
70～105	8.5	3.3	0.36	0.57	15.3	8.9	159.5
>105	8.7	2.9	0.34	0.60	15.3	8.1	142.7

（2）石质简育正常干旱土

石质简育正常干旱土分布于上游祁连山区肃南裕固族自治县的中山陡坡地，母质为黄土物质，荒地和稀疏草灌地，植被盖度一般<20%，高寒山地半干旱气候，坡度介于10°～15°，年均气温介于6～8.3℃，降水量介于80～90 mm，无霜期介于120～140天。

石质简育正常干旱土诊断层包括干旱表层和雏形层；诊断特性包括冷性土壤温度状况、干旱土壤水分状况、石质接触面和石灰性。地表岩石露头面积介于2%～5%，土体较薄，厚度一般<60 cm，下为石灰岩石质接触面，其出现上界介于50～60 cm。土体碳酸钙含量介于120～140 g/kg，但钙积过程较弱，未形成钙积层。

代表性单个土体　石质简育正常干旱土具有在土表以下50 cm内的石质接触面，通常出现在较陡山坡上。该类型典型代表性单个土体位于甘肃省张掖市肃南裕固族自治县南华镇铜洞沟村西，39°13′16.76″N，99°38′44.2″E，海拔1930 m，中山陡坡中部，母质为黄土和砾石坡积物，稀疏草灌地，植被盖度约20%，50 cm深度年均土壤温度8.1℃，编号YG-015（图4-7、表4-9和表4-10）。

(a) 典型景观　　　　　　　　　　　　　　(b) 剖面

图4-7　上游石质简育正常干旱土代表性单个土体典型景观与剖面

K：+1～0 cm，干旱结皮。

Ah：0～10 cm，浊黄橙色（10YR 7/3，干），浊黄橙色（10YR 6/4，润），30%石砾，壤土，发育弱的粒状结构，松散，少量草被根系，强度石灰反应，向下层波状渐变过渡。

Bw：10～50 cm，浊黄橙色（10YR 7/3，干），浊黄棕色（10YR 5/4，润），30%石砾，粉壤土，发育弱的中块状结构，稍坚硬，少量草被根系，强度石灰反应，向下层平滑清晰过渡。

R：>50 cm，基岩。

该类型坡度陡，土体薄，草被盖度低，应严禁放牧，飞播草籽，逐步恢复草被。

表 4-9　上游石质简育正常干旱土代表性单个土体物理性质

土层	深度/cm	>2 mm 砾石/%	细土颗粒组成（粒径）/(g/kg)			质地	容重 /(g/cm³)
			砂粒 (0.05 ~ 2 mm)	粉粒 (0.002 ~ 0.05 mm)	黏粒 (<0.002 mm)		
Ah	0 ~ 10	20	381	453	166	壤土	1.34
Bw	10 ~ 50	20	227	602	172	粉壤土	1.29

表 4-10　上游石质简育正常干旱土代表性单个土体化学性质

深度/cm	pH	有机碳 /(g/kg)	全氮 (N)/(g/kg)	全磷 (P)/(g/kg)	全钾 (K)/(g/kg)	CEC/[cmol (+)/kg]	碳酸钙 /(g/kg)
0 ~ 10	8.6	4.1	0.39	0.62	15.6	4.5	120.4
10 ~ 50	8.4	5.2	0.51	0.55	16.7	6.2	132.0

（3）普通简育正常干旱土

普通简育正常干旱土位于甘肃省酒泉市玉门市、张掖市临泽县和肃南裕固族自治县，地形地貌主要为中山中坡地以及洪积-冲积平原，地形坡度介于0°~30°，植被为稀疏草灌，盖度较低，介于5%~30%，成土母质以坡积物为主，主要为黄土沉积物，少量混有不同岩类风化坡积物，稀疏草灌地，植被盖度约30%，年均气温介于3.0~4.7℃，降水量介于90~200 mm，50 cm深度年均土壤温度介于7.2~8.6℃。

普通简育正常干旱土诊断层包括干旱表层和雏形层；诊断特性包括冷性土壤温度状况、干旱土壤水分状况和石灰性。从7个代表性单个土体的统计信息来看（表4-11和表4-12，图4-8），地表粗碎块面积一般介于5%~80%，土体厚度在1 m以上，部分土体含有砾石，含量可高达70%，碳酸钙含量介于30~200 g/kg，钙积过程较弱，未形成钙积层，通体有石灰反应，pH介于8.2~8.8，质地类型较多，有砂质壤土、壤土、砂质黏壤土、粉壤土，干旱结皮厚度介于1~4 cm，干旱表层厚度介于8~20 cm。

表 4-11　上游普通简育正常干旱土物理性质（n=7）

土层	>2 mm 砾石/%	细土颗粒组成（粒径）/(g/kg)			容重/(g/cm³)
		砂粒 (0.05 ~ 2 mm)	粉粒 (0.002 ~ 0.05 mm)	黏粒 (<0.002 mm)	
A	5±5	396±205	431±180	172±31	1.23±0.12
B	11±14	435±219	392±198	173±38	1.28±0.12
C	18±25	418±197	402±186	180±49	1.36±0.10

表 4-12　上游普通简育正常干旱土化学性质（n=7）

土层	pH	有机碳 /(g/kg)	全氮 (N)/(g/kg)	全磷 (P)/(g/kg)	全钾 (K)/(g/kg)	CEC/[cmol (+)/kg]	碳酸钙 /(g/kg)
A	8.6±0.2	6.7±2.4	0.64±0.19	0.60±0.10	15.8±0.7	7.2±2.1	133.7±41.6
B	8.4±0.2	5.2±2.7	0.51±0.20	0.56±0.12	15.4±0.7	8.1±4.1	123.0±39.6
C	8.7±0.1	4.3±2.4	0.41±0.17	0.56±0.07	15.3±0.9	10.8±5.9	131.9±10.9

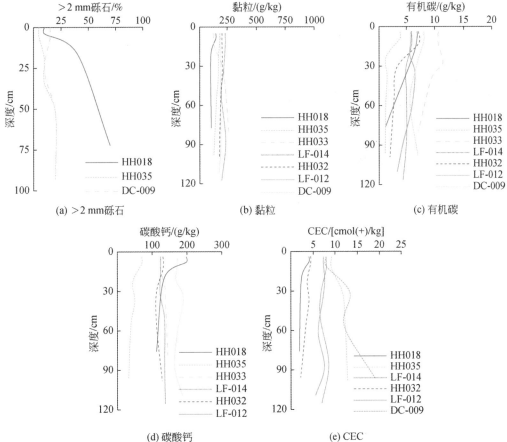

图 4-8　上游普通简育正常干旱土代表性单个土体理化性质剖面分布

代表性单个土体①　位于甘肃省酒泉市玉门市南坪街道青草湾东沟西南，鸭儿峡北，39°50′56.59″N，97°27′17.3E，海拔 2165 m，中山中坡中部，母质为黄土和砾石坡积物，稀疏草灌地，植被盖度约 20%，50 cm 深度年均土壤温度 7.0 ℃，编号 HH018（图 4-9，表 4-13 和表 4-14）。

(a) 典型景观   (b) 剖面

图 4-9　上游普通简育正常干旱土代表性单个土体①典型景观与剖面

K：+1～0 cm，干旱结皮。

Ah：0～8 cm，橙白色（10YR 8/2，干），浊黄橙色（10YR 6/4，润），10% 石砾，砂质壤土，发育弱的粒状结构，松软，草被根系，强度石灰反应，向下层平滑渐变过渡。

Bw：8～25 cm，橙白色（10YR 8/4，干），浊黄橙色（10YR 6/4，润），40% 石砾，砂质壤土，发育弱的中块状结构，松软，少量草被根系，强度石灰反应，向下层模糊渐变过渡。

C：>25 cm，橙白色（10YR 8/4，干），浊黄橙色（10YR 6/4，润），70% 石砾，砂质壤土，单粒，无结构，松散，强度石灰反应。

该类型砾石含量高，地形部位坡度陡，草被盖度低，不宜放牧，应在保护的基础上逐步恢复草被。

表 4-13　上游普通简育正常干旱土代表性单个土体①物理性质

土层	深度/cm	>2 mm 砾石/%	细土颗粒组成（粒径）/（g/kg）			质地	容重 /（g/cm³）
			砂粒 （0.05～2 mm）	粉粒 （0.002～0.05 mm）	黏粒 （<0.002 mm）		
Ah	0～8	10	615	242	143	砂质壤土	1.24
Bw	8～25	40	702	199	99	砂质壤土	1.25
C	>25	70	746	152	102	砂质壤土	1.56

表 4-14　上游普通简育正常干旱土代表性单个土体①化学性质

深度/cm	pH	有机碳/(g/kg)	全氮(N)/(g/kg)	全磷(P)/(g/kg)	全钾(K)/(g/kg)	CEC/[cmol(+)/kg]	碳酸钙/(g/kg)
0~8	9.1	6.8	0.61	0.45	14.7	4.1	199.0
8~25	8.4	6.2	0.56	0.44	14.0	2.4	135.0
>25	8.7	1.2	0.19	0.50	13.6	1.9	112.9

　　代表性单个土体②　　位于甘肃省张掖市高台县新坝乡古城村毛家坝组南，39°8′46.626″ N，99°21′8.980″E，海拔 2122 m，洪积–冲积平原，母质为黄土洪积–冲积物，稀疏草灌地，植被盖度约 30%，50 cm 深度年均土壤温度 7.5 ℃，野外调查采样日期为 2012 年 8 月 8 日，编号 LF-014（图 4-10，表 4-15 和表 4-16）。

(a) 典型景观　　　　　　　　　　　　　　　(b) 剖面

图 4-10　上游普通简育正常干旱土代表性单个土体②典型景观与剖面

表 4-15　上游普通简育正常干旱土代表性单个土体②物理性质

土层	深度/cm	>2 mm砾石/%	砂粒(0.05~2 mm)	粉粒(0.002~0.05 mm)	黏粒(<0.002 mm)	质地	容重/(g/cm³)
Ah	0~20	0	207	567	225	粉壤土	1.27
Bw1	20~36	0	238	551	211	粉壤土	1.29
Bw2	36~60	0	238	570	191	粉壤土	1.30
BC	60~105	0	233	539	229	粉壤土	1.31
C	>105	0	272	534	193	粉壤土	1.32

（细土颗粒组成（粒径）/(g/kg)）

表 4-16　上游普通简育正常干旱土代表性单个土体②化学性质

深度/cm	pH	有机碳/(g/kg)	全氮(N)/(g/kg)	全磷(P)/(g/kg)	全钾(K)/(g/kg)	CEC/[cmol(+)/kg]	碳酸钙/(g/kg)
0~20	8.5	5.8	0.61	0.67	15.4	8.0	125.2
20~36	8.3	4.8	0.53	0.69	16.0	6.8	123.6
36~60	8.5	4.9	0.53	0.68	15.9	6.7	136.4
60~105	8.5	4.9	0.49	0.63	16.9	8.6	136.4
>105	8.8	4.3	0.45	0.63	15.2	7.0	138.0

K：+2~0 cm，干旱结皮。

Ah：0~20 cm，浊黄色（2.5Y 6/3，干），暗灰黄色（2.5Y 5/2，润），粉壤土，发育弱的粒状结构，松软，中量草被根系，强度石灰反应，向下层平滑清晰过渡。

Bw1：20~36 cm，灰白色（2.5Y 8/2，干），黄灰色（2.5Y 6/1，润），粉壤土，发育弱的中块状结构，稍坚硬，少量草被根系，强度石灰反应，向下层波状渐变过渡。

Bw2：36~60 cm，灰白色（2.5Y 8/2，干），黄灰色（2.5Y 6/1，润），粉壤土，发育弱的中块状结构，稍坚硬，强度石灰反应，向下层波状渐变过渡。

BC：60~105 cm，灰白色（2.5Y 8/2，干），黄灰色（2.5Y 6/1，润），粉壤土发育弱的中块状结构，稍坚硬，强度石灰反应，向下层波状渐变过渡。

C：>105 cm，灰白色（2.5Y 8/2，干），黄灰色（2.5Y 6/1，润），粉壤土，发育弱的中块状结构，稍坚硬，强度石灰反应。

该类型地形平缓，土体深厚，但草被盖度低，严禁放牧，飞播草籽，逐步恢复草被。

4.3　潜育土纲

4.3.1　成土环境与成土因素

潜育土纲主要分布于上游祁连山区西部央隆乡境内宽阔的洪积-冲积平原局部封闭的低洼地带，海拔 3200~3300 m，地下水位在 10 cm 左右，受洪水影响，土体长期滞水。成土母质为砾质冲积物，植被类型为高盖度的草原，年均降水量介于 240~260 mm，年均气温介于 -2.8~-2.4 ℃，50 cm 深度年均土壤温度介于 4.0~5.0 ℃。

4.3.2　主要亚类与基本性状

潜育土只有一个亚类，即普通简育滞水潜育土，该亚类诊断层包括淡薄表层；诊断特性包括寒性土壤温度状况、滞水土壤水分状况、潜育特征和石灰性。地表粗碎块面积介于 10%~30%，淡薄表层厚度介于 10~20 cm，砾石含量介于 10%~20%，之下为洪积砾质母质，砾石含量在 70% 以上。由于位于常受洪水影响的冲积平原的低洼地带，土体长期滞水潮湿，通体具有潜育特征，色调为 2.5Y，润态明度介于 4 ~ 5，润态彩度为 3，易滞水。通体有石灰反应，碳酸钙含量介于 40 ~ 165 g/kg，pH 介于 8.1 ~ 8.8，质地主要为壤土、壤质砂土。

代表性单个土体　位于青海省海北藏族自治州祁连县央隆乡段家土曲村东，夏格村西，38°54′28.673″N，98°17′57.917″E，海拔 3528 m，冲积平原，母质为洪积-冲积物，草地，植被盖度>80%，50 cm 深度年均土壤温度 4.3 ℃，野外调查采样日期为 2013 年 8 月 3 日，编号 YZ013（图 4-11，表 4-17 和表 4-18）。

Ahg1：0 ~ 6 cm，灰白色（2.5Y 8/2，干），橄榄棕色（2.5Y 4/3，润），10% 石砾，壤土，单粒和中块状，稍紧实，大量草被根系，少量斑纹，强度石灰反应，向下平滑渐变过渡。

Ahg2：6 ~ 17 cm，灰白色（2.5Y 8/2，干），黄棕色（2.5Y 5/3，润），20% 石砾，壤质砂土，单粒和中块状，稍紧实，大量草被根系，中量斑纹，强度石灰反应，向下平滑突变过渡。

Cg：>17 cm，90% 石砾，壤质砂土。

该类型地形平缓，草被盖度高，为优质牧地，应适度放牧，严禁过度放牧。

(a) 典型景观　　　　　　　　　　(b) 剖面

图 4-11　上游普通简育滞水潜育土代表性单个土体典型景观与剖面

表 4-17　上游普通简育滞水潜育土代表性单个土体物理性质

土层	深度 /cm	>2 mm 砾石 /%	细土颗粒组成（粒径）/（g/kg）			质地	容重 /（g/cm³）
			砂粒 (0.05 ~ 2 mm)	粉粒 (0.002 ~ 0.05 mm)	黏粒 (<0.002 mm)		
Ahg1	0 ~ 6	10	362	483	155	壤土	0.98
Ahg2	6 ~ 17	20	801	124	75	壤质砂土	1.28
Cg	>17	90	867	73	60	壤质砂土	1.46

表 4-18　上游普通简育滞水潜育土代表性单个土体化学性质

深度 /cm	pH	有机碳 / (g/kg)	全氮 (N) / (g/kg)	全磷 (P) / (g/kg)	全钾 (K) / (g/kg)	CEC / [cmol (+) /kg]	碳酸钙 / (g/kg)
0 ~ 6	8.1	26.12	2.04	0.53	15.4	15.2	161.2
6 ~ 17	8.7	5.41	0.51	0.43	15.7	1.9	45.8
>17	8.8	2.07	0.26	0.36	14.2	1.2	49.2

4.4　均腐土纲

4.4.1　成土环境与成土因素

均腐土纲主要分布于上游祁连山东部地区,海拔介于 2900 ~ 3200 m,地形地貌为侵蚀剥蚀中高山和洪积–冲积平原,坡度介于 4° ~ 30°,成土母质主要为黄土沉积物和黄土沉积物与岩类风化物混积的坡积物,年均降水量较高,介于 280 ~ 370 mm,年均气温介于 –0.5 ~ 1.1 ℃,50 cm 深度年均土壤温度介于 4.5 ~ 5.9 ℃,植被有云杉、圆柏林地以及高盖度的高山柳、金露梅及薹草、早熟禾等草本植物,根系密集,且分布较深,导致土体颜色发暗,出现暗沃表层,有机碳向下逐渐递减,故呈现出均腐殖质特性。

4.4.2　主要亚类与基本性状

从 8 个均腐土代表性单个土体的统计信息来看,暗沃表层厚度介于 55 ~ 100 cm,质地有粉壤土、壤土、粉质黏壤土、砂质壤土,砂质壤土干态明度介于 3 ~ 5,润态明度介于 2 ~ 3,润态彩度介于 1 ~ 3,有机碳和碳酸钙含量变化大,分别介于 14.8 ~ 131.7 g/kg 和 1 ~ 139 g/kg,pH 介于 6.5 ~ 8.2。0 ~ 20 cm 与 0 ~ 100 cm 腐殖质储量比 Rh 介于 0.23 ~ 0.39,C/N 介于 8.6 ~ 13.3。

(1) 钙积寒性干润均腐土

钙积寒性干润均腐土诊断层包括暗沃表层和钙积层;诊断特性包括寒性土壤温度状况、半干润土壤水分状况、均腐殖质特性和石灰性。从 4 个代表性单个土体的统计信息来看 (表 4-19 和表 4-20,图 4-12),主要分布于侵蚀剥蚀中高山和洪积–冲积平原,均为植被盖度较高的草地,钙积过程较为明显,形成了钙积层,其出现上界介于 50 ~ 70 cm,碳酸钙含量介于 120 ~ 190 g/kg,可见白色的碳酸钙粉末。

表 4-19　上游钙积寒性干润均腐土物理性质（n=4）

土层	>2 mm 砾石 /%	细土颗粒组成（粒径）/（g/kg）			容重 /（g/cm³）
		砂粒 (0.05~2 mm)	粉粒 (0.002~0.05 mm)	黏粒 (<0.002 mm)	
A	1±1	193±23	567±33	240±18	1.01±0.09
B	2±2	268±111	522±89	210±28	1.27±0.09

表 4-20　上游钙积寒性干润均腐土化学性质（n=4）

土层	pH	有机碳 /（g/kg）	全氮（N） /（g/kg）	全磷（P） /（g/kg）	全钾（K） /（g/kg）	CEC /［cmol（+）/kg］	碳酸钙 /（g/kg）
A	8.0±0.2	29.1±3.1	2.66±0.04	1.20±0.34	22.5±2.9	19.6±2.4	76.4±15.4
B	8.7±0.5	7.7±4.3	0.72±0.38	1.09±0.29	19.9±2.3	10.6±3.3	157.5±30.8

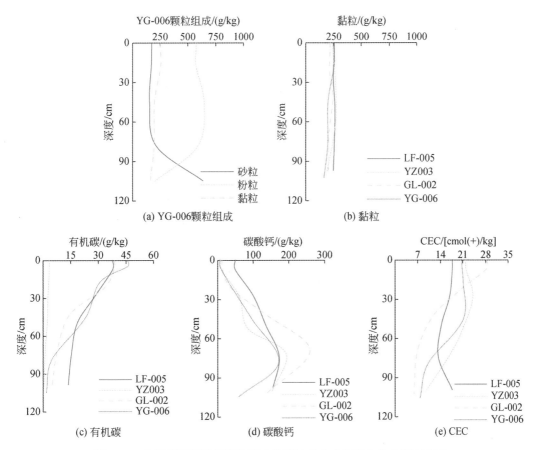

图 4-12　上游钙积寒性干润均腐土代表性单个土体理化性质剖面分布

代表性单个土体① 位于青海省海北藏族自治州祁连县峨堡镇黄草沟村转风窑组西北，北疆寺东南，38°00′53.701″N，100°37′32.305″E，海拔 3060 m，洪积–冲积平原，母质为黄土冲积物，草地，植被盖度>80%，50 cm 深度年均土壤温度 5.4 ℃，野外调查采样日期为 2013 年 7 月 22 日，编号 YZ003（图 4-13，表 4-21 和表 4-22）。

Ahd1：0～14 cm，暗棕色（10YR 3/4，干），暗棕色（10YR 3/3，润），壤土，发育弱的粒状结构，松散，多量草被根系，轻度石灰反应，向下层平滑清晰过渡。

Ahd2：14～42 cm，暗棕色（10YR 3/4，干），黑棕色（10YR 2/2，润），粉壤土，发育弱的小块状结构，稍坚硬–坚硬，中量草被根系，强度石灰反应，向下层波状渐变过渡。

Ahd3：42～63 cm，暗棕色（10YR 3/4，干），黑棕色（10YR 2/2，润），粉质黏壤土，发育弱的中块状结构，稍坚硬–坚硬，少量草被根系，强度石灰反应，向下层波状清晰过渡。

Bk1：63～80 cm，浊黄橙色（10YR 7/2，干），灰黄棕色（10YR 4/2，润），粉壤土，发育弱的中块状结构，稍坚硬，少量草被根系，可见碳酸钙粉末，强度石灰反应，向下层波状渐变过渡。

Bk2：>80 cm，浊黄橙色（10YR 7/3，干），浊黄橙色（10YR 6/4，润），粉壤土，发育弱的中块状结构，稍坚硬，可见碳酸钙粉末，强度石灰反应。

该类型地形部位平缓，土体深厚，草被盖度高，为优质牧地，应严禁过度放牧。

 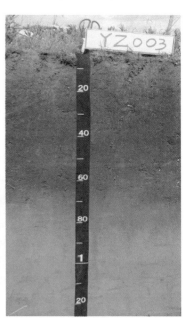

(a) 典型景观　　　　　　　　　　　　　(b) 剖面

图 4-13　上游钙积寒性干润均腐土代表性单个土体①典型景观与剖面

表 4-21　上游钙积寒性干润均腐土代表性单个土体①物理性质

土层	深度 /cm	>2 mm 砾石 /%	细土颗粒组成（粒径）/（g/kg）			质地	容重 /（g/cm³）
			砂粒 (0.05~2 mm)	粉粒 (0.002~0.05 mm)	黏粒 (<0.002 mm)		
Ahd1	0~14	0	297	460	243	壤土	1.08
Ahd2	14~42	0	221	518	262	粉壤土	1.10
Ahd3	42~63	0	141	587	272	粉质黏壤土	1.21
Bk1	63~80	0	148	600	252	粉壤土	1.22
Bk2	>80	0	282	530	187	粉壤土	1.33

表 4-22　上游钙积寒性干润均腐土代表性单个土体①化学性质

深度 /cm	pH	有机碳 /（g/kg）	全氮（N） /（g/kg）	全磷（P） /（g/kg）	全钾（K） /（g/kg）	CEC /［cmol（+）/kg］	碳酸钙 /（g/kg）
0~14	8.0	43.9	3.36	0.67	18.6	22.0	9.3
14~42	7.4	34.7	2.67	0.63	17.0	24.1	61.0
42~63	8.7	27.3	2.13	0.65	17.9	21.0	85.2
63~80	9.1	13.3	1.09	0.63	16.7	17.0	191.9
>80	9.5	4.2	0.42	0.63	16.1	9.4	153.1

代表性单个土体②　位于青海省海北藏族自治州祁连县野牛沟乡边麻村桌子台组东，磷火沟组西，马粪沟组北，红泥槽组东，38°16′36″N，99°53′18″E，海拔 3098 m，高山陡坡中下部，母质为黄土坡积物，草地，植被盖度>80%，50 cm 深度年均土壤温度 5.2 ℃，野外调查采样日期为 2012 年 8 月 1 日，编号 GL-002（图 4-14，表 4-23 和表 4-24）。

Ahd1：0~14 cm，暗棕色（10YR 3/4，干），黑棕色（10YR 3/2，润），粉壤土，发育弱的粒状结构结构，松散，多量草被根系，轻度石灰反应，向下层平滑清晰过渡。

Ahd2：14~30 cm，暗棕色（10YR 3/4，干），黑棕色（10YR 2/2，润），粉壤土，发育弱的粒状-小块状结构，松散-松软，多量草被根系，轻度石灰反应，向下层波状清晰过渡。

Ahd3：30~55 cm，浊黄棕色（10YR 5/4，干），黑棕色（10YR 3/2，润），粉壤土，发育弱的小块状结构，稍坚硬-坚硬，中量草被根系，强度石灰反应，向下层波状清晰过渡。

Bk：55~84 cm，浊黄橙色（10YR 6/3，干），黄棕色（10YR 5/6，润），粉壤土，发育弱的中块状结构，稍坚硬-坚硬，少量草被根系，可见碳酸钙粉末，强度石灰反应，向下层波状清晰过渡。

BC：>84 cm，浊黄橙色（10YR 6/3，干），棕色（10YR 4/4，润），5% 石砾，粉壤土，发育弱的中块状结构，稍坚硬，强度石灰反应。

该类型土体厚，草被盖度高，为优质牧地，但地形部位坡度较陡，应严禁过度放牧。

(a) 典型景观　　　　　　　　　　　　(b) 剖面

图 4-14　上游钙积寒性干润均腐土代表性单个土体②典型景观与剖面

表 4-23　上游钙积寒性干润均腐土代表性单个土体②物理性质

土层	深度 /cm	>2 mm 砾石 /%	细土颗粒组成（粒径）/（g/kg）			质地	容重 /（g/cm³）
			砂粒 (0.05～2 mm)	粉粒 (0.002～0.05 mm)	黏粒 (<0.002 mm)		
Ahd1	0～14	0	261	523	216	粉壤土	0.88
Ahd2	14～30	0	241	547	212	粉壤土	1.02
Ahd3	30～55	0	182	576	243	粉壤土	1.00
Bk	55～84	0	214	577	208	粉壤土	1.12
BC	>84	5	194	605	201	粉壤土	1.38

表 4-24　上游钙积寒性干润均腐土代表性单个土体②化学性质

深度 /cm	pH	有机碳 /（g/kg）	全氮（N） /（g/kg）	全磷（P） /（g/kg）	全钾（K） /（g/kg）	CEC /［cmol（+）/kg］	碳酸钙 /（g/kg）
0～14	7.8	38.6	4.21	1.1	21.2	28.3	13.1
14～30	8.2	33.3	3.16	1.3	23.6	20.7	39.9
30～55	8.7	14.8	1.41	1.2	24.0	11.8	138.8
55～84	8.9	8.0	0.75	1.3	20.1	7.0	259.2
>84	8.8	4.7	0.46	1.5	21.7	5.9	138.4

（2）普通寒性干润均腐土

普通寒性干润均腐土通常分布于酸性针叶林地带，多无石灰性，通体为暗沃表层，厚度一般在 80 cm 以上，诊断特性包括寒性土壤温度状况、半干润土壤水分状况和均腐殖质特性。而在高盖度的草被地带，暗沃表层厚度一般在 70～80 cm，之下可能会出现雏形层，土体尚有弱的石灰性。从 4 个代表性单个土体的统计信息来看（表 4-25 和表 4-26，图 4-15），土体中碳酸钙淋溶强烈，碳酸钙含量较低，介于 6.0～20.0 g/kg，钙积过程微弱，无钙积层。土体介于 1～1.1 m 会出现永冻层。

表 4-25　上游普通寒性干润均腐土物理性质（n=4）

土层	>2 mm 砾石 /%	细土颗粒组成（粒径）/（g/kg）			容重 /（g/cm³）
		砂粒 （0.05～2 mm）	粉粒 （0.002～0.05 mm）	黏粒 （<0.002 mm）	
A	3±4	230±104	522±73	247±38	0.83±0.13
B	40±0	601±0	277±0	122±0	1.30±0
C	80±0	265±0	516±0	218±0	1.07±0

表 4-26　上游普通寒性干润均腐土化学性质（n=4）

土层	pH	有机碳 /（g/kg）	全氮（N） /（g/kg）	全磷（P） /（g/kg）	全钾（K） /（g/kg）	CEC /［cmol（+）/kg］	碳酸钙 /（g/kg）
A	7.7±0.3	71.1±29.3	5.42±2.11	0.75±0.19	17.3±3.2	41.3±14.8	13.2±5.8
B	8.6±0	4.9±0	0.38±0	0.9±0	24.7±0	10.9±0	17.1±0
C	7.8±0	16.3±0	1.32±0	0.59±0	18.5±0	29.4±0	7.6±0

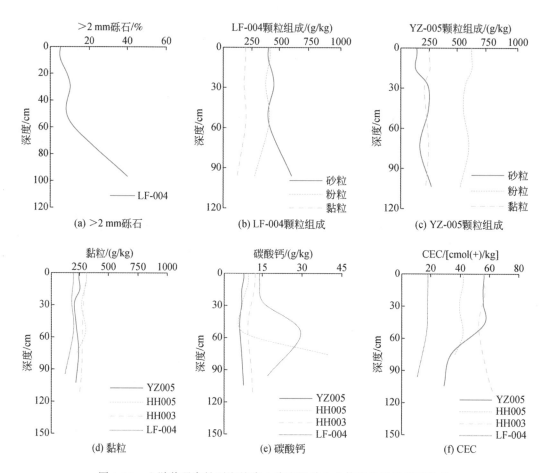

图 4-15　上游普通寒性干润均腐土代表性单个土体理化性质剖面分布

代表性单个土体①　位于甘肃省张掖市山丹县新城子镇马营滩村东南，王奶奶沟村西北，38°07′2.517″N，100°77′35.106″E，海拔 2966 m，高山中坡中下部，母质为黄土坡积物，柏木林地，植被盖度>80%，50 cm 深度年均土壤温度 5.7 ℃，野外调查采样日期为 2013 年 7 月 23 日，编号 YZ005（图 4-16，表 4-27 和表 4-28）。

Ahd1：0～11 cm，暗棕色（7.5YR 5/4，干），黑棕色（7.5YR 2/2，润），粉壤土，发育弱的粒状结构，松散，多量树灌草根系，向下层波状渐变过渡。

Ahd2：11～22 cm，浊棕色（7.5YR 5/3，干），黑棕色（7.5YR 3/2，润），粉壤土，发育弱的粒状结构，松散，多量树灌草根系，向下层平滑清晰过渡。

Ahd3：22～36 cm，浊棕色（7.5YR 5/3，干），黑棕色（7.5YR 2/2，润），粉壤土，发育弱的小块状结构，松软，中量树灌草根系，向下层波状渐变过渡。

Ahd4：36～60 cm，浊棕色（7.5YR 5/3，干），黑棕色（7.5YR 2/2，润），粉壤土，发育弱的小块状结构，松软，少量树灌草根系，向下层波状渐变过渡。

Ahd5：60～91 cm，浊棕色（7.5YR 5/3，干），黑棕色（7.5YR 2/2，润），粉壤土，发育弱的鳞片状–小块状结构，松软–稍坚硬，向下层波状渐变过渡。

(a) 典型景观 (b) 剖面

图 4-16 上游普通寒性干润均腐土代表性单个土体①典型景观与剖面

BCd：>91 cm，淡棕灰色（7.5YR 7/2，干），灰棕色（7.5YR 6/2，润），80% 石砾，粉壤土，发育弱的鳞片状-小块状结构，稍坚硬。

该类型为祁连山区残存的宝贵林地，应封境保育，严禁砍伐和放牧。

表 4-27 上游普通寒性干润均腐土代表性单个土体①物理性质

土层	深度 /cm	>2 mm 砾石 /%	细土颗粒组成（粒径）/（g/kg）			质地	容重 /（g/cm³）
			砂粒 （0.05~2 mm）	粉粒 （0.002~0.05 mm）	黏粒 （<0.002 mm）		
Ahd1	0~11	0	138	618	244	粉壤土	0.69
Ahd2	11~22	0	129	619	252	粉壤土	0.70
Ahd3	22~36	0	235	559	205	粉壤土	0.71
Ahd4	36~60	0	237	545	218	粉壤土	0.74
Ahd5	60~91	0	165	593	242	粉壤土	0.85
BCd	>91	80	265	516	218	粉壤土	1.07

表 4-28   上游普通寒性干润均腐土代表性单个土体①化学性质

深度 /cm	pH	有机碳 / (g/kg)	全氮 (N) / (g/kg)	全磷 (P) / (g/kg)	全钾 (K) / (g/kg)	CEC / [cmol (+) /kg]	碳酸钙 / (g/kg)
0 ~ 11	7.0	118.1	8.87	0.64	15.8	57.4	7.6
11 ~ 22	7.2	115.9	8.71	0.63	15.6	56.8	6.8
22 ~ 36	7.6	115.4	8.67	0.65	14.5	57.1	6.8
36 ~ 60	7.8	93.4	7.03	0.63	14.9	57.3	6.0
60 ~ 91	7.9	51.9	3.95	0.66	15.3	34.4	6.8
>91	7.8	16.3	1.32	0.59	18.5	29.4	7.6

代表性单个土体②   位于青海省海北藏族自治州祁连县野牛沟乡边麻村桌子台组东，磷火沟组西，马粪沟组北，红泥槽组东，38°15′49.38″N，99°52′58.04″E，海拔 3037 m，高山陡坡中部，母质为黄土坡积物，草地，植被盖度>80%，50 cm 深度年均土壤温度 5.3℃，野外调查采样日期为 2012 年 8 月 1 日，编号 LF-004（图 4-17，表 4-29 和表 4-30）。

Ahd1：0 ~ 18 cm，暗棕色（10YR 3/4，干），黑棕色（10YR 2/2，润），5% 石砾，壤土，发育弱的粒状结构，松散，多量草被根系，轻度石灰反应，向下层波状渐变过渡。

Ahd2：18 ~ 38 cm，棕色（10YR 4/4，干），暗棕色（10YR 3/3，润），10% 石砾，壤土，发育弱的粒状结构，松散，多量草被根系，轻度石灰反应，向下层波状渐变过渡。

Ahd3：38 ~ 74 cm，棕色（10YR 4/4，干），暗棕色（10YR 3/3，润），10% 石砾，壤土，发育弱的鳞片状–小块状结构，松软–稍坚硬，中量草被根系，中度石灰反应，向下层波状清晰过渡。

Bwd：>74 cm，黄棕色（10YR 5/6，干），棕色（10YR 4/4，润），40% 石砾，砂质壤土，发育弱的鳞片状–小块状结构，松散–稍坚硬，无结构，中量草被根系，轻度石灰反应。

该类型海拔高，草被盖度高，为优质牧地，但分布地形部位坡度陡，土体较薄，石砾多，应严禁过度放牧。

表 4-29   上游普通寒性干润均腐土代表性单个土体②物理性质

土层	深度 /cm	>2 mm 砾石 /%	细土颗粒组成（粒径）/ (g/kg)			质地	容重 / (g/cm³)
			砂粒 (0.05 ~ 2 mm)	粉粒 (0.002 ~ 0.05 mm)	黏粒 (<0.002 mm)		
Ahd1	0 ~ 18	5	396	410	195	壤土	0.83
Ahd2	18 ~ 38	10	445	374	181	壤土	1.03
Ahd3	38 ~ 74	10	398	405	197	壤土	1.17
Bwd	>74	40	601	277	122	砂质壤土	1.3

(a) 典型景观　　　　　　　　　　　(b) 剖面

图 4-17　上游普通寒性干润均腐土代表性单个土体②典型景观与剖面

表 4-30　上游普通寒性干润均腐土代表性单个土体②化学性质

深度 /cm	pH	有机碳 / (g/kg)	全氮 (N) / (g/kg)	全磷 (P) / (g/kg)	全钾 (K) / (g/kg)	CEC / [cmol (+) /kg]	碳酸钙 / (g/kg)
0 ~ 18	7.8	22.1	1.87	1.0	21	18.2	14.0
18 ~ 38	8.2	21.9	1.89	1.1	20.8	17.9	15.6
38 ~ 74	8.2	20.8	1.79	1.1	24.6	17.2	30.3
>74	8.6	4.9	0.38	0.9	24.7	10.9	17.1

4.5　雏 形 土 纲

4.5.1　成土环境与成土因素

雏形土纲包括寒冻雏形土和干润雏形土 2 个亚纲。其中寒冻雏形土包括草毡寒冻雏形土、潮湿寒冻雏形土、暗沃寒冻雏形土和简育寒冻雏形土 4 个土类；干润雏形土包括简育干润雏形土 1 个土类。

寒冻雏形土在上游分布广泛，地貌多为冰川冰缘作用的起伏高山，部分为侵蚀剥蚀起伏高山和中山以及高-中海拔的冲积-洪积平原和冲积平原，海拔介于 2700 ~ 4200 m。年均降水量介于 140~450 mm，年均气温介于-6.5~1.5 ℃，50 cm 深度年均土壤温度介于 1.5~6.5 ℃。成土母质多为砾石和黄土混合的冰碛物以及坡积物，部分为砾石和黄土混合的洪积-冲积物以及冲积物。土地利用多为高盖度的草地，部分为中盖度的草地。

干润雏形土主要分布于上游祁连山区海拔较低的山麓以及祁连山与河西走廊交接的洪积扇地带，地貌多为侵蚀剥蚀起伏中山和高山，海拔介于 2100~3300 m，地形坡度介于 5°~30°。年均降水量介于 130~310 mm，年均气温介于-0.5~4.0 ℃，50 cm 深度年均土壤温度介于 4.5~7.5 ℃。成土母质多为风积黄土，少量混有砾石。土地利用多为高盖度的草地，部分为中盖度的草地。

4.5.2 主要亚类与基本性状

（1）钙积草毡寒冻雏形土

钙积草毡寒冻雏形土诊断层包括草毡层和钙积层；诊断特性包括寒性土壤温度状况、半干润土壤水分状况、冻融特征和石灰性，土体厚度较薄的也可见石质接触面。从 10 个代表性单个土体的统计信息来看（表 4-31 和表 4-32，图 4-18），地表可见石环和冻胀丘，局部地区可见岩石露头，面积多介于 2%~5%，个别高达 10%~30%。普遍可见粗碎块，面积多介于 2%~5%，高的可达 80%。土体厚度多在 1 m 以上，个别较薄的介于 40~60 cm。多含有砾石，体积含量低的介于 2%~5%，高的可达 80%，通体有石灰反应，pH 介于 7.4~9.6，质地多为粉壤土，少量为壤土，粉粒含量介于 340~610 g/kg。草毡层厚度多介于 10~25 cm，厚的可达 35~40 cm，碳酸钙含量多介于 10~30 g/kg，高的可达 80 g/kg。钙积层出现上界多介于 20~30 cm，深度的可达 50~60 cm，碳酸钙含量介于 110~170 g/kg，高的可达 470 g/kg，一般可见碳酸钙粉末和小鳞片状结构，偶尔可见碳酸钙假菌丝体。

表 4-31　上游钙积草毡寒冻雏形土物理性质（$n=10$）

土层	>2 mm 砾石 /%	细土颗粒组成（粒径）/（g/kg）			容重 /（g/cm³）
		砂粒 (0.05~2 mm)	粉粒 (0.002~0.05 mm)	黏粒 (<0.002 mm)	
A	5±5	255±83	515±71	230±14	0.85±0.13
B	28±26	299±76	483±64	219±25	1.18±0.07

表 4-32　上游钙积草毡寒冻雏形土化学性质（$n=10$）

土层	pH	有机碳 /（g/kg）	全氮（N） /（g/kg）	全磷（P） /（g/kg）	全钾（K） /（g/kg）	CEC /［cmol（+）/kg］	碳酸钙 /（g/kg）
A	7.9±0.3	41.0±7.2	3.42±0.58	1.25±0.45	23.5±4.7	22.6±5.5	41.9±24.6
B	8.4±0.4	10.8±4.8	0.92±0.37	1.08±0.49	21.4±4.4	11.7±5.1	152.7±32.9

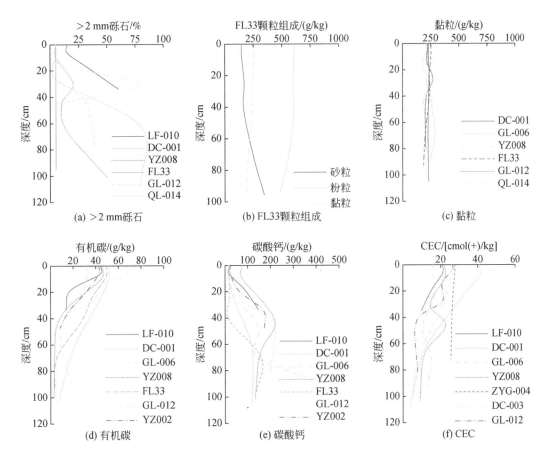

图 4-18 上游钙积草毡寒冻雏形土代表性单个土体理化性质剖面分布

代表性单个土体① 位于青海省海北藏族自治州祁连县央隆乡红山咀沟村西南, 三岔村东北, 38°45′57.806″N, 98°14′06.257″E, 海拔 3851 m, 高山陡坡上部, 母质为黄土和砾石坡积物, 草地, 植被盖度约 50%, 50 cm 深度年均土壤温度 2.5 ℃, 野外调查采样日期为 2012 年 8 月 5 日, 编号 LF-010 (图 4-19, 表 4-33 和表 4-34)。

Aod: 0~13 cm, 浊黄棕色 (10YR 4/3, 干), 黑棕色 (10YR 3/2, 润), 15% 石砾, 壤土, 发育弱的粒状结构, 松散, 多量草被根系, 轻度石灰反应, 向下层波状渐变过渡。

Bwd: 13~25 cm, 灰黄棕色 (10YR 6/2, 干), 灰黄棕色 (10YR 5/2, 润), 35% 石砾, 壤土, 发育弱的粒状结构, 松散, 多量草被根系, 中度石灰反应, 向下层波状渐变过渡。

Bkd1: 25~43 cm, 65% 橙白色 (10YR 8/2, 干), 灰黄色 (10YR 6/2, 润); 35% 浊黄橙色 (10YR 7/3, 干), 灰黄棕色 (10YR 6/2, 润), 80% 石砾, 壤土, 发育弱的鳞片状–小块状结构, 稍坚硬–坚硬, 少量草被根系, 强度石灰反应, 向下层波状渐变过渡。

Bkd2：>43 cm，橙白色（10YR 8/2，干），灰黄色（10YR 6/2，润），60% 石砾，壤土，发育弱的鳞片状–小块状结构，稍坚硬–坚硬，中度石灰反应。

该类型土壤海拔高，坡度陡，土层薄，石砾多，草被盖度较高，应严禁过度放牧。

(a) 典型景观   (b) 剖面

图 4-19　上游钙积草毡寒冻雏形土代表性单个土体①典型景观与剖面

表 4-33　上游钙积草毡寒冻雏形土代表性单个土体①物理性质

土层	深度 /cm	>2 mm 砾石 /%	细土颗粒组成（粒径）/（g/kg）			质地	容重 /（g/cm³）
			砂粒 （0.05～2 mm）	粉粒 （0.002～0.05 mm）	黏粒 （<0.002 mm）		
Aod	0～13	15	319	446	236	壤土	0.88
Bwd	13～25	35	300	443	257	壤土	1.06
Bkd1	25～43	60	328	456	216	壤土	1.11

表 4-34　上游钙积草毡寒冻雏形土代表性单个土体①化学性质

深度 /cm	pH	有机碳 /（g/kg）	全氮（N） /（g/kg）	全磷（P） /（g/kg）	全钾（K） /（g/kg）	CEC /［cmol（+）/kg］	碳酸钙 /（g/kg）
0～13	7.7	44.7	4.17	1.5	28.1	21.1	17.9
13～25	7.9	17.5	2.18	1.2	27.3	15.2	89.6
25～43	8.0	13.6	0.79	0.9	28.9	10.0	151.1

代表性单个土体②　位于甘肃省张掖市肃南裕固族自治县青龙乡黑沟村南，纳木桥村西，38°39′17.071″N，99°29′33.549″E，海拔 3468 m，高山缓坡中部，母质为黄土坡积物，草地，植被盖度>80%，50 cm 深度年均土壤温度 3.7 ℃，野外调查采样日期为 2012 年 8 月 6 日，编号 ZYG-004（图 4-20，表 4-35 和表 4-36）。

Aod：0~11 cm，灰棕色（7.5YR 5/2，干），黑棕色（7.5YR 3/1，润），粉壤土，发育弱的粒状结构，松散，多量草被根系，轻度石灰反应，向下层波状渐变过渡。

ABd：11~40 cm，灰棕色（7.5YR 5/2，干），黑棕色（7.5YR 3/1，润），粉壤土，发育弱的粒状结构，松软，多量草被根系，中度石灰反应，向下层波状渐变过渡。

Bkd1：40~60 cm，灰棕色（7.5YR 6/2，干），黑棕色（7.5YR 4/1，润），粉壤土，发育弱的鳞片状–小块状结构，稍坚硬–坚硬，少量草被根系，可见碳酸钙假菌丝体，强度石灰反应，向下层波状渐变过渡。

(a) 典型景观　　　　　　　　　　　　　(b) 剖面

图 4-20　上游钙积草毡寒冻雏形土代表性单个土体②典型景观与剖面

Bkd2：60~80 cm，橙白色（7.5YR 8/2，干），棕灰色（7.5YR 6/1，润），粉壤土，发育弱的鳞片状–小块状结构，稍坚硬–坚硬，可见碳酸钙假菌丝体，强度石灰反应，向下层平滑突变过渡。

R：>80 cm，基岩。

该类型土壤海拔高，坡地较陡，草被盖度高，应严禁过度放牧。

表 4-35　上游钙积草毡寒冻雏形土代表性单个土体②物理性质

土层	深度 /cm	>2 mm 砾石 /%	细土颗粒组成（粒径）/（g/kg）			质地	容重 /（g/cm³）
			砂粒 (0.05~2 mm)	粉粒 (0.002~0.05 mm)	黏粒 (<0.002 mm)		
Aod	0~11	0	214	570	216	粉壤土	0.88
ABd	11~40	0	163	587	250	粉壤土	0.95
Bkd1	40~60	0	150	590	260	粉壤土	1.15
Bkd2	60~80	0	143	592	265	粉壤土	1.20

表 4-36　上游钙积草毡寒冻雏形土代表性单个土体②化学性质

深度 /cm	pH	有机碳 /（g/kg）	全氮（N）/（g/kg）	全磷（P）/（g/kg）	全钾（K）/（g/kg）	CEC /［cmol（+）/kg］	碳酸钙 /（g/kg）
0~11	7.7	45.5	4.20	1.5	27.9	27.7	18.8
11~40	7.8	31.4	2.87	1.4	27.9	26.5	49.3
40~60	8.0	15.6	1.41	1.1	25.3	25.8	110.5
60~80	8.2	10.4	0.94	1..0	24.8	25.5	125.6

（2）石灰草毡寒冻雏形土

石灰草毡寒冻雏形土诊断层包括草毡层和雏形层；诊断特性包括寒性土壤温度状况、半干润土壤水分状况、冻融特征和石灰性。从 3 个代表性单个土体的统计信息来看（表 4-37 和表 4-38，图 4-21），地表可见石环和冻胀丘，局部地区可见岩石露头，面积多介于 2%~5%。普遍可见粗碎块，面积多介于 2%~5%，高的可达 40%。土体厚度多在 1 m 以上，个别较薄的介于 30~50 cm。部分土体含有砾石，体积含量介于 30%~60%，高的可达 80%。通体有石灰反应，碳酸钙含量介于 15~80 g/kg，pH 介于 7.8~8.4，质地多为粉壤土，少量为壤土，粉粒含量介于 220~520 g/kg。草毡层厚度多介于 10~30 cm，厚的可达 40 cm，一般可见小鳞片状结构。

表 4-37　上游石灰草毡寒冻雏形土物理性质（ *n*=3）

土层	>2 mm 砾石 /%	细土颗粒组成（粒径）/（g/kg）			容重 /（g/cm³）
		砂粒 (0.05~2 mm)	粉粒 (0.002~0.05 mm)	黏粒 (<0.002 mm)	
A	12±13	361±61	446±53	193±15	0.90±0.13

续表

土层	>2 mm 砾石 /%	细土颗粒组成（粒径）/（g/kg）			容重 /（g/cm³）
		砂粒 (0.05~2 mm)	粉粒 (0.002~0.05 mm)	黏粒 (<0.002 mm)	
B	43±17	367±97	422±90	211±12	1.24±0.13
C	80±0	504±98	300±71	196±26	1.19±0.06

表 4-38　上游石灰草毡寒冻雏形土化学性质（n=3）

土层	pH	有机碳 /（g/kg）	全氮（N） /（g/kg）	全磷（P） /（g/kg）	全钾（K） /（g/kg）	CEC /［cmol（+）/kg］	碳酸钙 /（g/kg）
A	7.9±0.1	35.2±10.0	2.78±0.78	0.94±0.35	21.5±3.8	19.2±7.5	22.6±7.2
B	8.0±0.2	11.2±4.6	0.81±0.15	0.74±0.26	21.0±2.6	14.4±6.0	42.5±33.2
C	8.3±0.1	9.2±2.7	0.58±0.04	1.25±0.15	23.2±3.8	6.9±1.5	58.9±20.1

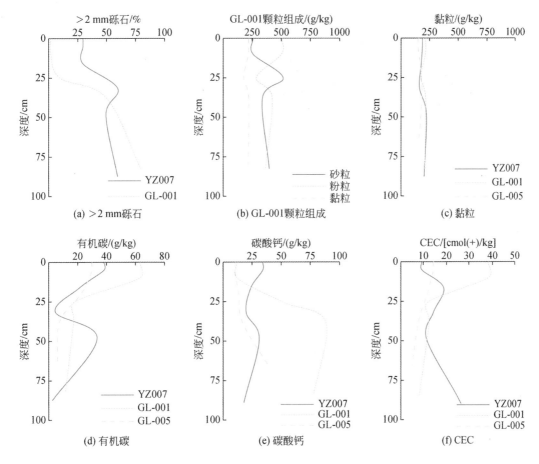

(a) >2 mm 砾石　　(b) GL-001颗粒组成　　(c) 黏粒

(d) 有机碳　　(e) 碳酸钙　　(f) CEC

图 4-21　上游石灰草毡寒冻雏形土代表性单个土体理化性质剖面分布

代表性单个土体① 位于青海省海北藏族自治州祁连县野牛沟乡大泉村方方沟组西北，拉克龙洼东南，38°21′31.235″N，99°43′57.96″E，海拔3250 m，高山陡坡中部，母质为黄土和砾石冰碛物，草地，植被盖度>80%，50 cm深度年均土壤温度4.5℃，野外调查采样日期为2013年7月23，编号YZ007（图4-22，表4-39和表4-40）。

(a) 典型景观　　　　　　　　　　　　　(b) 剖面

图4-22　上游石灰草毡寒冻雏形土代表性单个土体①典型景观与剖面

Aod：0~10 cm，灰黄棕色（10YR 5/2，干），黑棕色（10YR 2/2，润），30%石砾，粉壤土，发育弱的粒状结构，松散，多量草被根系，中度石灰反应，向下层波状渐变过渡。

ABd：10~22 cm，浊黄橙色（10YR 6/3，干），棕色（10YR 4/4，润），30%石砾，粉壤土，发育弱的粒状结构，松散，多量草被根系，中度石灰反应，向下层比较平滑清晰过渡。

Bwd1：22~41 cm，浊黄橙色（10YR 7/4，干），棕色（10YR 4/4，润），60%石砾，壤土，发育弱的鳞片状-小块状结构，松软-稍坚硬，中量草被根系，少量铁锰斑纹，中度石灰反应，向下层波状渐变过渡。

Bwd2：41~55 cm，灰黄棕色（10YR 4/2，干），黑棕色（10YR 3/2，润），50%石砾，粉壤土，发育弱的鳞片状-小块状结构，松软-稍坚硬，少量草被根系，少量铁锰斑纹，中度石灰反应，向下层波状渐变过渡。

Bwd3：>55 cm，浊黄橙色（10YR 7/4，干），黄棕色（10YR 5/6，润），60%石砾，粉壤土，发育弱的鳞片状-小块状结构，松软-稍坚硬，中量铁锰斑纹，轻度石灰反应。

该类型土壤土层薄，坡度陡，石砾多，草被盖度高，为优质牧地，严禁过度放牧。

表 4-39　上游石灰草毡寒冻雏形土代表性单个土体①物理性质

土层	深度 /cm	>2 mm 砾石 /%	细土颗粒组成（粒径）/（g/kg）			质地	容重 /（g/cm³）
			砂粒 (0.05~2 mm)	粉粒 (0.002~0.05 mm)	黏粒 (<0.002 mm)		
Aod	0~10	30	276	524	200	粉壤土	0.9
ABd	10~22	30	305	506	190	粉壤土	1.01
Bwd1	22~41	60	369	457	174	壤土	1.30
Bwd2	41~55	50	169	595	236	粉壤土	0.93
Bwd3	>55	60	247	537	216	粉壤土	1.4

表 4-40　上游石灰草毡寒冻雏形土代表性单个土体①化学性质

深度 /cm	pH	有机碳 /（g/kg）	全氮（N）/（g/kg）	全磷（P）/（g/kg）	全钾（K）/（g/kg）	CEC /［cmol（+）/kg］	碳酸钙 /（g/kg）
0~10	7.6	39.5	3.04	0.56	16.6	9.7	35.0
10~22	8.0	22.3	1.76	0.53	17.0	19.2	24.8
22~41	8.3	5.0	0.47	0.50	16.6	14.6	20.7
41~55	8.2	34.6	2.67	0.63	17.0	11.8	32.0
>55	7.4	2.9	0.31	0.50	19.5	27.1	18.6

代表性单个土体②　位于青海省海北藏族自治州祁连县峨堡镇西南，青泥沟村东，大红沟村北，37°56′33.191″N，100°54′29.283″E，海拔 3300 m，洪积-冲积平原，母质为黄土和砾石洪积-冲积物，草地，植被盖度>80%，50 cm 深度年均土壤温度 4.7 ℃，野外调查采样日期为 2012 年 8 月 3 日，编号 GL-005（图 4-23，表 4-41 和表 4-42）。

Aod：0~12 cm，浊棕色（7.5YR 5/3，干），暗棕色（7.5YR 3/3，润），壤土，发育弱的粒状结构，多量草被根系，轻度石灰反应，向下层波状清晰过渡。

ABd：12~28 cm，浊棕色（7.5YR 5/3，干），棕色（7.5YR 4/3，润），壤土，发育弱的粒状结构，多量草被根系，1 个旱獭洞穴，轻度石灰反应，向下层波状清晰过渡。

Bwd：28~47 cm，浊棕色（7.5YR 5/3，干），棕色（7.5YR 4/3，润），20% 石砾，壤土，发育弱的鳞片状-小块状结构，稍坚硬-坚硬，少量草被根系，4 个旱獭洞穴，石砾面可见碳酸钙假菌丝体，向下层平滑清晰过渡。

C1：47~80 cm，浊橙色（7.5 YR 7/4，干），棕色（7.5YR 4/4，润），80% 石砾，砂质壤土，单粒，无结构，松散，可见碳酸钙粉末，轻度石灰反应，向下层平滑清晰过渡。

C2：>80 cm，淡棕灰色（7.5 YR 7/2，干），灰棕色（7.5 YR 5/2，润），90% 石砾，砂质，单粒，无结构，松散，石砾面可见碳酸钙粉末，中度石灰反应。

该类型土壤土层薄，石砾多，草被盖度高，为优质牧地，严禁过度放牧。

<table>
<tr><td align="center">(a) 典型景观</td><td align="center">(b) 剖面</td></tr>
</table>

图 4-23　上游石灰草毡寒冻雏形土代表性单个土体②典型景观与剖面

表 4-41　上游石灰草毡寒冻雏形土代表性单个土体②物理性质

土层	深度 /cm	>2 mm 砾石 /%	细土颗粒组成（粒径）/（g/kg）			质地	容重 /（g/cm³）
			砂粒 (0.05~2 mm)	粉粒 (0.002~0.05 mm)	黏粒 (<0.002 mm)		
Aod	0~12	0	432	407	161	壤土	0.93
ABd	12~28	0	445	370	185	壤土	1.10
Bwd	28~47	20	495	309	196	壤土	1.34
C1	47~80	80	601	229	170	砂质壤土	1.25

表 4-42　上游石灰草毡寒冻雏形土代表性单个土体②化学性质

深度 /cm	pH	有机碳 /（g/kg）	全氮（N） /（g/kg）	全磷（P） /（g/kg）	全钾（K） /（g/kg）	CEC /［cmol（+）/kg］	碳酸钙 /（g/kg）
0~12	7.8	30.6	2.34	1.00	29.2	14.5	10.8
12~28	8.1	23.2	1.96	0.80	23.6	11.9	14.0
28~47	8.1	7.9	0.74	0.60	24.6	8.1	17.2
47~80	8.2	6.5	0.54	1.40	26.9	5.4	38.8

（3）普通草毡寒冻雏形土

普通草毡寒冻雏形土诊断层包括草毡层和雏形层；诊断特性包括寒性土壤温度状况、半干润土壤水分状况和冻融特征。从 6 个代表性单个土体信息统计来看（表 4-43 和表 4-44，图 4-24），地表可见冻胀丘，局部地区可见岩石露头，面积多介于 2% ~ 5%，高的可达 5% ~ 10%。普遍可见粗碎块，面积多介于 2% ~ 5%，高的可达 20% ~ 30%。土体厚度薄的介于 40 ~ 60 cm，深的在 1 m 以上。个别土体含有 10% 左右的砾石，土体基本没有石灰反应，pH 介于 6.3 ~ 7.8，质地多为粉壤土，少量为壤土，粉粒含量介于 210 ~ 600 g/kg。草毡层厚度多介于 15 ~ 30 cm，厚的可达 40 cm，一般可见小鳞片状结构。

表 4-43　上游普通草毡寒冻雏形土物理性质 （ *n*=6）

土层	>2 mm 砾石 /%	细土颗粒组成（粒径）/（g/kg）			容重 /（g/cm³）
		砂粒 （0.05 ~ 2 mm）	粉粒 （0.002 ~ 0.05 mm）	黏粒 （<0.002 mm）	
A	4±3	223±92	531±66	246±37	0.77±0.13
B	15±17	277±171	479±127	244±52	1.02±0.17
C	80±0	428±207	373±156	198±54	1.27±0.11

表 4-44　上游普通草毡寒冻雏形土化学性质 （ *n*=6）

土层	pH	有机碳 /（g/kg）	全氮（N） /（g/kg）	全磷（P） /（g/kg）	全钾（K） /（g/kg）	CEC /［cmol（+）/kg］	碳酸钙 /（g/kg）
A	7.0±0.7	66.9±25.0	4.86±1.91	1.24±0.66	19.6±3.9	33.5±8.9	4.7±2.5
B	7.1±0.7	35.9±22.3	2.53±1.62	0.98±0.38	20.3±4.2	23.8±12.1	7.3±6.3
C	7.6±0.2	22.0±25.7	1.64±1.98	1.46±0.55	22.8±4.3	16.1±15.6	10.7±9.5

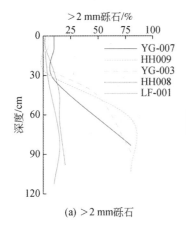
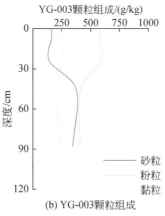
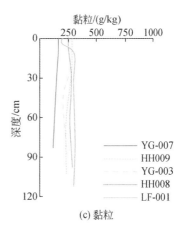

(a) >2 mm 砾石　　(b) YG-003 颗粒组成　　(c) 黏粒

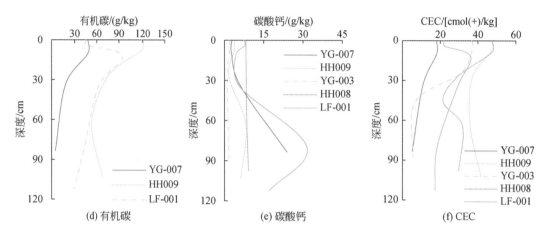

图 4-24　上游普通草毡寒冻雏形土代表性单个土体理化性质剖面分布

代表性单个土体①　位于青海省海北藏族自治州祁连县柯柯里乡恰浪玛琼洼村南，拉冬休玛村东北，38°22′42.672″N，99°19′14.283″E，海拔 3585 m，高山缓坡坡麓，母质为黄土和砾石洪积–冲积物，草地，植被盖度>80%，50 cm 深度年均土壤温度 4.7 ℃，野外调查采样日期为 2012 年 8 月 4 日，编号 YG-007（图 4-25，表 4-45 和表 4-46）。

(a) 典型景观　　　　　　　　　　　(b) 剖面

图 4-25　上游普通草毡寒冻雏形土代表性单个土体①典型景观与剖面

Aod：0～20 cm，棕色（7.5YR 4/4，干），黑棕色（7.55YR 3/2，润），10%石砾，壤土，发育弱的粒状结构，松散，多量草被根系，向下层平滑渐变过渡。

Bwd：20～47 cm，棕色（7.5YR 4/4，干），黑棕色（7.5YR 3/2，润），10%石砾，砂质壤土，发育弱的鳞片状–小块状结构，稍坚硬–坚硬，中量草被根系，3个旱獭洞穴，向下层波状清晰过渡。

C：>47 cm，淡灰色（7.5YR 7/2，干），灰棕色（7.5YR 5/2，润），80%的石砾，砂质壤土，单粒，无结构，松散，石砾面可见钙膜，少量极细根系，轻度石灰反应。

该类型土体较薄，石砾多，草被盖度高，为优质牧地，严禁过度放牧。

表 4-45　上游普通草毡寒冻雏形土代表性单个土体①物理性质

| 土层 | 深度 /cm | >2 mm 砾石 /% | 细土颗粒组成（粒径）/（g/kg） | | | 质地 | 容重 /（g/cm³） |
			砂粒 (0.05～2 mm)	粉粒 (0.002～0.05 mm)	黏粒 (<0.002 mm)		
Aod	0～20	10	388	444	168	壤土	0.87
Bwd	20～47	10	612	237	151	砂质壤土	1.06
C	>47	80	712	166	122	砂质壤土	1.33

表 4-46　上游普通草毡寒冻雏形土代表性单个土体①化学性质

深度 /cm	pH	有机碳 /（g/kg）	全氮（N）/（g/kg）	全磷（P）/（g/kg）	全钾（K）/（g/kg）	CEC /［cmol（+）/kg］	碳酸钙 /（g/kg）
0～20	7.3	46.7	3.33	1.80	24.7	17.8	2.4
20～47	7.6	17.4	1.49	1.70	24.6	10.5	5.6
>47	7.8	4.1	0.3	1.90	24.4	4.9	23.7

代表性单个土体②　位于青海省海北藏族自治州祁连县央隆乡大陇同村东南，大白石头沟村西南，小央隆村北，38°42′15.845″N，98°28′12″E，海拔 3783 m，高山河谷，母质为黄土和砾石洪积–坡积物，草地，植被盖度>80%，50 cm 深度年均土壤温度 2.7 ℃，野外调查采样日期为 2013 年 8 月 3 日，编号 DC-001（图 4-26，表 4-47 和表 4-48）。

Aod：0～15 cm，灰棕色（7.5YR 4/2，干），黑棕色（7.5YR 3/2，润），2%石砾，粉质黏壤土，发育弱的粒状结构，松散，多量草被根系，向下层平滑渐变过渡。

Bwd：15～40 cm，灰棕色（7.5YR 4/2，干），黑棕色（7.5YR 3/2，润），2%石砾，粉质黏壤土，发育弱的鳞片状–小块状结构，松软–稍坚硬，中量草被根系，向下层平滑清晰过渡。

(a) 典型景观   (b) 剖面

图 4-26　上游普通草毡寒冻雏形土代表性单个土体②典型景观与剖面

C1：40~86 cm，灰棕色（7.5YR 6/2，干），灰棕色（7.5YR 4/2，润），80%石砾，粉壤土，单粒，无结构，松散，少量草被根系，可见片状云母，向下层波状渐变过渡。

C2：>86 cm，灰棕色（7.5YR 6/1，干），灰棕色（7.5YR 4/1，润），80%石砾，粉壤土，单粒，无结构，松散，可见片状云母。

该类型土壤多为牧地，坡度较陡，石砾较多，严禁过度放牧。

表 4-47　上游普通草毡寒冻雏形土代表性单个土体②物理性质

土层	深度 /cm	>2 mm 砾石 /%	细土颗粒组成（粒径）/（g/kg）			质地	容重 /（g/cm³）
			砂粒 (0.05~2 mm)	粉粒 (0.002~0.05 mm)	黏粒 (<0.002 mm)		
Aod	0~15	2	172	546	282	粉质黏壤土	0.5
Bwd	15~40	2	155	567	278	粉质黏壤土	0.78
C1	40~86	80	218	550	232	粉壤土	1.05
C2	>86	80	235	531	234	粉壤土	1.19

表 4-48 上游普通草毡寒冻雏形土代表性单个土体②化学性质

深度 /cm	pH	有机碳 /（g/kg）	全氮（N） /（g/kg）	全磷（P） /（g/kg）	全钾（K） /（g/kg）	CEC /［cmol（+）/kg］	碳酸钙 /（g/kg）
0～15	6.8	118.6	8.90	0.80	15.9	47.2	3.5
15～40	7.0	74.6	5.63	0.89	17.9	36.8	1.5
40～86	7.4	52.0	3.96	0.63	16.6	35.6	7.9
>86	7.4	67.0	5.07	0.78	17.2	41.5	6.0

（4）普通潮湿寒冻雏形土

普通潮湿寒冻雏形土诊断层包括淡薄表层和雏形层；诊断特性包括寒性土壤温度状况、潮湿土壤水分状况、冻融特征、氧化还原特征和石灰性。从 2 个代表性单个土体的统计信息来看（表 4-49 和表 4-50，图 4-27），地表可见冻胀丘，粗碎块面积介于 2%～5%。土体厚度在 1 m 以上，通体有石灰反应，碳酸钙含量介于 70～270 g/kg，pH 介于 7.8～8.7，质地多样，有砂质壤土、砂质黏壤土、粉质黏壤土、黏壤土、壤土等。淡薄表层厚度多介于 15～30 cm，之下的雏形层一般可见铁锰斑纹以及小鳞片状结构。

表 4-49 上游普通潮湿寒冻雏形土物理性质（n=2）

土层	>2 mm 砾石 /%	细土颗粒组成（粒径）/（g/kg）			容重 /（g/cm³）
		砂粒 （0.05～2 mm）	粉粒 （0.002～0.05 mm）	黏粒 （<0.002 mm）	
A	0±0	456±251	351±171	193±79	1.11±0.14
B	4.95±4.95	602±188	244±140	154±47	1.39±0.17

表 4-50 上游普通潮湿寒冻雏形土化学性质（n=2）

土层	pH	有机碳 /（g/kg）	全氮（N） /（g/kg）	全磷（P） /（g/kg）	全钾（K） /（g/kg）	CEC /［cmol（+）/kg］	碳酸钙 /（g/kg）
A	8.1±0.1	12.7±6.1	1.36±0.63	1.11±0.13	24.7±2.0	6.6±2.8	179.2±90.4
B	8.4±0.2	5.2±4.0	0.56±0.43	1.09±0.01	24.2±1.5	3.4±1.5	146.8±73.7

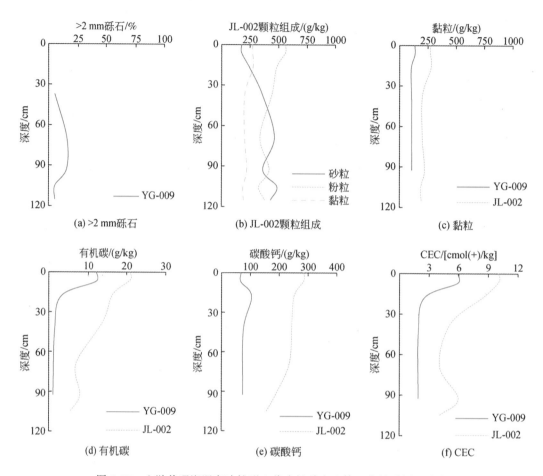

图 4-27　上游普通潮湿寒冻雏形土代表性单个土体理化性质剖面分布

代表性单个土体① 位于青海省海北藏族自治州祁连县央隆乡大东沟村西，大龙孔村东南，野马泉沙旋东，38°49′39.810″N，98°27′58.818″E，海拔 3482 m，洪积–冲积平原，母质为黄土洪积–冲积物，草地，植被盖度约60%，50 cm 深度年均土壤温度 3.6 ℃，野外调查采样日期为 2012 年 8 月 5 日，编号 YG-009（图4-28，表 4-51 和表 4-52）。

Ahd1：0~14 cm，浊黄棕色（10YR 5/3，干），灰黄棕色（10YR 4/2，润），砂质壤土，发育弱的粒状结构，松散，多量草被根系，强度石灰反应，向下层波状渐变过渡。

Ahd2：14~22 cm，灰黄棕色（10YR 6/2，干），灰黄棕色（10YR 4/2，润），砂质壤土，发育弱的粒状–鳞片状结构，松散–松软，中量草被根系，强度石灰反应，向下层波状渐变过渡。

Br1：22~65 cm，灰黄棕色（10YR 6/2，干），灰黄棕色（10YR 4/2，润），砂质黏壤土，发育弱的鳞片状–小块状结构，松软–稍坚硬，少量草被根系，可见铁锰斑纹，强度石灰反应，向下层波状渐变过渡。

Br2：>65 cm，灰黄棕色（10YR 6/2，干），灰黄棕色（10YR 4/2，润），砂质黏壤

土，发育弱的鳞片状和小块状结构，松软-稍坚硬，可见铁锰斑纹，强度石灰反应。

该类型土壤土体深厚，坡地较为平缓，草被盖度较高，应严禁过度放牧。

 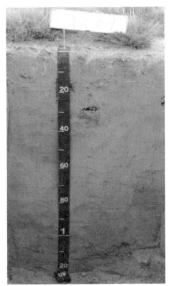

(a) 典型景观　　　　　　　　　　　(b) 剖面

图 4-28　上游普通潮湿寒冻雏形土代表性单个土体①典型景观与剖面

表 4-51　上游普通潮湿寒冻雏形土代表性单个土体①物理性质

| 土层 | 深度 /cm | >2 mm 砾石 /% | 细土颗粒组成（粒径）/（g/kg） | | | 质地 | 容重 /（g/cm³） |
			砂粒 (0.05~2 mm)	粉粒 (0.002~0.05 mm)	黏粒 (<0.002 mm)		
Ahd1	0~14	0	618	248	134	砂质壤土	1.12
Ahd2	14~22	0	763	136	101	砂质壤土	1.33
Br1	22~65	0	799	95	106	砂质黏壤土	1.47
Br2	>65	0	784	109	107	砂质黏壤土	1.61

表 4-52　上游普通潮湿寒冻雏形土代表性单个土体①化学性质

深度 /cm	pH	有机碳 /（g/kg）	全氮（N）/（g/kg）	全磷（P）/（g/kg）	全钾（K）/（g/kg）	CEC /［cmol（+）/kg］	碳酸钙 /（g/kg）
0~14	7.8	12.1	1.27	1.30	23.3	5.9	65.6
14~22	8.2	3.1	0.39	1.20	22.2	2.5	103.5
22~65	8.2	1.4	0.18	1.20	22.4	1.9	74.2
>65	8.2	1.0	0.1	1.00	22.8	1.9	72.5

代表性单个土体② 位于青海省海北藏族自治州祁连县央隆乡红土沟村东，一大队北，瓦乎寺河西南，38°47′56.252″N，98°20′39.180″E，海拔3367 m，洪积–冲积平原，母质为黄土洪积–冲积物，草地，植被盖度约70%，50 cm深度年均土壤温度3.6 ℃，野外调查采样日期为2012年8月5日，编号JL-002（图4-29，表4-53和表4-54）。

Ahd1：0~12 cm，橙白色（10YR 8/1，干），棕灰色（10YR 5/1，润），粉质黏壤土，发育弱的粒状结构，松散，多量草被根系，强度石灰反应，向下层波状渐变过渡。

Ahd2：12~22 cm，橙白色（10YR 8/2，干），棕灰色（10YR 6/1，润），黏壤土，发育弱的鳞片状–小块状结构，松软–稍坚硬，中量草被根系，强度石灰反应，向下层平滑清晰过渡。

Br1：22~52 cm，橙白色（10YR 8/2，干），棕灰色（10YR 5/1，润），5%石砾，壤土，发育弱的鳞片状–中块状结构，松软–稍坚硬，少量草被根系，可见铁锰斑纹，2个旱獭洞穴，强度石灰反应，向下层平滑清晰过渡。

Br2：52~85 cm，橙白色（10YR 8/2，干），棕灰色（10YR 5/1，润），15%石砾，壤土，发育弱的中块状结构，稍坚硬，可见铁锰斑纹，3个旱獭洞穴，强度石灰反应，向下层波状清晰过渡。

Br3：85~100 cm，灰黄棕色（10YR 6/2，干），灰黄棕色（10YR 4/2，润），15%石砾，壤土，发育弱的中块状结构，稍坚硬，可见铁锰斑纹，强度石灰反应，向下层波状清晰过渡。

(a) 典型景观　　　　　　　　　　　(b) 剖面

图4-29　上游普通潮湿寒冻雏形土代表性单个土体②典型景观与剖面

Br4：100 ~ 110 cm，橙白色（10YR 8/2，干），棕灰色（10YR 5/1，润），5% 石砾，壤土，发育弱的中块状结构，稍坚硬，可见铁锰斑纹，强度石灰反应，向下层波状清晰过渡。

Abr：>110 cm，灰黄棕色（10YR 6/2，干），灰黄棕色（10YR 4/2，润），5% 石砾，壤土，发育弱的中块状结构，稍坚硬，少量铁锰斑纹，强度石灰反应。

该类型土壤土体深厚，地形平缓，为优质牧地，严禁过度放牧。

表 4-53   上游普通潮湿寒冻雏形土代表性单个土体②物理性质

土层	深度 /cm	>2 mm 砾石 /%	细土颗粒组成（粒径）/（g/kg）			质地	容重 /（g/cm³）
			砂粒 (0.05 ~ 2 mm)	粉粒 (0.002 ~ 0.05 mm)	黏粒 (<0.002 mm)		
Ahd1	0 ~ 12	0	172	557	271	粉质黏壤土	1.00
Ahd2	12 ~ 22	0	244	481	275	黏壤土	0.92
Br1	22 ~ 52	5	358	441	201	壤土	1.10
Br2	52 ~ 85	15	463	337	200	壤土	1.27
Br3	85 ~ 100	15	362	418	220	壤土	1.21
Br4	100 ~ 110	5	485	328	187	壤土	1.28

表 4-54   上游普通潮湿寒冻雏形土代表性单个土体②化学性质

深度 /cm	pH	有机碳 /（g/kg）	全氮（N） /（g/kg）	全磷（P） /（g/kg）	全钾（K） /（g/kg）	CEC /［cmol（+）/kg］	碳酸钙 /（g/kg）
0 ~ 12	8.0	20.8	2.23	1.20	26.3	10.1	284.6
12 ~ 22	8.3	16.4	1.71	0.70	27.2	8.6	251.5
22 ~ 52	8.7	13.9	1.48	1.00	24.2	5.2	243.1
52 ~ 85	8.7	6.8	0.76	1.10	27.7	4.1	234.8
85 ~ 100	8.5	7.7	0.77	1.30	25.2	6.0	187.1
100 ~ 110	8.3	5.3	0.58	1.10	24.3	4.1	156.0

（5）普通暗沃寒冻雏形土

普通暗沃寒冻雏形土诊断层包括暗沃表层和雏形层；诊断特性包括寒性土壤温度状况、半干润土壤水分状况和冻融特征。地表可见冻胀丘，岩石露头介于 2% ~5%，粗碎块面积介于 2% ~5%，土体厚度介于 60 ~70 cm，砾石含量在 5% 左右，之下为洪积砾石层，通体无石灰反应，pH 介于 6.5 ~7.8，层次质地构型为粉壤土–壤土，粉粒含量介于 310 ~590 g/kg，暗沃表层厚度介于 30 ~50 cm，之下为雏形层，厚度介于 20 ~30 cm，可见鳞片状结构。

代表性单个土体　位于青海省海北藏族自治州祁连县扎麻什乡夏塘村张大窑组南，深水槽村西，38°14′23.7″N，99°53′20.3″E，海拔3540 m，高山中坡中下部，母质为黄土和砾石冰碛物，草地，植被盖度约70%，50 cm深度年均土壤温度3.6 ℃，野外调查采样日期为2012年7月31日，编号YZ-001（图4-30，表4-55和表4-56）。

(a) 典型景观　　　　　　　　　　　　　　(b) 剖面

图4-30　上游普通暗沃寒冻雏形土代表性单个土体典型景观与剖面

Ahd1：0~20 cm，暗棕色（10YR 3/3，干），黑棕色（10YR 3/2，润），5%石砾，粉壤土，发育弱的粒状结构，松散，多量草被根系，向下层波状渐变过渡。

Bwd1：20~42 cm，暗棕色（10YR 3/3，干），黑棕色（10YR 3/2，润），5%石砾，粉壤土，发育弱的粒状–中块状结构，松散–松软，中量草被根系，向下层波状清晰过渡。

Bwd2：42~65 cm，浊黄橙色（10YR 7/3，干），灰黄棕色（10YR 5/2，润），50%石砾，壤土，发育弱的鳞片状–小块状结构，松软–稍坚硬，少量草被根系，向下层波状渐变过渡。

C：>65 cm，暗棕色（10YR 3/3，干），黑棕色（10YR 3/2，润），80%砾石，壤土，单粒，无结构，松散。

该类型土壤土体较薄，坡度陡，石砾多，草被盖度高，为优质牧地，应严禁过度放牧。

表 4-55　上游普通暗沃寒冻雏形土代表性单个土体物理性质

| 土层 | 深度 /cm | >2 mm 砾石 /% | 细土颗粒组成（粒径）/ (g/kg) | | | 质地 | 容重 / (g/cm³) |
			砂粒 (0.05~2 mm)	粉粒 (0.002~0.05 mm)	黏粒 (<0.002 mm)		
Ahd1	0~20	5	189	583	229	粉壤土	0.72
Bwd1	20~42	5	195	577	228	粉壤土	0.84
Bwd2	42~65	50	367	427	206	壤土	1.25
C	>65	80	515	317	168	壤土	1.41

表 4-56　上游普通暗沃寒冻雏形土代表性单个土体化学性质

深度 /cm	pH	有机碳 / (g/kg)	全氮（N）/ (g/kg)	全磷（P）/ (g/kg)	全钾（K）/ (g/kg)	CEC / [cmol (+) /kg]	碳酸钙 / (g/kg)
0~20	6.5	65.8	5.23	2.00	25.2	36.0	0.9
20~42	6.8	35.3	2.69	1.90	27	28.4	1.4
42~65	7.2	6.3	0.52	0.90	25.1	8.6	0.6
>65	7.8	2.8	0.15	1.60	24.8	4.7	1.2

（6）钙积简育寒冻雏形土

钙积简育寒冻雏形土诊断层包括淡薄表层和钙积层；诊断特性包括寒性土壤温度状况、半干润土壤水分状况、冻融特征和石灰性。从 16 个代表性单个土体的统计信息来看（表 4-57 和表 4-58，图 4-31），地表可见冻胀丘，局部地区可见岩石露头，面积多介于 2%~5%，个别高达 30%。普遍可见粗碎块，面积多介于 2%~5%，高的可达 80%。土体厚度多在 1 m 以上，较薄的介于 20~60 cm。个别土体含有砾石，体积含量介于 10%~20%，通体有石灰反应，pH 介于 7.6~9.0，质地多为粉壤土，少量为壤土、砂质壤土、粉质黏壤土、黏壤土等，粉粒含量介于 180~570 g/kg，淡薄表层厚度多介于 15~25 cm，厚的可达 45 cm，碳酸钙含量介于 60~250 g/kg，低的介于 5~30 g/kg。钙积层出现上界多介于 10~45 cm，深度的可达 80 cm，碳酸钙含量介于 150~200 g/kg，低的介于 100~120 g/kg，高的可达 380 g/kg，一般可见碳酸钙粉末和小鳞片状结构，偶尔可见碳酸钙假菌丝体。

表4-57　上游钙积简育寒冻雏形土物理性质（$n=16$）

土层	>2 mm 砾石 /%	细土颗粒组成（粒径）/（g/kg）			容重 /（g/cm³）
		砂粒 (0.05~2 mm)	粉粒 (0.002~0.05 mm)	黏粒 (<0.002 mm)	
A	5±7	325±128	476±102	199±31	1.04±0.11
B	19±23	334±140	447±116	205±43	1.16±0.13
C	32±32	333±147	403±88	265±78	1.35±0.11

表4-58　上游钙积简育寒冻雏形土化学性质（$n=16$）

土层	pH	有机碳 /（g/kg）	全氮（N） /（g/kg）	全磷（P） /（g/kg）	全钾（K） /（g/kg）	CEC /［cmol（+）/kg］	碳酸钙 /（g/kg）
A	8.0±0.3	22.3±9.0	2.0±0.8	1.1±0.5	20.3±4.8	13.4±5.2	91.2±58.2
B	8.3±0.6	9.2±5.2	0.9±0.5	1.0±0.7	19.8±4.1	11.0±5.5	156.0±60.3
C	8.2±0.3	6.5±4.0	0.5±0.3	0.9±0.3	21.2±4.9	11.1±3.5	97.3±50.1

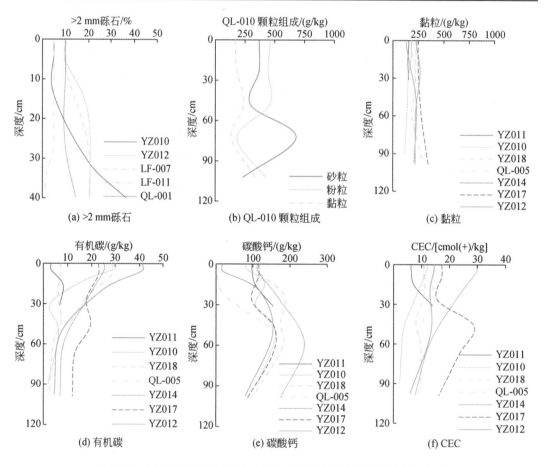

图4-31　上游钙积简育寒冻雏形土代表性单个土体理化性质剖面分布

代表性单个土体①　位于青海省海北藏族自治州祁连县野牛沟乡小驹里沟村东南，白沙沟村东北，阳山岔沟村东南，38°43′1.594″N，99°12′18.296″E，海拔3504 m，洪积–冲积平原，母质为洪积–冲积物，草地，植被盖度>80%，50 cm深度年均土壤温度3.6 ℃，野外调查采样日期为2013年8月5日，编号YZ010（图4-32，表4-59和表4-60）。

Ahd1：0~8 cm，浊橙色（7.5YR 7/3，干），灰棕色（7.5YR 4/2，润），5%石砾，壤土，发育弱的粒状结构，松散，多量草被根系，中度石灰反应，向下层波状平滑过渡。

Ahd2：8~20 cm，浊橙色（7.5YR 7/3，干），灰棕色（7.5YR 4/2，润），5%石砾，壤土，发育弱的粒状–小块状结构，松散–稍坚硬，中量草被根系，强度石灰反应，向下层波状渐变过渡。

Bwd1：20~42 cm，浊橙色（7.5YR 7/3，干），灰棕色（7.5YR 4/2，润），20%石砾，砂质壤土，发育弱的鳞片状–中块状结构，稍坚硬–坚硬，少量草被根系，1个旱獭洞穴，强度石灰反应，向下层波状渐变过渡。

Bkd：42~60 cm，橙白色（5YR 8/2，干），浊棕色（5YR 6/3，润），50%石砾，砂质壤土，发育弱的鳞片状–中块状结构，稍坚硬–坚硬，少量草被根系，可见碳酸钙粉末，强度石灰反应，向下层波状渐变过渡。

Bwd2：>60 cm，橙白色（5YR 8/2，干），浊棕色（5YR 6/3，润），50%石砾，砂质壤土，发育弱的鳞片状–中块状结构，稍坚硬–坚硬，强度石灰反应。

该类型土壤土层薄，石砾多，草被盖度高，为优质牧地，应防止过度放牧。

| (a) 典型景观 | (b) 剖面 |

图4-32　上游钙积简育寒冻雏形土代表性单个土体①典型景观与剖面

表 4-59　上游钙积简育寒冻雏形土代表性单个土体①物理性质

土层	深度/cm	>2 mm 砾石/%	细土颗粒组成（粒径）/（g/kg）			质地	容重/（g/cm³）
			砂粒(0.05~2 mm)	粉粒(0.002~0.05 mm)	黏粒(<0.002 mm)		
Ahd1	0~8	5	422	399	179	壤土	0.96
Ahd2	8~20	5	462	359	179	壤土	1.08
Bwd1	20~42	20	638	212	150	砂质壤土	1.41
Bkd	42~60	50	642	216	143	砂质壤土	1.25
Bwd2	>60	50	664	220	116	砂质壤土	1.48

表 4-60　上游钙积简育寒冻雏形土代表性单个土体①化学性质

深度/cm	pH	有机碳/（g/kg）	全氮（N）/（g/kg）	全磷（P）/（g/kg）	全钾（K）/（g/kg）	CEC/[cmol(+)/kg]	碳酸钙/（g/kg）
0~8	8.5	30.0	2.33	0.53	16.3	11.9	82.3
8~20	8.4	15.4	1.25	0.50	17.0	10.0	132.3
20~42	8.3	2.7	0.30	0.27	16.3	6.7	106.9
42~60	9.0	6.3	0.57	0.31	16.0	3.4	161.2
>60	9.1	1.9	0.24	0.42	16.1	2.2	112.0

代表性单个土体②　位于青海省海北藏族自治州祁连县野牛沟乡边麻村桌子台组东，磷火沟组西，马粪沟组北，红泥槽组东，38°15′47.08″N，99°52′31.91″E，海拔 3060 m，高山陡坡中下部，母质为黄土和砾石坡积物，草地，植被盖度约 50%，50 cm 深度年均土壤温度 5.8℃，野外调查采样日期为 2012 年 8 月 1 日，编号 LF-003（图 4-33，表 4-61 和表 4-62）。

Ahd：0~20 cm，浊黄棕色（10YR 5/4，干），暗棕色（10YR 3/3，润），壤土，发育弱的粒状–鳞片状结构，松散–松软，多量草被根系，强度石灰反应，向下层波状渐变过渡。

Bkd：20~38 cm，浊黄棕色（10YR 5/4，干），暗棕色（10YR 3/3，润），5% 石砾，壤土，发育弱的鳞片状结构，松软，中量草被根系，可见碳酸钙粉末，强度石灰反应，向下层波状渐变过渡。

Bk：38~60 cm，浊黄橙色（10YR 6/3，干），浊黄棕色（10YR 4/3，润），壤土，发育弱的中块状结构，松软，少量草被根系，可见碳酸钙粉末，强度石灰反应，向下层波状渐变过渡。

Bw：60~96 cm，浊黄橙色（10YR 6/3，干），浊黄棕色（10YR 4/3，润），壤土，发育弱的中块状结构，稍坚硬，强度石灰反应，向下层波状渐变过渡。

BC：>96 cm，浊黄橙色（10YR 6/3，干），浊黄棕色（10YR 4/3，润），壤土，发育弱的中块状结构，稍坚硬，强度石灰反应。

该类型土壤土体厚，坡度陡，草被盖度高，应防止过度放牧。

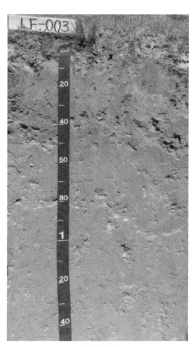

(a) 典型景观   (b) 剖面

图 4-33　上游钙积简育寒冻雏形土代表性单个土体②典型景观与剖面

表 4-61　上游钙积简育寒冻雏形土代表性单个土体②物理性质

| 土层 | 深度 /cm | >2 mm 砾石 /% | 细土颗粒组成（粒径）/（g/kg） | | | 质地 | 容重 /（g/cm³） |
			砂粒 (0.05~2 mm)	粉粒 (0.002~0.05 mm)	黏粒 (<0.002 mm)		
Ahd	0~20	0	281	495	223	壤土	1.11
Bkd	20~38	5	343	458	199	壤土	1.17
Bk	38~60	0	345	463	192	壤土	1.38
Bw	60~96	0	412	429	159	壤土	1.40

表 4-62 上游钙积简育寒冻雏形土代表性单个土体②化学性质

深度 /cm	pH	有机碳 /（g/kg）	全氮（N） /（g/kg）	全磷（P） /（g/kg）	全钾（K） /（g/kg）	CEC /［cmol（+）/kg］	碳酸钙 /（g/kg）
0～20	7.8	18.3	2	1.30	24.7	13.6	99.0
20～38	8.1	5.6	0.59	1.10	23.8	6.2	172.4
38～60	8.4	2.6	0.29	1.20	25.7	4.8	154.0
60～96	8.4	2.1	0.22	1.10	25.8	4.8	95.6

（7）石灰简育寒冻雏形土

石灰简育寒冻雏形土诊断层包括淡薄表层和雏形层；诊断特性包括寒性土壤温度状况、半干润土壤水分状况、冻融特征和石灰性，部分土体较薄的也可见石质接触面。从6个代表性单个土体的统计信息来看（表 4-63 和表 4-64，图 4-34），地表可见冻胀丘，个别可见石环和岩石露头。岩石露头面积低的约占 2%，高的可达 15%。普遍可见粗碎块，面积多介于 2%～5%，高的可达 20%。土体厚度多介于 30～70 cm。土体多含有砾石，体积含量介于 5%～20%。通体有石灰反应，碳酸钙含量高低不一，低的介于 10～20 g/kg，高的可达 330 g/kg，pH 介于 7.1～8.7，质地多为粉壤土，少量为壤土、砂质壤土、粉质黏壤土、黏壤土等，粉粒含量介于 300～620 g/kg。淡薄表层厚度多介于 8～25 cm，厚的可达 40 cm，一般可见小鳞片状结构。

表 4-63 上游石灰简育寒冻雏形土物理性质 （*n*=6）

土层	>2 mm 砾石 /%	细土颗粒组成（粒径）/（g/kg）			容重 /（g/cm³）
		砂粒 (0.05～2 mm)	粉粒 (0.002～0.05 mm)	黏粒 (<0.002 mm)	
A	4±6	324±173	481±130	195±66	0.99±0.11
B	6±5	346±185	440±133	214±66	1.18±0.13

表 4-64 上游石灰简育寒冻雏形土化学性质 （*n*=6）

土层	pH	有机碳 /（g/kg）	全氮（N） /（g/kg）	全磷（P） /（g/kg）	全钾（K） /（g/kg）	CEC /［cmol（+）/kg］	碳酸钙 /（g/kg）
A	7.8±0.3	31.8±18.8	2.7±1.5	1.2±0.5	21.4±4.4	14.3±6.4	102.0±105.8
B	8.2±0.6	11.7±8.8	0.9±0.7	1.0±0.6	24.2±10.7	11.2±7.3	99.7±87.1

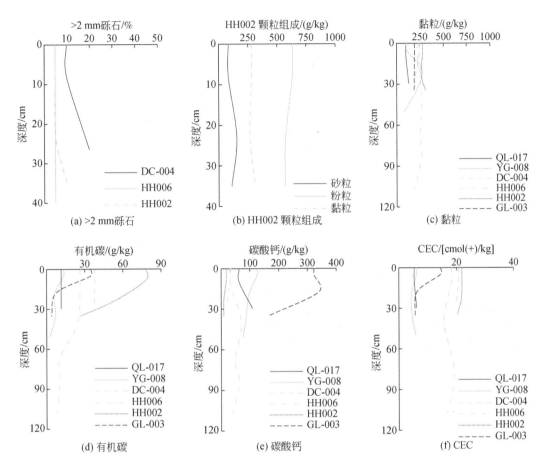

图 4-34 上游石灰简育寒冻雏形土代表性单个土体理化性质剖面分布

代表性单个土体① 位于青海省海北藏族自治州祁连县央隆乡红山咀沟村西及村北，38°47′25.9″N，98°15′08.9″E，海拔 3612 m，洪积-冲积平原，母质为黄土和砾石洪积-冲积物，草地，植被盖度约 70%，50 cm 深度年均土壤温度 3.4 ℃，野外调查采样日期为 2012 年 8 月 5 日，编号 QL-017（图 4-35，表 4-65 和表 4-66）。

Ahd：0 ~ 20 cm，浊棕色（10YR 5/4，干），暗棕色（10YR 3/3，润），砂质壤土，发育弱的粒状结构，松散-松软，多量草被根系，强度石灰反应，向下层平滑清晰过渡。

Bwd：20 ~ 39 cm，浊棕色（10YR 5/3，干），棕色（10YR 4/3，润），砂质壤土，发育弱的粒状-鳞片状结构，松散-松软，中量草被根系，强度石灰反应，向下层波状突变过渡。

R：>39 cm，基岩。

该类型土壤土体薄，地形平缓，石砾多，草被盖度较高，为优质牧地，应防止过度放牧。

(a) 典型景观　　　　　　　　　　　(b) 剖面

图 4-35　上游石灰简育寒冻雏形土代表性单个土体①典型景观与剖面

表 4-65　上游石灰简育寒冻雏形土代表性单个土体①物理性质

土层	深度 /cm	>2 mm 砾石 /%	细土颗粒组成（粒径）/（g/kg）			质地	容重 /（g/cm³）
			砂粒 (0.05~2 mm)	粉粒 (0.002~0.05 mm)	黏粒 (<0.002 mm)		
Ahd	0~20	0	679	214	107	砂质壤土	1.12
Bwd	20~39	0	613	250	137	砂质壤土	1.14

表 4-66　上游石灰简育寒冻雏形土代表性单个土体①化学性质

深度 /cm	pH	有机碳 /（g/kg）	全氮（N） /（g/kg）	全磷（P） /（g/kg）	全钾（K） /（g/kg）	CEC /[cmol (+) /kg]	碳酸钙 /（g/kg）
0~20	8.0	11.7	0.91	1.10	26.2	5.6	63.6
20~39	8.2	11.6	0.87	1.80	41.7	6.4	110.5

代表性单个土体②　位于甘肃省张掖市肃南裕固族自治县祁丰藏族乡大湖滩村北，北大河沿村东，九个青羊村东南，38°57′21.053″N，98°12′17.954″E，海拔 3216 m，洪积-冲积平原，母质为黄土和砾石洪积-冲积物，草地，植被盖度约 40%，50 cm 深度

年均土壤温度 4.3 ℃，野外调查采样日期为 2012 年 8 月 5 日，编号 YG-008（图 4-36，表 4-67 和表 4-68）。

(a) 典型景观　　　　　　　　　　(b) 剖面

图 4-36　上游石灰简育寒冻雏形土代表性单个土体②典型景观与剖面

Ah：0～10 cm，浊黄橙色（10YR 7/4，干），灰黄棕色（10YR 5/3，润），粉壤土，发育弱的粒状–小块状结构，松散–稍坚硬，中量草被根系，强度石灰反应，向下层平滑清晰平滑。

Bw：10～28 cm，浊黄橙色（10YR 7/2，干），灰黄棕色（10YR 4/2，润），2% 石砾，黏壤土，发育弱的粒状–小块状结构，松散–稍坚硬，中量草被根系，少量铁锰斑纹，多量小球形铁锰结核，中度石灰反应，向下层平滑清晰平滑过渡。

Bwd1：28～40 cm，灰黄棕色（10YR 6/2，干），灰黄棕色（10YR 4/2，润），20% 石砾，壤土，发育弱的鳞片状–小块状结构，稍坚硬–坚硬，中度石灰反应，向下层波状清晰平滑。

Bwd2：40～60 cm，浊黄橙色（10YR 6/4，干），浊黄棕色（10YR 4/3，润），5% 石砾，粉壤土，发育弱的鳞片状–小块状结构，稍坚硬–坚硬，中度石灰反应，向下层波状清晰平滑过渡。

Bwd3：>60 cm，灰黄棕色（10YR 6/2，干），灰黄棕色（10YR 4/2，润），80% 石砾，粉壤土，发育弱的鳞片状–小块状结构，稍坚硬–坚硬，中度石灰反应。

该类型土壤土体深厚，地形平缓，石砾多，草被盖度较低，为一般牧地，应适度控制放牧。

表 4-67　上游石灰简育寒冻雏形土代表性单个土体②物理性质

| 土层 | 深度 /cm | >2 mm 砾石 /% | 细土颗粒组成（粒径）/（g/kg） | | | 质地 | 容重 /（g/cm³） |
			砂粒 (0.05 ~ 2 mm)	粉粒 (0.002 ~ 0.05 mm)	黏粒 (<0.002 mm)		
Ah	0 ~ 10	0	342	548	109	粉壤土	1.11
Bw	10 ~ 28	2	273	451	276	黏壤土	1.25
Bwd1	28 ~ 40	20	419	359	221	壤土	1.23
Bwd2	40 ~ 60	5	387	527	85	粉壤土	1.40

表 4-68　上游石灰简育寒冻雏形土代表性单个土体②化学性质

深度 /cm	pH	有机碳 /（g/kg）	全氮（N）/（g/kg）	全磷（P）/（g/kg）	全钾（K）/（g/kg）	CEC /［cmol（+）/kg］	碳酸钙 /（g/kg）
0 ~ 10	7.9	13.6	1.34	1.50	24.2	6.3	125.8
10 ~ 28	8.6	6.3	0.56	1.40	26	4.6	97.6
28 ~ 40	8.5	7.2	0.48	1.40	25.7	4.7	88.6
40 ~ 60	8.5	2.9	0.24	1.30	25.7	6.1	77.0

（8）普通简育寒冻雏形土

普通简育寒冻雏形土诊断层包括淡薄表层和雏形层；诊断特性包括寒性土壤温度状况、半干润土壤水分状况和冻融特征，部分土体较薄的也可见石质接触面。从 4 个代表性单个土体的统计信息来看（表 4-69 和表 4-70，图 4-37），地表可见冻胀丘，个别可见石环和岩石露头。岩石露头面积低的占 2% ~ 5%，面积高的可占 10%。普遍可见粗碎块，面积多介于 2% ~ 5%，高的可达 40%。土体厚度多介于 60 ~ 80 cm，个别可到 1 m 以上。土体多含有砾石，低的体积占 5% 左右，高的可达 80%。通体无石灰反应，碳酸钙含量一般低于 5 g/kg，高的可达 6 g/kg，pH 介于 6.3 ~ 7.0，质地多为粉壤土，少量为壤土，粉粒含量介于 430 ~ 650 g/kg。淡薄表层厚度多介于 20 ~ 45 cm，厚的可达 80 cm，一般可见小鳞片状结构。

表 4-69　上游普通简育寒冻雏形土物理性质（n=4）

| 土层 | >2 mm 砾石 /% | 细土颗粒组成（粒径）/（g/kg） | | | 容重 /（g/cm³） |
		砂粒 (0.05 ~ 2 mm)	粉粒 (0.002 ~ 0.05 mm)	黏粒 (<0.002 mm)	
A	12±8	242±150	535±113	224±38	0.86±0.11
B	32±17	269±115	515±77	216±40	1.09±0.07

表 4-70　上游普通简育寒冻雏形土化学性质（n=4）

土层	pH	有机碳 / (g/kg)	全氮 (N) / (g/kg)	全磷 (P) / (g/kg)	全钾 (K) / (g/kg)	CEC / [cmol (+) /kg]	碳酸钙 / (g/kg)
A	6.6±0.1	55.07±24.22	4.02±1.64	1.54±0.59	22.55±3.30	30.02±13.18	3.29±2.59
B	6.9±0.4	26.01±10.42	2.09±0.94	1.38±0.64	23.69±4.04	23.04±8.76	2.78±2.68

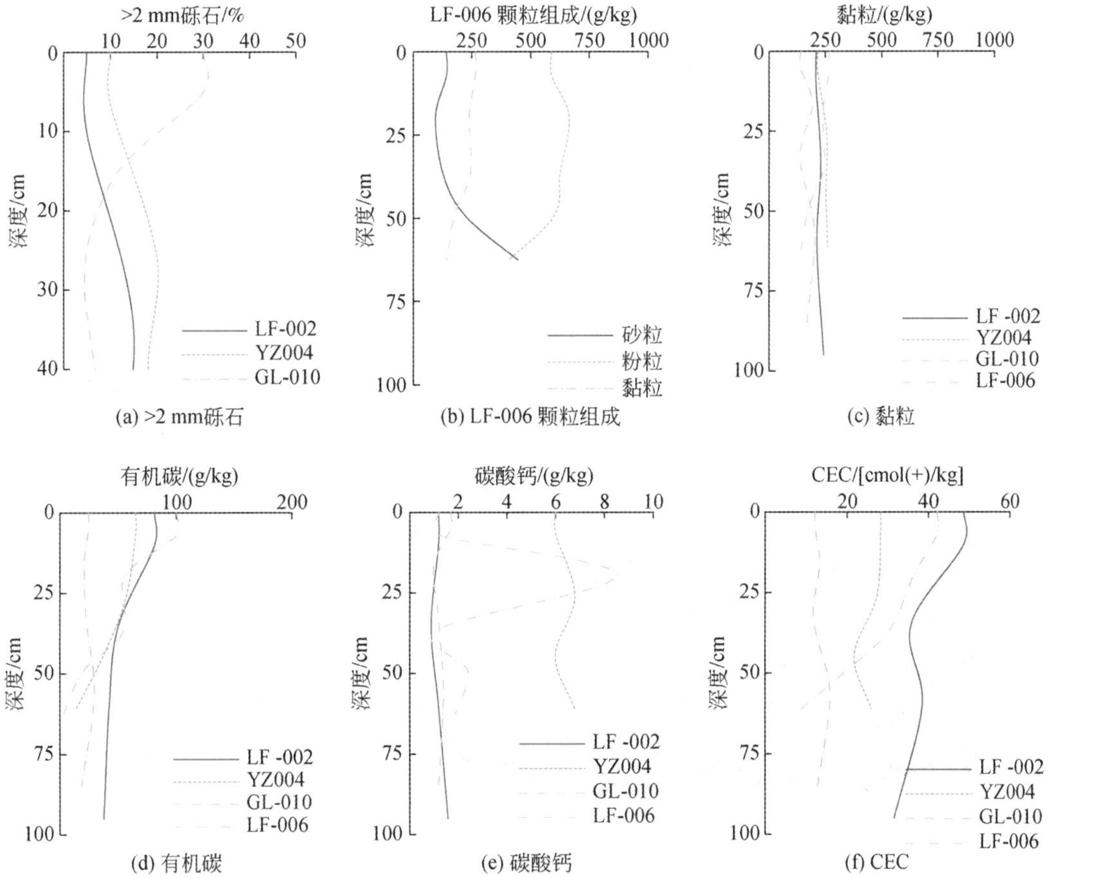

图 4-37　上游普通简育寒冻雏形土代表性单个土体理化性质剖面分布

代表性单个土体① 位于青海省海北藏族自治州祁连县野牛沟乡马粪沟村南，张大窑村西北，红泥槽村东南，38°15′01.82″N，99°52′59.45″E，海拔 3187 m，高山中坡中下部，母质为黄土和砾石冰碛物，草地，植被盖度>80%，50 cm 深度年均土壤温度 4.8 ℃，野外调查采样日期为 2013 年 7 月 31 日，编号 LF-002（图 4-38，表 4-71 和表 4-72）。

Ahd1：0~20 cm，棕色（7.5YR 4/4，干），黑棕色（7.5YR 2/2，润），5% 石砾，粉壤土，发育弱的粒状–鳞片状结构，松散–松软，多量草被根系，少量斑纹，向下层波状渐变过渡。

Ahd2：20～50 cm，棕色（7.5YR 4/4，干），黑棕色（7.5YR 2/2，润），15% 石砾，粉壤土，发育弱的粒状-鳞片状结构，松散-松软，中量草被根系，少量斑纹，向下层波状渐变过渡。

Bwd1：50～70 cm，棕色（7.5YR 4/4，干），黑棕色（7.5YR 2/2，润），10% 石砾，壤土，发育弱的鳞片状结构，松软，少量草被根系，少量斑纹，向下层波状渐变过渡。

Bwd2：70～110 cm，灰棕色（7.5YR 4/2，干），黑棕色（7.5YR 2/2，润），10% 石砾，粉壤土，发育弱的鳞片状结构，松软，少量草被根系。

R：>110 cm，基岩。

该类型土壤土体较厚，地形坡度较陡，石砾多，草被盖度高，为优质牧地，应防止过度放牧。

(a) 典型景观　　　　　　　　　(b) 剖面

图 4-38　上游普通简育寒冻雏形土代表性单个土体①典型景观与剖面

表 4-71　上游普通简育寒冻雏形土代表性单个土体①物理性质

土层	深度 /cm	>2 mm 砾石 /%	细土颗粒组成（粒径）/（g/kg）			质地	容重 /（g/cm³）
			砂粒 (0.05～2 mm)	粉粒 (0.002～0.05 mm)	黏粒 (<0.002 mm)		
Ahd1	0～20	5	214	575	211	粉壤土	0.59
Ahd2	20～50	15	220	549	232	粉壤土	0.97
Bwd1	50～70	10	287	498	215	壤土	0.84
Bwd2	70～110	10	200	555	245	粉壤土	1.16

表 4-72   上游普通简育寒冻雏形土代表性单个土体①化学性质

深度 /cm	pH	有机碳 / (g/kg)	全氮 (N) / (g/kg)	全磷 (P) / (g/kg)	全钾 (K) / (g/kg)	CEC / [cmol (+) /kg]	碳酸钙 / (g/kg)
0 ~ 20	6.3	81.2	6.22	1.70	21.7	48.6	1.2
20 ~ 50	6.8	50.1	3.84	1.40	23.7	36.0	0.9
50 ~ 70	7.1	42.3	4.13	1.60	23.5	38.7	1.2
70 ~ 110	7.4	37.8	3.07	1.70	24.8	31.8	1.6

代表性单个土体②   位于青海省海北藏族自治州祁连县央隆乡瓦乎寺赫村南、瓦乌斯多索卡村东北，38°37′25.679″N，98°23′05.002″E，海拔 4137 m，高山中坡中上部，母质为黄土和砾石冰碛物，草地，植被盖度约 70%，50 cm 深度年均土壤温度 4.4 ℃，野外调查采样日期为 2012 年 8 月 5 日，编号 GL-010（图 4-39、表 4-73 和表 4-74）。

Ahd1：0 ~ 10 cm，浊黄棕色（10YR 5/4，干），暗棕色（10YR 3/3，润），30% 石砾，壤土，发育弱的粒状–鳞片状结构，松散–松软，多量草被根系，可见少量斑纹，向下层波状渐变过渡。

Ahd2：10 ~ 23 cm，浊黄棕色（10YR 5/4，干），暗棕色（10YR 3/3，润），10% 石砾，壤土，发育弱的粒状–鳞片状结构，松散–松软，中量草被根系，可见少量斑纹，向下层波状渐变过渡。

(a) 典型景观   (b) 剖面

图 4-39   上游普通简育寒冻雏形土代表性单个土体②典型景观与剖面

Bwd1：23～43 cm，浊黄棕色（10YR 5/4，干），暗棕色（10YR 3/3，润），5%石砾，壤土，发育弱的鳞片状结构，松软，少量草被根系，可见少量斑纹，向下层波状渐变过渡。

Bwd2：43～70 cm，浊黄棕色（10YR 5/4，干），暗棕色（10YR 3/3，润），20%石砾，壤土，发育弱的粒状-鳞片状结构，松散-松软，多量草被根系，可见少量斑纹，向下层波状突变过渡。

Bwd3：70～100 cm，浊黄棕色（10YR 5/4，干），暗棕色（10YR 3/3，润），80%石砾，壤土，发育弱的鳞片状结构，松软，少量斑纹。

R：>100 cm，基岩。

该类型土壤土体薄，石砾多，草被盖度高，应防止过度放牧。

表 4-73 上游普通简育寒冻雏形土代表性单个土体②物理性质

| 土层 | 深度/cm | >2 mm 砾石/% | 细土颗粒组成（粒径）/（g/kg） | | | 质地 | 容重/（g/cm³） |
			砂粒（0.05～2 mm）	粉粒（0.002～0.05 mm）	黏粒（<0.002 mm）		
Ahd1	0～10	30	495	364	141	壤土	0.99
Ahd2	10～23	10	432	374	194	壤土	1.02
Bwd1	23～43	5	407	454	139	壤土	1.01
Bwd2	43～70	20	353	443	204	壤土	0.96
Bwd3	70～100	80	479	351	170	壤土	1.05

表 4-74 上游普通简育寒冻雏形土代表性单个土体②化学性质

深度/cm	pH	有机碳/（g/kg）	全氮（N）/（g/kg）	全磷（P）/（g/kg）	全钾（K）/（g/kg）	CEC/［cmol（+）/kg］	碳酸钙/（g/kg）
0～10	6.6	24.7	1.79	1.70	24.7	12.3	1.7
10～23	6.6	21.0	1.62	1.90	26.5	13.4	1.0
23～43	6.4	22.8	1.75	1.60	23.6	11.9	1.2
43～70	6.3	29.6	2.26	1.60	29.2	15.9	1.4
70～100	6.4	18.6	1.34	2.00	24.1	12.9	1.2

（9）钙积简育干润雏形土

钙积简育干润雏形土诊断层包括淡薄表层和钙积层；诊断特性包括寒性土壤温度状况、半干润土壤水分状况和石灰性，个别土体较薄者可见石质接触面。从 4 个代表性单个土体的统计信息来看（表4-75和表4-76，图4-40），局部地区可见岩石露头，面积多介于2%~5%。普遍可见粗碎块，面积多介于2%~5%，高的可达30%。土体厚度多在1m以上，个别较薄的仅30cm左右。通体有石灰反应，pH介于7.9~8.8，质地多为粉壤土，少量为壤土，粉粒含量介于300~650 g/kg。淡薄表层厚度多介于10~20cm，碳酸钙含量多介于40~140 g/kg。钙积层出现上界介于10~80cm，碳酸钙含量介于140~160 g/kg，一般可见碳酸钙粉末。

表4-75　上游钙积简育干润雏形土物理性质（n=4）

土层	>2 mm 砾石 /%	细土颗粒组成（粒径）/（g/kg）			容重 /（g/cm³）
		砂粒 (0.05~2 mm)	粉粒 (0.002~0.05 mm)	黏粒 (<0.002 mm)	
A	3±5	303±153	515±142	182±32	1.10±0.13
B	5±10	297±158	516±147	187±32	1.21±0.08
C	0	263±105	567±84	172±22	1.31±0.13

表4-76　上游钙积简育干润雏形土化学性质（n=4）

土层	pH	有机碳 /（g/kg）	全氮（N） /（g/kg）	全磷（P） /（g/kg）	全钾（K） /（g/kg）	CEC /［cmol（+）/kg］	碳酸钙 /（g/kg）
A	8.2±0.2	15.69±7.28	1.44±0.47	0.79±0.27	19.37±2.78	12.10±5.11	105.95±35.15
B	8.4±0.2	7.71±2.24	0.70±0.18	0.62±0.09	17.64±2.51	10.14±4.84	164.10±21.87
C	8.2±0.4	5.10±3.11	0.46±0.33	0.65±0.08	16.90±0.28	9.85±6.15	139.55±0.35

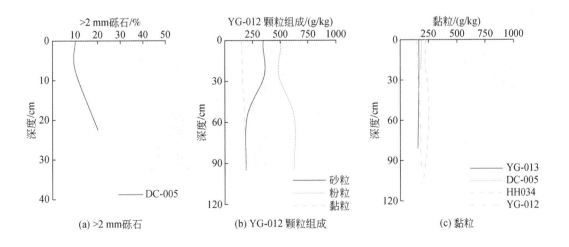

(a) >2 mm 砾石　　(b) YG-012 颗粒组成　　(c) 黏粒

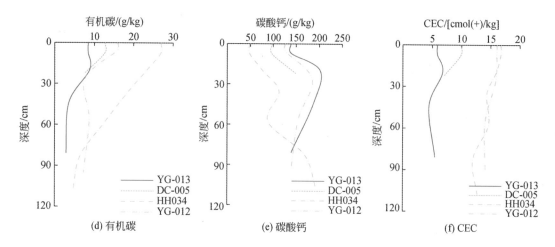

(d) 有机碳 (e) 碳酸钙 (f) CEC

图 4-40   上游钙积简育干润雏形土代表性单个土体理化性质剖面分布

代表性单个土体①   位于甘肃省张掖市肃南裕固族自治县祁连乡头坝村东南，火烧沟门西北，石沟门东，39°23′58.52″N，98°38′50.51″E，海拔 2300 m，中山陡坡中上部，母质为黄土坡积物，荒草地，植被盖度约 5%，50 cm 深度年均土壤温度 6.8 ℃，野外调查采样日期为 2012 年 8 月 7 日，编号 YG-013（图 4-41，表 4-77 和表 4-78）。

(a) 典型景观 (b) 剖面

图 4-41   上游钙积简育干润雏形土代表性单个土体①典型景观与剖面

Ah：0～14 cm，浊黄橙色（10YR 7/3，干），浊黄棕色（10YR 5/3，润），粉壤土，发育弱的粒状结构，松散，多量草被根系，强度石灰反应，向下层波状渐变过渡。

Bk1：14～26 cm，浊黄橙色（10YR 7/3，干），浊黄棕色（10YR 5/3，润），粉壤土，发育弱的中块状结构，松软，中量草被根系，可见碳酸钙粉末，强度石灰反应，向下层平滑清晰过渡。

Bk2：26～62 cm，浊黄橙色（10YR 7/3，干），浊黄棕色（10YR 5/3，润），粉壤土，发育弱的中块状结构，稍坚硬，少量草被根系，可见碳酸钙粉末，强度石灰反应，向下层波状渐变过渡。

BC：62～100 cm，浊黄橙色（10YR 7/3，干），浊黄棕色（10YR 5/3，润），粉壤土，发育弱的中块状结构，稍坚硬，强度石灰反应，向下层波状突变过渡。

R：>100 cm，基岩。

该类型土壤土体较厚，草被盖度较低，为一般牧地，应适度控制放牧。

表 4-77　上游钙积简育干润雏形土代表性单个土体①物理性质

土层	深度 /cm	>2 mm 砾石 /%	细土颗粒组成（粒径）/（g/kg）			质地	容重 /（g/cm³）
			砂粒 (0.05～2 mm)	粉粒 (0.002～0.05 mm)	黏粒 (<0.002 mm)		
Ah	0～14	0	246	589	165	粉壤土	1.28
Bk1	14～26	0	202	631	166	粉壤土	1.19
Bk2	26～62	0	274	563	163	粉壤土	1.36
BC	62～100	0	337	507	156	粉壤土	1.40

表 4-78　上游钙积简育干润雏形土代表性单个土体①化学性质

深度 /cm	pH	有机碳 /（g/kg）	全氮（N） /（g/kg）	全磷（P） /（g/kg）	全钾（K） /（g/kg）	CEC /［cmol（+）/kg］	碳酸钙 /（g/kg）
0～14	8.2	8.4	0.85	0.65	17.7	5.9	139.3
14～26	8.0	8.8	0.88	0.56	14.3	6.8	202.4
26～62	8.4	3.6	0.31	0.48	15.7	4.5	188.2
62～100	8.4	2.9	0.23	0.59	16.7	5.5	139.8

代表性单个土体②　位于甘肃省张掖市肃南裕固族自治县祁连乡头坝村南，火烧沟门西北，石沟门东，39°24′03.4″N，98°38′33.9″E，海拔 2207 m，中山中坡中部，母质为黄土坡积物，草地，植被盖度约 10%，50 cm 深度年均土壤温度 7.2 ℃，野外调查采样日期为 2012 年 8 月 7 日，编号 YG-012（图 4-42，表 4-79 和表 4-80）。

Ah：0～11 cm，浊黄橙色（10YR 7/3，干），浊黄棕色（10YR 5/3，润），粉壤土，发育弱的粒状结构，松散，多量草被根系，8～10 个动物穴，中度石灰反应，向下层平滑清晰过渡。

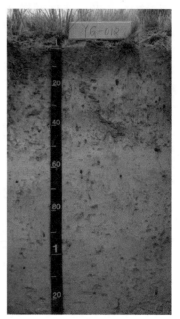

(a) 典型景观　　　　　　　　　　　　　(b) 剖面

图 4-42　上游钙积简育干润雏形土代表性单个土体②典型景观与剖面

Bk1：11~42 cm，浊黄橙色（10YR 7/2，干），灰黄棕色（10YR 5/2，润），壤土，发育弱的中块状结构，稍坚硬，少量草被根系，5~8 个动物穴，可见碳酸钙粉末，强度石灰反应，向下层波状渐变过渡。

Bk2：42~70 cm，浊黄橙色（10YR 7/2，干），灰黄棕色（10YR 5/2，润），粉壤土，发育弱的中块状结构，稍坚硬，5~8 个动物穴，可见碳酸钙粉末，强度石灰反应，向下层波状渐变过渡。

BC：>70 cm，浊黄橙色（10YR 7/2，干），灰黄棕色（10YR 5/2，润），粉壤土，发育弱的中块状结构，稍坚硬，3~5 个动物穴，强度石灰反应。

该类型土壤土体深厚，草被盖度高，牧地，应防止过度放牧。

表 4-79　上游钙积简育干润雏形土代表性单个土体②物理性质

土层	深度 /cm	>2 mm 砾石 /%	细土颗粒组成（粒径）/（g/kg）			质地	容重 /（g/cm³）
			砂粒 (0.05~2 mm)	粉粒 (0.002~0.05 mm)	黏粒 (<0.002 mm)		
Ah	0~11	0	345	505	150	粉壤土	1.07
Bk1	11~42	0	353	488	159	壤土	1.10
Bk2	42~70	0	199	626	175	粉壤土	1.19
BC	>70	0	188	626	187	粉壤土	1.22

表 4-80　上游钙积简育干润雏形土代表性单个土体②化学性质

深度 /cm	pH	有机碳 / (g/kg)	全氮 (N) / (g/kg)	全磷 (P) / (g/kg)	全钾 (K) / (g/kg)	CEC / [cmol (+) /kg]	碳酸钙 / (g/kg)
0 ~ 11	8.1	16.0	1.48	0.65	17.8	16.1	126.7
11 ~ 42	8.3	7.6	0.67	0.60	17.5	15.9	185.1
42 ~ 70	8.1	8.7	0.79	0.72	17.2	14.1	155.1
>70	7.9	7.3	0.69	0.70	17.1	14.2	139.3

（10）普通简育干润雏形土

普通简育干润雏形土诊断层包括淡薄表层和雏形层；诊断特性包括寒性土壤温度状况、半干润土壤水分状况和石灰性。从 2 个代表性单个土体的统计信息来看（表 4-81 和表 4-82，图 4-43），地表可见粗碎块，面积多介于 10% ~ 30%。土体厚度多在 1 m 以上，多含有砾石，体积占 2% ~ 40%。通体有石灰反应，pH 介于 7.1 ~ 8.7，碳酸钙含量低的小于 80 g/kg，高的可达到 150 g/kg。质地多为粉壤土、壤土，粉粒含量介于 450 ~ 550 g/kg。淡薄表层厚度多介于 15 ~ 30 cm。

表 4-81　上游普通简育干润雏形土物理性质 （*n*=2）

土层	>2 mm 砾石 /%	细土颗粒组成（粒径）/ (g/kg)			容重 / (g/cm³)
		砂粒 (0.05 ~ 2 mm)	粉粒 (0.002 ~ 0.05 mm)	黏粒 (<0.002 mm)	
A	10±7	292±73	480±28	228±45	1.07±0.08
B	19±16	254±59	500±46	246±13	1.16±0.04
C	20±14	248±7	509±2	243±10	1.23±0.06

表 4-82　上游普通简育干润雏形土化学性质 （*n*=2）

土层	pH	有机碳 / (g/kg)	全氮 (N) / (g/kg)	全磷 (P) / (g/kg)	全钾 (K) / (g/kg)	CEC / [cmol (+) /kg]	碳酸钙 / (g/kg)
A	7.8±0.7	28.57±3.35	2.46±0.59	1.00±0.36	20.23±6.41	14.57±5.48	91.60±72.55
B	8.1±0.7	10.32±2.52	0.92±0.26	0.87±0.33	20.37±4.85	10.67±1.51	90.99±44.53
C	8.1±0.9	7.4±2.4	0.59±0.10	0.80±0.29	21.70±8.34	8.00±1.70	57.20±67.88

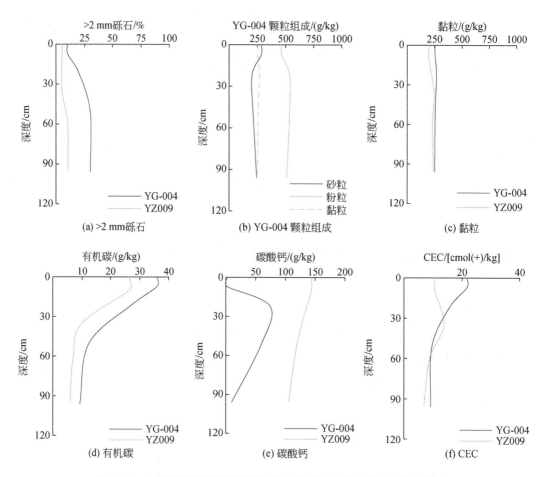

图 4-43　上游普通简育干润雏形土代表性单个土体理化性质剖面分布

代表性单个土体①　位于青海省海北藏族自治州祁连县野牛沟乡边麻村桌子台组东，磷火沟组西北，上香子沟东南，石头沟南，38°16′31.68″N，99°53′42.86″E，海拔 3285 m，高山陡坡中部，母质为黄土和砾石坡积物，草地，植被盖度约 60%，50 cm 深度年均土壤温度 7.2 ℃，野外调查采样日期为 2012 年 8 月 1 日，编号 YG-004（图 4-44，表 4-83 和表 4-84）。

Ah1：0～14 cm，浊黄棕色（10YR 5/4，干），黑棕色（10YR 3/2，润），10% 石砾，壤土，发育弱的粒状结构，松散，多量草被根系，向下层波状渐变过渡。

Ah2：14～30 cm，浊黄棕色（10YR 5/4，干），黑棕色（10YR 3/2，润），20% 石砾，粉壤土，发育弱的中块状结构，松软，中量草被根系，中度石灰反应，向下层波状清晰过渡。

Bw：30～72 cm，浊黄橙色（10YR 6/3，干），浊黄棕色（10YR 4/3，润），30% 石砾，粉壤土，发育弱的中块状结构，稍坚硬，少量草被根系，强度石灰反应，向下层波状渐变过渡。

BC：>72 cm，浊黄橙色（10YR 6/3，干），浊黄棕色（10YR 4/3，润），30% 石砾，

粉壤土，发育弱的中块状结构，稍坚硬，可见残留的冲积层理，轻度石灰反应。

该类型土体较厚，但地形坡度较陡，石砾多，草被盖度较高，为一般牧地，应适度控制放牧。

(a) 典型景观　　　　　　　　　　　　(b) 剖面

图 4-44　上游普通简育干润雏形土代表性单个土体①典型景观与剖面

表 4-83　上游普通简育干润雏形土代表性单个土体①物理性质

土层	深度 /cm	>2 mm 砾石 /%	细土颗粒组成（粒径）/（g/kg）			质地	容重 /（g/cm³）
			砂粒 (0.05 ~ 2 mm)	粉粒 (0.002 ~ 0.05 mm)	黏粒 (<0.002 mm)		
Ah1	0 ~ 14	10	285	462	253	壤土	0.92
Ah2	14 ~ 30	20	201	533	266	粉壤土	1.10
Bw	30 ~ 72	30	212	533	255	粉壤土	1.13
BC	>72	30	243	507	250	粉壤土	1.18

表 4-84　上游普通简育干润雏形土代表性单个土体①化学性质

深度 /cm	pH	有机碳 /（g/kg）	全氮（N） /（g/kg）	全磷（P） /（g/kg）	全钾（K） /（g/kg）	CEC /［cmol（+）/kg］	碳酸钙 /（g/kg）
0 ~ 14	7.7	36.0	3.22	1.20	26.1	21.7	1.9
14 ~ 30	7.1	26.5	2.57	1.30	23.6	15.6	73.9
30 ~ 72	7.6	12.1	1.11	1.10	23.8	9.6	59.5
>72	7.4	9.1	0.66	1.00	27.6	9.2	9.2

代表性单个土体② 位于甘肃省张掖市肃南裕固族自治县大河乡月牙台子村附近，马连沟村南，白泉门村东，红沟村西北，38°46′17.365″N，99°27′50.374″E，海拔2634 m，中山缓坡中部，母质为黄土和砾石坡积物，草地，植被盖度约60%，50 cm 深度年均土壤温度6.2 ℃，野外调查采样日期为2013 年8 月4 日，编号 YZ009（图4-45，表4-85 和表4-86）。

<table>
<tr><td>(a) 典型景观</td><td>(b) 剖面</td></tr>
</table>

图 4-45 上游普通简育干润雏形土代表性单个土体②典型景观与剖面

Ah：0～20 cm，浊黄橙色（10YR 7/3，干），浊黄棕色（10YR 5/3，润），5% 石砾，壤土，发育弱的粒状结构，松散，中量草被根系，强度石灰反应，向下层波状渐变过渡。

Bw1：20～50 cm，浊黄橙色（10YR 6/4，干），浊黄棕色（10YR 4/3，润），5% 石砾，壤土，发育弱的中块状结构，稍坚硬，少量草被根系，强度石灰反应，向下层平滑清晰过渡。

Bw2：50～70 cm，浊黄橙色（10YR 6/4，干），浊黄棕色（10YR 4/3，润），10% 石砾，壤土，发育弱的中块状结构，稍坚硬，强度石灰反应，向下层波状清晰过渡。

Bw3：>70 cm，浊黄橙色（10YR 7/3，干），浊黄棕色（10YR 5/3，润），10% 石砾，粉壤土，发育弱的中块状结构，稍坚硬，强度石灰反应。

该类型土壤土体较厚，但地形坡度较陡，草被盖度较高，为一般牧地，应适度控制放牧。

表 4-85　上游普通简育干润雏形土代表性单个土体②物理性质

土层	深度 /cm	>2 mm 砾石 /%	细土颗粒组成（粒径）/（g/kg）			质地	容重 /（g/cm³）
			砂粒 (0.05~2 mm)	粉粒 (0.002~0.05 mm)	黏粒 (<0.002 mm)		
Ah	0~20	5	344	460	196	壤土	1.13
Bw1	20~50	5	296	464	241	壤土	1.15
Bw2	50~70	10	296	473	231	壤土	1.24
Bw3	>70	10	253	510	236	粉壤土	1.27

表 4-86　上游普通简育干润雏形土代表性单个土体②化学性质

深度 /cm	pH	有机碳 /（g/kg）	全氮（N） /（g/kg）	全磷（P） /（g/kg）	全钾（K） /（g/kg）	CEC /［cmol（+）/kg］	碳酸钙 /（g/kg）
0~20	8.3	26.2	2.04	0.74	15.7	10.7	142.9
20~50	8.5	9.7	0.82	0.73	17.9	13.7	127.2
50~70	8.7	6.8	0.61	0.49	15.5	8.8	115.4
>70	8.7	5.7	0.52	0.59	15.8	6.8	105.2

4.6　新成土纲

4.6.1　成土环境与成土因素

新成土纲包括寒冻冲积新成土、寒冻正常新成土和干旱正常新成土 3 个土类。

寒冻冲积新成土主要分布在上游祁连山区西部的央隆乡一带，地处宽阔洪积–冲积平原的河道两岸，地下水位在 50 cm 左右，成土母质为洪积–冲积物，草地，植被盖度 80% 以上，年均降水量 250~300 mm，年均气温 −3.0~−2.0 ℃，50 cm 深度年均土壤温度介于 3.5~4.5 ℃。土体浅薄，厚度介于 5~15 cm，之下为砾质洪积母质，砾石体积多在 70% 以上。

寒冻正常新成土分布在祁连山区雪缘线向下的邻近地区，地貌为冰缘或冰川作用的高山，海拔介于 2700~4500 m，地形坡度介于 5°~30°，成土母质多为冰碛物，部分为坡积–残积物，裸地或草地，草地的植被盖度高低不一，低的约 15%，高的可达 80% 以上。年均降水量介于 230~380 mm，年均气温介于 −8.0~2.0 ℃，50 cm 深度年均土壤温度介于 0.5~6.5 ℃。土体较薄，石质接触面出现在 50 cm 以上。

干旱正常新成土分布在祁连山北坡向河西走廊过渡地带，地貌为中山台地或坡地，海拔介于1900~2700 m，地形坡度介于5°~15°，成土母质为混有黄土与砾石的坡积物，裸地或荒草地，草被盖度介于5%~40%，年均降水量介于110~180 mm，年均气温介于0.5~5.0℃，50 cm深度年均土壤温度介于5.5~8.5℃。土体中砾石多，50 cm以上土体中>2 mm砾石体积占70%以上。

4.6.2 主要亚类与基本性状

（1）斑纹寒冻冲积新成土

斑纹寒冻冲积新成土的诊断层包括淡薄表层；诊断特性包括寒性土壤温度状况、半干润土壤水分状况、冻融特征、冲积物岩性特征、氧化还原特征和石灰性。地表可见冻胀丘，粗碎块介于2%~5%，淡薄表层厚度介于5~15 cm，pH介于7.7~7.9，质地为壤土，砂粒含量在500 g/kg左右，砾石含量在10%左右，碳酸钙含量介于76~110 g/kg，之下为洪积砾石层。

代表性单个土体　位于青海省海北藏族自治州祁连县央隆乡曲库村西，38°48′40.534″N，98°23′58.936″E，海拔3314 m，洪积-冲积平原，母质为洪积-冲积物，草地，植被盖度>80%，50 cm深度年均土壤温度4.1℃，野外调查采样日期为2012年8月5日，编号LF-009（图4-46，表4-87和表4-88）。

(a) 典型景观　　　　　　　　　　　(b) 剖面

图4-46　上游斑纹寒冻冲积新成土代表性单个土体典型景观与剖面

Ahg1: 0~5 cm, 浊黄棕色（10YR 5/3, 干）, 灰黄棕色（10YR 4/2, 润）, 10% 石砾, 壤土, 发育弱的粒状结构, 松软, 多量草被根系, 少量铁锰斑纹, 中度石灰反应, 向下层波状渐变过渡。

Ahg2: 5~12 cm, 灰黄棕色（10YR 6/2, 干）, 浊黄棕色（10YR 4/3, 润）, 15% 石砾, 壤土, 发育弱的粒状结构, 松软, 多量草被根系, 少量铁锰斑纹, 中度石灰反应, 向下层波状渐变过渡。

Cg: >12 cm, 浊黄橙色（10YR 7/2, 干）, 灰黄棕色（10YR 6/2, 润）, 90% 石砾, 砂土, 单粒, 无结构, 松散, 中量草被根系, 少量铁锰斑纹。

该类型土层薄, 石砾多, 草被盖度高, 牧地, 应防止过度放牧。

表 4-87　上游斑纹寒冻冲积新成土代表性单个土体物理性质

土层	深度 /cm	>2 mm 砾石 /%	细土颗粒组成（粒径）/（g/kg）			质地	容重 /（g/cm³）
			砂粒 (0.05~2 mm)	粉粒 (0.002~0.05 mm)	黏粒 (<0.002 mm)		
Ahg1	0~5	10	504	370	126	壤土	0.84
Ahg2	5~12	15	508	364	128	壤土	0.74

表 4-88　上游斑纹寒冻冲积新成土代表性单个土体化学性质

深度 /cm	pH	有机碳 /（g/kg）	全氮（N） /（g/kg）	全磷（P） /（g/kg）	全钾（K） /（g/kg）	CEC /［cmol（+）/kg］	碳酸钙 /（g/kg）
0~5	7.7	25.0	2.04	1.50	23.8	9.3	76.4
5~12	7.9	38.0	3.44	1.40	25.4	15.1	100.8

（2）石质寒冻正常新成土

石质寒冻正常新成土的诊断层包括淡薄表层或暗沃表层；诊断特性包括寒性土壤温度状况、半干润土壤水分状况、冻融特征、石质接触面和石灰性。从 10 个代表性单个土体的统计信息来看（表 4-89 和表 4-90, 图 4-47）, 地表可见石环、冻胀丘, 部分地区可见岩石露头, 面积介于 2%~60%, 地表常见粗碎块, 低的占 2%~5%, 高的可达 80% 以上。淡薄表层厚度介于 5~30 cm, 厚的可达 50 cm, 之下为基岩。暗沃表层厚度介于 1~30 cm, pH 介于 6.8~8.6, 质地主要为粉壤土, 个别为壤土, 粉粒含量介于 350~610 g/kg, 砂粒含量介于 150~460 g/kg。砾石含量多介于 5%~95%, 低的在 5% 左右, 高的可达 90% 以上, 碳酸钙含量介于 15~525 g/kg。

表4-89 上游石质寒冻正常新成土物理性质（$n=10$）

土层	>2 mm 砾石 /%	细土颗粒组成（粒径）/（g/kg）			容重 /（g/cm³）
		砂粒 (0.05~2 mm)	粉粒 (0.002~0.05 mm)	黏粒 (<0.002 mm)	
A	38±29	299±143	490±117	211±35	1.07±0.17
C	72±22	299±159	476±123	225±50	1.18±0.18

表4-90 上游石质寒冻正常新成土化学性质（$n=10$）

土层	pH	有机碳 /（g/kg）	全氮（N）/（g/kg）	全磷（P）/（g/kg）	全钾（K）/（g/kg）	CEC /［cmol（+）/kg］	碳酸钙 /（g/kg）
A	7.7±0.6	23.28±17.62	1.98±1.40	1.51±0.91	21.16±5.07	11.13±6.68	199.62±168.67
C	7.8±0.4	12.40±10.51	1.16±0.94	1.42±0.85	19.21±5.48	8.22±5.01	219.82±200.63

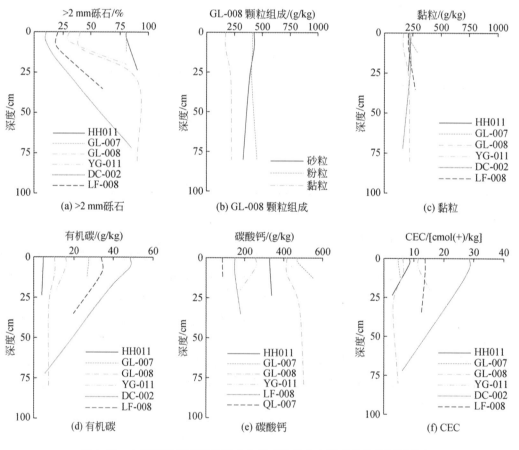

图4-47 上游石质寒冻正常新成土代表性单个土体理化性质剖面分布

代表性单个土体①　位于甘肃省张掖市肃南裕固族自治县康乐乡孔岗木村东南，莎莎村西北，大孔岗木东岔南，38°46′59.263″N，99°44′35.030″E，海拔4125 m，高山缓坡上部，母质为黄土和砾石冰碛物，草地，植被盖度约40%，50 cm 深度年均土壤温度5.5 ℃，野外调查采样日期为2012 年8 月3 日，编号 GL-007（图4-48，表4-91 和表4-92）。

(a) 典型景观　　　　　　　　　　(b) 剖面

图4-48　上游石质寒冻正常新成土代表性单个土体①典型景观与剖面

Ah：0 ~ 5 cm，灰黄棕色（10YR 5/2，干），灰黄棕色（10YR 4/2，润），80% 石砾，壤土，发育弱的粒状结构，松散，多量草被根系，强度石灰反应，向下层波状渐变过渡。

AC：5 ~ 20 cm，灰黄棕色（10YR 5/2，干），灰黄棕色（10YR 4/2，润），80% 石砾，黏壤土，单粒，无结构，松散，中量草被根系，强度石灰反应，向下层波状渐变过渡。

R：>20 cm，基岩。

该类型土壤海拔高，土层薄，石砾多，草被盖度较低，应防止过度放牧，封禁育草。

表4-91　上游石质寒冻正常新成土代表性单个土体①物理性质

土层	深度 /cm	>2 mm 砾石 /%	细土颗粒组成（粒径）/（g/kg）			质地	容重 /（g/cm³）
			砂粒 (0.05 ~ 2 mm)	粉粒 (0.002 ~ 0.05 mm)	黏粒 (<0.002 mm)		
Ah	0 ~ 5	80	373	419	208	壤土	0.97
AC	5 ~ 20	80	222	486	292	黏壤土	0.98

表 4-92   上游石质寒冻正常新成土代表性单个土体①化学性质

深度 /cm	pH	有机碳 /（g/kg）	全氮（N） /（g/kg）	全磷（P） /（g/kg）	全钾（K） /（g/kg）	CEC /［cmol（+）/kg］	碳酸钙 /（g/kg）
0～5	7.6	27.6	2.27	2.32	27.7	4.7	469.7
5～20	7.7	26.7	2.06	1.41	22.9	5.4	550.1

代表性单个土体②   位于青海省海北藏族自治州祁连县央隆乡热水垭口西南，38°46′53.248″N，98°44′21.555″E，海拔 4250 m，高山陡坡中上部，母质为黄土和砾石冰碛物，草地，植被盖度约 70%，50 cm 深度年均土壤温度 1.8 ℃，野外调查采样日期为 2012 年 8 月 4 日，编号 JL-001（图 4-49，表 4-93 和表 4-94）。

(a) 典型景观   (b) 剖面

图 4-49   上游石质寒冻正常新成土代表性单个土体②典型景观与剖面

Ah1：0～20 cm，浊黄色（2.5Y 6/4，干），暗灰黄色（2.5Y 4/2，润），20% 石砾，粉壤土，发育弱的粒状结构，松散，多量草被根系，强度石灰反应，向下层波状渐变过渡。

Ah2：20～30 cm，浊黄色（2.5Y 6/4，干），暗灰黄色（2.5Y 4/2，润），20% 石砾，粉壤土，发育弱的粒状结构，松散，多量草被根系，强度石灰反应，向下层波状渐变过渡。

R：>30 cm，基岩。

该类型土壤海拔高，坡度较大，土层薄，石砾多，草被盖度低，应封禁育草。

表 4-93　上游石质寒冻正常新成土代表性单个土体②物理性质

土层	深度 /cm	>2 mm 砾石 /%	细土颗粒组成（粒径）/（g/kg）			质地	容重 /（g/cm³）
			砂粒 (0.05 ~ 2 mm)	粉粒 (0.002 ~ 0.05 mm)	黏粒 (<0.002 mm)		
Ah1	0 ~ 20	20	239	528	233	粉壤土	0.84
Ah2	20 ~ 30	20	220	562	218	粉壤土	0.95

表 4-94　上游石质寒冻正常新成土代表性单个土体②化学性质

深度 /cm	pH	有机碳 /（g/kg）	全氮（N） /（g/kg）	全磷（P） /（g/kg）	全钾（K） /（g/kg）	CEC /［cmol (+) /kg］	碳酸钙 /（g/kg）
0 ~ 20	7.8	55.2	4.45	1.60	17.3	15.8	119.6
20 ~ 30	8.0	30.4	2.61	1.60	18.7	16.3	138.5

（3）石灰干旱正常新成土

石灰干旱正常新成土的诊断层包括干旱表层；诊断特性包括冷性土壤温度状况、干旱土壤水分状况和石灰性。从 2 个代表性单个土体的统计信息来看（表 4-95 和表 4-96，图 4-50），部分地区可见岩石露头，面积介于 2% ~ 5%，地表常见粗碎块，面积低的介于 2% ~ 5%，高的可达 70%，干旱结皮厚度介于 1 ~ 3 cm，土体较厚，一般在 1 m 以上，通体有石灰反应，碳酸钙含量介于 30 ~ 155 g/kg，pH 介于 7.9 ~ 9.1，层次质地构型为粉壤土–壤土，粉粒含量介于 420 ~ 520 g/kg，干旱表层厚度介于 5 ~ 50 cm，砾石含量介于 10% ~ 50%。

表 4-95　上游石灰干旱正常新成土物理性质（n = 2）

土层	>2 mm 砾石 /%	细土颗粒组成（粒径）/（g/kg）			容重 /（g/cm³）
		砂粒 (0.05 ~ 2 mm)	粉粒 (0.002 ~ 0.05 mm)	黏粒 (<0.002 mm)	
A	29±13	371±71	461±41	167±30	1.35±0.13
C	50±28	357±21	487±28	157±7	1.40±0.06

表 4-96　上游石灰干旱正常新成土化学性质（n = 2）

土层	pH	有机碳 /（g/kg）	全氮（N） /（g/kg）	全磷（P） /（g/kg）	全钾（K） /（g/kg）	CEC /［cmol (+) /kg］	碳酸钙 /（g/kg）
A	8.5±0.6	4.35±2.90	0.41±0.23	0.46±0.03	17.63±5.56	3.53±1.32	106.44±43.65
C	8.5±0.4	2.99±0.97	0.28±0.14	0.44±0.15	19.0±6.9	3.05±0.35	92.2±59.3

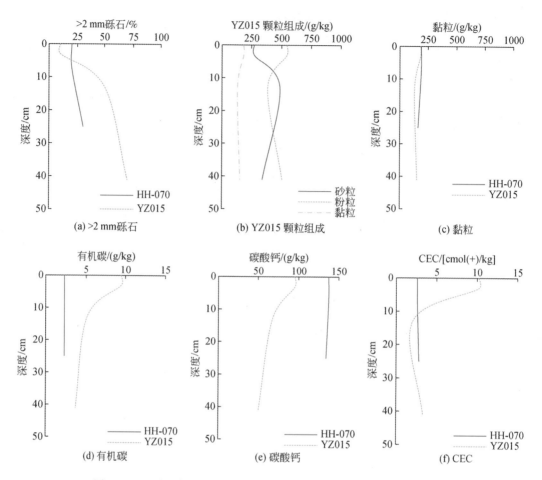

图 4-50　上游石灰干旱正常新成土代表性单个土体理化性质剖面分布

代表性单个土体① 位于甘肃省张掖市肃南裕固族自治县祁连乡敖包台子村南，黑羊圈山东南，灰羊圈村西北，39°29′36.591″N，98°22′25.545″E，海拔 1912 m，中山台地中部，母质为黄土和砾石坡积物，灌草地，植被盖度约 40%，50 cm 深度年均土壤温度 8.0 ℃，野外调查采样日期为 2012 年 8 月 7 日，编号 HH-070（图 4-51，表 4-97 和表 4-98）。

K：+1～0 cm，干旱结皮。

Ah：0～20 cm，浊黄橙色（10YR 6/3，干），灰黄棕色（10YR 4/2，润），40% 石砾，壤土，发育弱的粒状结构，松散，少量灌木根系，强度石灰反应，向下层波状渐变过渡。

AC：20～40 cm，浊黄橙色（10YR 7/3，干），灰黄棕色（10YR 5/2，润），50% 石砾，壤土，单粒，无结构，稍坚硬，少量灌木根系，强度石灰反应，向下层波状渐变过渡。

R：>40 cm，基岩。

该类型土壤坡度较陡，土层薄，石砾多，草被盖度低，应封禁育草。

(a) 典型景观   (b) 剖面

图 4-51　上游石灰干旱正常新成土代表性单个土体①典型景观与剖面

表 4-97　上游石灰干旱正常新成土代表性单个土体①物理性质

土层	深度 /cm	>2 mm 砾石 /%	细土颗粒组成（粒径）/（g/kg）			质地	容重 /（g/cm³）
			砂粒 (0.05～2 mm)	粉粒 (0.002～0.05 mm)	黏粒 (<0.002 mm)		
Ah	0～20	20	321	490	189	壤土	1.44
AC	20～40	30	371	467	162	壤土	1.44

表 4-98　上游石灰干旱正常新成土代表性单个土体①化学性质

深度 /cm	pH	有机碳 /（g/kg）	全氮（N） /（g/kg）	全磷（P） /（g/kg）	全钾（K） /（g/kg）	CEC /［cmol（+）/kg］	碳酸钙 /（g/kg）
0～20	8.9	2.3	0.25	0.48	13.7	2.6	137.3
20～40	8.7	2.3	0.18	0.54	14.1	2.8	134.1

代表性单个土体②　位于甘肃省张掖市肃南裕固族自治县祁丰藏族乡三岔口村东南，恰勒孟腰乎玛西，二道沟村东北，39°17′34.734″N，97°56′51.800″E，海拔 2648 m，

中山陡坡下部，母质为黄土和砾石坡积物，荒草地，植被盖度约5%，50 cm深度年均土壤温度5.9℃，野外调查采样日期为2013年8月2日，编号YZ015（图4-52，表4-99和表4-100）。

(a) 典型景观　　　　　　　　　　　(b) 剖面

图4-52　上游石灰干旱正常新成土代表性单个土体②典型景观与剖面

K：+1~0 cm，干旱结皮。

Ah：0~6 cm，浊黄橙色（10YR 7/3，干），灰黄棕色（10YR 5/2，润），10%石砾，粉壤土，发育弱的粒状结构，松散，少量草被根系，强度石灰反应，向下层平滑清晰过渡。

AC：6~20 cm，浊黄橙色（10YR 7/3，干），灰黄棕色（10YR 5/2，润），50%石砾，壤土，单粒，无结构，稍坚硬，极少量草被根系，强度石灰反应，向下层波状渐变过渡。

C：20~62 cm，浊黄橙色（10YR 7/3，干），灰黄棕色（10YR 5/2，润），70%石砾，粉壤土，单粒，无结构，稍坚硬，强度石灰反应。

该类型土壤坡度较陡，土层薄，石砾多，草被盖度低，应封禁育草。

表4-99　上游石灰干旱正常新成土代表性单个土体②物理性质

土层	深度 /cm	>2 mm 砾石 /%	细土颗粒组成（粒径）/（g/kg）			质地	容重 /（g/cm³）
			砂粒 (0.05~2 mm)	粉粒 (0.002~0.05 mm)	黏粒 (<0.002 mm)		
Ah	0~6	10	272	544	183	粉壤土	1.17
AC	6~20	50	486	384	130	壤土	1.29
C	20~62	70	342	506	152	粉壤土	1.35

表 4-100 上游石灰干旱正常新成土代表性单个土体②化学性质

深度 /cm	pH	有机碳 /（g/kg）	全氮（N） /（g/kg）	全磷（P） /（g/kg）	全钾（K） /（g/kg）	CEC /［cmol（+）/kg］	碳酸钙 /（g/kg）
0～6	8.3	9.47	0.81	0.58	17.5	10.2	95.1
6～20	8.0	5.08	0.48	0.37	23.3	2.0	67.2
20～62	8.2	3.67	0.38	0.33	23.9	3.3	50.3

第5章 黑河中游地区土壤

黑河流域中游河西走廊地区土壤主要包括人为土、干旱土、盐成土、均腐土、雏形土和新成土6个土纲，8个亚纲，13个土类，21个亚类。

5.1 人为土纲

5.1.1 成土环境与成土因素

人为土纲主要分布于中游河西走廊内陆灌区–绿洲地带，为旱耕人为土亚纲下的灌淤旱耕人为土土类。地貌主要为河流冲积平原，地形平坦，海拔介于 1400 ~ 1600 m，多在 1500 m 左右。年均日照时间长达 3000 ~ 4000 h，年均气温介于 2.8 ~ 7.6 ℃，年均降水量介于 50 ~ 250 mm，但具有灌溉条件。由于灌溉和耕作的影响，土壤脱离了原有干旱环境中的发育进程，受灌溉淋溶的影响，土壤中的可溶盐分和碳酸钙淋溶出上层土体，土壤 pH 相较于起源土壤下降，碳酸钙含量降低；随着人为耕作管理的影响，土壤养分状况改善，有机质含量增加，土壤肥力提升；由于人为扰动过程，母质沉积层理逐渐消失，但可能保留毫米尺度的微沉积层理。灌淤旱耕人为土的成土母质为含有黄土物质的灌淤沉积物，现多种植玉米、小麦、油菜等旱作物。其中斑纹灌淤旱耕人为土亚类主要分布于河流河谷、河滩地或部位较低河岸阶地，50 ~ 100 cm 土体或部分土体可见氧化还原作用形成的斑纹或结核等氧化还原形态特征；普通灌淤旱耕人为土亚类主要分布于地势略较高的地带，土体中没有斑纹、结核等氧化还原形态特征。

5.1.2 主要亚类与基本性状

灌淤旱耕人为土诊断层包括灌淤表层，之下土层多为雏形层，但其中有一些土体还同时有耕作淀积层或钙积层；诊断特性包括温性土壤温度状况、半干润土壤水分状况、人为灌淤物质、石灰性，一些土体还可见氧化还原特征。从 5 个代表性单个土体的统计信息来看（表 5-1 ~ 表 5-4，图 5-1 和图 5-2），灌淤厚度在 1 m 以上，通体有石灰反应，碳酸钙含量变幅很大，低的约 40 g/kg，高的可达 330 g/kg，pH 介于 7.9 ~ 8.7，一些土体在 1 m 之下尚可见残留的灌淤层理，质地主要为壤土和粉壤土，少量为粉质黏壤土和黏壤土，粉粒含量介于 320 ~ 570 g/kg，淡薄表层（耕作层）厚度介于 10 ~ 20 cm，一些土体耕作层之下可见铁锰结核或斑纹，土体钙积层出现上界一般介于 40 ~ 50 cm，厚度介于 40 ~ 60 cm。

表 5-1　中游斑纹灌淤旱耕人为土物理性质（n=2）

土层	>2 mm 砾石/%	细土颗粒组成（粒径）/（g/kg）			容重/（g/cm³）
		砂粒（0.05~2 mm）	粉粒（0.002~0.05 mm）	黏粒（<0.002 mm）	
A	0	383±141	408±121	209±19	1.35±0.16
B	0	247±29	495±16	258±16	1.45±0.21

表 5-2　中游斑纹灌淤旱耕人为土化学性质（n=2）

土层	pH	有机碳/（g/kg）	全氮（N）/（g/kg）	全磷（P）/（g/kg）	全钾（K）/（g/kg）	CEC/［cmol（+）/kg］	碳酸钙/（g/kg）
A	8.3±0.2	6.84±0.47	0.62±0.02	0.64±0.21	14.47±0.96	6.76±2.13	158.81±104.83
B	8.4±0.02	4.63±0.90	0.45±0.06	0.55±0.12	14.18±3.14	10.63±1.91	185.8±92.1

表 5-3　中游普通灌淤旱耕人为土物理性质（n=3）

土层	>2 mm 砾石/%	细土颗粒组成（粒径）/（g/kg）			容重/（g/cm³）
		砂粒（0.05~2 mm）	粉粒（0.002~0.05 mm）	黏粒（<0.002 mm）	
A	0	330±61	446±59	223±2	1.33±0.14
B	0	236±54	511±36	254±53	1.36±0.18

表 5-4　中游普通灌淤旱耕人为土化学性质（n=3）

土层	pH	有机碳/（g/kg）	全氮（N）/（g/kg）	全磷（P）/（g/kg）	全钾（K）/（g/kg）	CEC/［cmol（+）/kg］	碳酸钙/（g/kg）
A	8.3±0.4	10.10±1.92	0.84±0.12	0.71±0.21	15.84±1.01	8.49±1.92	100.51±50.94
B	8.3±0.1	5.82±1.51	0.50±0.06	0.61±0.07	15.99±0.66	9.14±0.45	116.82±33.96

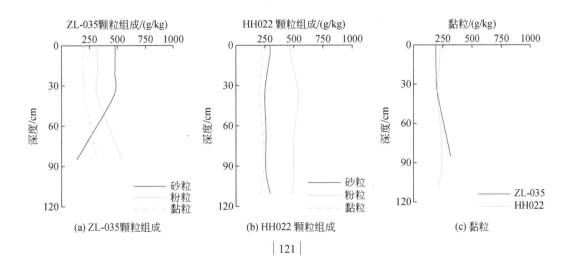

(a) ZL-035颗粒组成　　(b) HH022 颗粒组成　　(c) 黏粒

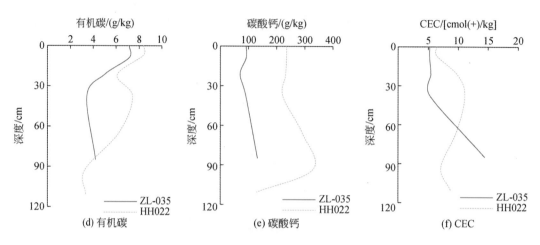

图 5-1　中游斑纹灌淤旱耕人为土代表性单个土体理化性质剖面分布

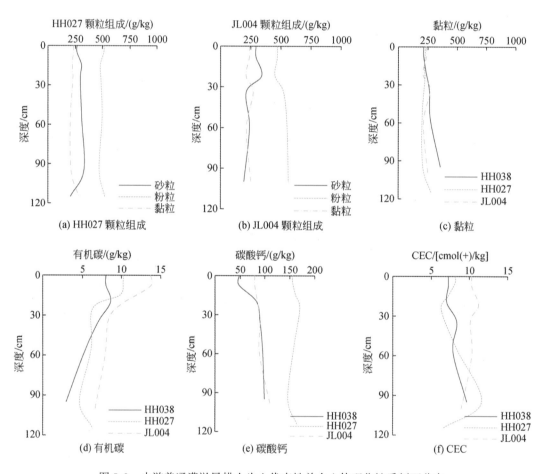

图 5-2　中游普通灌淤旱耕人为土代表性单个土体理化性质剖面分布

（1）斑纹灌淤旱耕人为土

斑纹灌淤旱耕人为土具有人为旱耕表层−灌淤表层，以及紧接其下的耕作淀积层，其中有机质常以腐殖质胶膜的形式出现于结构体表面。在灌淤表层之下，出现雏形层，土壤结构有所发育。由于灌淤耕作的影响，土体结构面上有斑纹或初步发育的铁锰结核，即氧化还原特征，这也是该亚类所具有的诊断特征。斑纹灌淤旱耕人为土一般更靠近灌溉绿洲的核心区，具有较长的耕作历史。

代表性单个土体① 位于甘肃省张掖市甘州区沙井镇蔡家庄北，39°8′9.500″N，100°13′22.962″E，海拔 1400 m，冲积平原河流低阶地，成土母质为黄土灌淤沉积物，旱地，玉米−蔬菜不定期轮作，50 cm 深度年均土壤温度 9.8 ℃，编号 ZL-035（图 5-3，表 5-5 和表 5-6）。

Aup11：0~18 cm，浊黄橙色（10YR 7/2，干），灰黄棕色（10YR 5/2，润），壤土，发育中等的粒状−小块状结构，松散−稍坚硬，2 条蚯蚓，少量蚯蚓粪便，强度石灰反应，向下层平滑清晰过渡。

Aup12：18~25 cm，橙白色（10YR 8/2，干），灰黄棕色（10YR 5/2，润），壤土，发育中等的中块状结构，稍坚硬，2 条蚯蚓，少量蚯蚓粪便，强度石灰反应，向下层波状渐变过渡。

Bup：25~50 cm，浊黄橙色（10YR 7/3，干），灰黄棕色（10YR 5/2，润），壤土，发育中等的中块状结构，稍坚硬，结构面可见暗色腐殖质−粉粒胶膜，少量褐色小球形铁锰结核，强度石灰反应，向下层波状渐变过渡。

 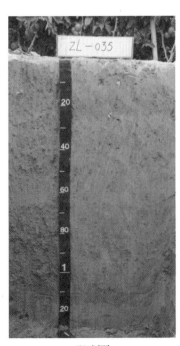

(a) 典型景观　　　　　　　　　　　　　　(b) 剖面

图 5-3　中游斑纹灌淤旱耕人为土代表性单个土体①典型景观与剖面

Bur：>50 cm，浊黄橙色（10YR 6/3，干），浊黄棕色（7.5YR 4/3，润），粉质黏壤土，发育中等的大块状结构，稍坚硬，少量褐色小球形铁锰结核，强度石灰反应。

该类型土壤地势平缓，土体深厚，是该地区重要的耕地土壤类型，但土壤养分偏低，石灰性较重，需深耕，并通过秸秆还田，增施有机肥和平衡施肥等提高肥力。

表 5-5   中游斑纹灌淤旱耕人为土代表性单个土体①物理性质

| 土层 | 深度 /cm | >2 mm 砾石 /% | 细土颗粒组成（粒径）/（g/kg） | | | 质地 | 容重 /（g/cm³） |
			砂粒 (0.05~2 mm)	粉粒 (0.002~0.05 mm)	黏粒 (<0.002 mm)		
Aup11	0~18	0	483	322	195	壤土	1.42
Aup12	18~25	0	481	323	197	壤土	1.57
Bup	25~50	0	471	321	209	壤土	1.60
Bur	>50	0	139	542	319	粉质黏壤土	1.59

表 5-6   中游斑纹灌淤旱耕人为土代表性单个土体①化学性质

深度 /cm	pH	有机碳 /（g/kg）	全氮（N） /（g/kg）	全磷（P） /（g/kg）	全钾（K） /（g/kg）	CEC /［cmol (+) /kg］	碳酸钙 /（g/kg）
0~18	8.2	7.1	0.66	0.88	15.1	5.2	90.9
18~25	8.3	5.0	0.45	0.58	15.3	5.4	68.7
25~50	8.4	3.4	0.40	0.54	15.0	5.2	89.2
>50	8.4	4.2	0.41	0.66	16.9	14.4	131.9

代表性单个土体② 位于甘肃省酒泉市玉门市黄闸湾乡上芨芨台子村北，40°21′44″N，97°01′27.97″E，海拔 1396 m，冲积平原河流低阶地，成土母质为黄土灌淤沉积物，旱地，玉米单作，50 cm 深度年均土壤温度 9.0 ℃，编号 HH022（图 5-4，表 5-7 和表 5-8）。

Aup11：0~14 cm，橙白色（10YR 8/2，干），灰黄棕色（10YR 6/2，润），壤土，发育中等的粒状-小块状结构，松散-松软，强度石灰反应，向下层平滑清晰过渡。

Aup12：14~30 cm，橙白色（10YR 8/2，干），灰黄棕色（10YR 6/2，润），粉壤土，发育中等的中块状结构，稍坚硬，结构面可见暗色腐殖质-粉粒胶膜，强度石灰反应，向下层波状清晰过渡。

Bup：30~46 cm，浊黄橙色（10YR 7/3，干），灰黄棕色（10YR 6/2，润），粉壤土，发育中等的大块状结构，稍坚硬，强度石灰反应，向下层波状清晰过渡。

Buk1：46~85 cm，浊黄橙色（10YR 7/3，干），灰黄棕色（10YR 5/3，润），粉壤土，发育中等的大块状结构，稍坚硬，强度石灰反应，向下层平滑清晰过渡。

Buk2：85~101 cm，灰黄棕色（10YR 6/2，干），灰黄棕色（10YR 4/2，润），壤土，发育中等的大块状结构，稍坚硬，少量铁锰斑纹，强度石灰反应，向下层波状清晰过渡。

Bur：>101 cm，黄棕色（10YR 5/6，干），棕色（10YR 4/4，润），壤土，发育弱的中块状结构，松软，可见铁锰斑纹，强度石灰反应。

该类型土壤地势平缓，土体深厚，但耕层偏浅，养分偏低。耕作管理中需注意通过增加秸秆还田，增施有机肥和平衡施肥等措施提升肥力。该类型土壤碳酸钙含量较高，需保证充分的灌溉。

(a) 典型景观　　　　　　　　　　　　　　(b) 剖面

图 5-4　中游斑纹灌淤旱耕人为土代表性单个土体②典型景观与剖面

表 5-7　中游斑纹灌淤旱耕人为土代表性单个土体②物理性质

| 土层 | 深度 /cm | >2 mm 砾石 /% | 细土颗粒组成（粒径）/（g/kg） | | | 质地 | 容重 /（g/cm³） |
			砂粒 (0.05~2 mm)	粉粒 (0.002~0.05 mm)	黏粒 (<0.002 mm)		
Aup11	0~14	0	297	474	229	壤土	1.2
Aup12	14~30	0	270	511	218	粉壤土	1.26
Bup	30~46	0	251	543	206	粉壤土	1.22
Buk1	46~85	0	262	504	235	粉壤土	1.26
Buk2	85~101	0	260	499	242	壤土	1.38
Bur	>101	0	298	489	213	壤土	1.37

表 5-8　中游斑纹灌淤旱耕人为土代表性单个土体②化学性质

深度 /cm	pH	有机碳 / (g/kg)	全氮 (N) / (g/kg)	全磷 (P) / (g/kg)	全钾 (K) / (g/kg)	CEC / [cmol (+) /kg]	碳酸钙 / (g/kg)
0 ~ 14	8.4	8.4	0.72	0.53	13.9	6.4	234.7
14 ~ 30	8.5	6.1	0.56	0.46	13.7	9.9	231.4
30 ~ 46	8.3	7.4	0.66	0.58	11.9	11.1	221.7
46 ~ 85	8.2	6.2	0.56	0.44	11.1	9.7	289.6
85 ~ 101	8.7	3.2	0.34	0.37	12.5	7.1	330.0
>101	8.5	3.3	0.35	0.49	13.3	8.7	129.6

（2）普通灌淤旱耕人为土

普通灌淤旱耕人为土只具有诊断灌淤旱耕人为土所需要的基本特性，即具有人为旱耕表层–灌淤表层，以及紧接其下的耕作淀积层，其中有机质常以腐殖质胶膜的形式出现于结构体表面。在灌淤表层之下，出现雏形层，土壤结构有所发育。土壤中不具备氧化还原特征等其他诊断特性。

代表性单个土体①　位于甘肃省张掖市甘州区上秦镇付家寨东，38°56′44.7″N，100°32′8.6″E，海拔 1431 m，冲积平原，成土母质为黄土灌淤沉积物，旱地，玉米单作，50 cm 深度年均土壤温度 9.8 ℃，编号 HH038（图 5-5，表 5-9 和表 5-10）。

(a) 典型景观　　　　　　　　　　(b) 剖面

图 5-5　中游普通灌淤旱耕人为土代表性单个土体①典型景观与剖面

Aup11：0～15 cm，浊黄橙色（10YR 7/2，干），灰黄棕色（10YR 5/2，润），壤土，发育中等的粒状-小块状结构，松散-松软，少量碳屑和薄膜，中度石灰反应，向下层波状清晰过渡。

Aup12：15～25 cm，浊黄橙色（10YR 7/2，干），灰黄棕色（10YR 5/2，润），壤土，发育中等的小块状结构，稍坚硬，少量碳屑和薄膜，强度石灰反应，向下层波状清晰过渡。

Bup：25～45 cm，橙白色（10YR 8/2，干），灰黄棕色（10YR 6/2，润），壤土，发育中等的中块状结构，稍坚硬，结构面可见暗色腐殖质-粉粒胶膜，强度石灰反应，向下层波状渐变过渡。

Bur1：45～70 cm，浊黄橙色（10YR 7/3，干），浊黄棕色（7.5YR 5/3，润），壤土，发育弱的大块状结构，稍坚硬，强度石灰反应，向下层平滑清晰过渡。

Bur2：>70 cm，浊黄橙色（10YR 7/3，干），浊黄棕色（7.5YR 5/3，润），粉质黏壤土，可见灌淤层理，发育弱的大块状结构，稍坚硬，强度石灰反应。

该类型土壤多为旱耕地，土体深厚，但养分偏低，石灰性较强，需通过秸秆还田、增施有机肥和平衡施肥等措施改良土壤。

表 5-9 中游普通灌淤旱耕人为土代表性单个土体①物理性质

| 土层 | 深度 /cm | >2 mm 砾石 /% | 细土颗粒组成（粒径）/（g/kg） | | | 质地 | 容重 /（g/cm³） |
			砂粒（0.05～2 mm）	粉粒（0.002～0.05 mm）	黏粒（<0.002 mm）		
Aup11	0～15	0	419	368	213	壤土	1.34
Aup12	15～25	0	367	400	233	壤土	1.55
Bup	25～45	0	252	486	262	壤土	1.50
Bur1	45～70	0	250	480	270	壤土	1.57
Bur2	>70	0	148	497	356	粉质黏壤土	1.59

表 5-10 中游普通灌淤旱耕人为土代表性单个土体①化学性质

深度 /cm	pH	有机碳 /（g/kg）	全氮（N）/（g/kg）	全磷（P）/（g/kg）	全钾（K）/（g/kg）	CEC /［cmol（+）/kg］	碳酸钙 /（g/kg）
0～15	8.1	8.0	0.69	0.79	14.0	7.2	47.1
15～25	8.4	8.6	0.74	0.71	15.7	7.0	82.7
25～45	8.1	7.0	0.62	0.65	16.3	8.3	89.8
45～70	8.5	5.2	0.49	0.67	16.6	7.8	95.1
>70	8.2	2.9	0.32	0.60	16.8	9.6	98.7

代表性单个土体② 位于甘肃省张掖市甘州区小满镇石桥村东南，38°53′09.816″N，100°22′34.382″E，海拔 1498 m，冲积平原河流低阶地，成土母质为黄土灌淤沉积物，旱地，玉米单作，50 cm 深度年均土壤温度 9.8 ℃，编号 JL004（图 5-6，表 5-11 和表 5-12）。

Aup11：0～16 cm，灰黄棕色（10YR 6/2，干），灰黄棕色（10YR 4/2，润），壤土，发育中等的粒状–小块状结构，松散–稍坚硬，强度石灰反应，向下层波状清晰过渡。

Aup12：16～28 cm，灰黄棕色（10YR 6/2，干），灰黄棕色（10YR 4/2，润），壤土，发育中等的小块状结构，稍坚硬，强度石灰反应，向下层波状渐变过渡。

Bup：28～40 cm，浊黄橙色（10YR 7/2，干），灰黄棕色（10YR 5/2，润），粉壤土，发育中等的中块状结构，坚硬，结构面可见暗色腐殖质–粉粒胶膜，强度石灰反应，向下层波状渐变过渡。

Bu1：40～80 cm，灰黄棕色（10YR 6/2，干），灰黄棕色（10YR 4/2，润），粉壤土，发育中等的大块状结构，坚硬，强度石灰反应，向下层波状渐变过渡。

Bu2：80～105 cm，灰黄棕色（10YR 6/2，干），灰黄棕色（10YR 4/2，润），粉壤土，发育中等的大块状结构，坚硬，强度石灰反应，向下层平滑突变过渡。

2C：>105 cm，灰黄棕色（10YR 6/2，干），灰黄棕色（10YR 4/2，润），90% 石砾，单粒，无结构，松散，强度石灰反应。

该类型土壤多为旱地，土体深厚，但养分偏低，石灰性较强，需通过秸秆还田、增施有机肥和平衡施肥等措施改良土壤。

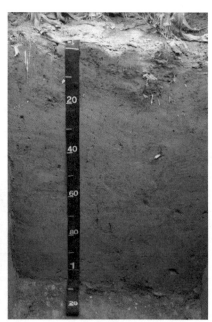

(a) 典型景观　　　　　　　　　　　　　　(b) 剖面

图 5-6　中游普通灌淤旱耕人为土代表性单个土体②典型景观与剖面

表 5-11　中游普通灌淤旱耕人为土代表性单个土体②物理性质

土层	深度 /cm	>2 mm 砾石 /%	细土颗粒组成（粒径）/（g/kg）			质地	容重 /（g/cm³）
			砂粒 (0.05~2 mm)	粉粒 (0.002~0.05 mm)	黏粒 (<0.002 mm)		
Aup11	0~16	0	292	471	237	壤土	1.39
Aup12	16~28	0	340	451	208	壤土	1.41
Bup	28~40	0	209	522	269	粉壤土	1.42
Bu1	40~80	0	237	551	212	粉壤土	1.21
Bu2	80~105	0	190	562	248	粉壤土	1.24

表 5-12　中游普通灌淤旱耕人为土代表性单个土体②化学性质

深度 /cm	pH	有机碳 /（g/kg）	全氮（N） /（g/kg）	全磷（P） /（g/kg）	全钾（K） /（g/kg）	CEC /［cmol（+）/kg］	碳酸钙 /（g/kg）
0~16	7.9	13.7	1.08	0.96	16.1	10.3	79.4
16~28	8.0	9.9	0.78	0.79	17.1	11.2	85.7
28~40	8.2	8.3	0.62	0.63	16.3	10.1	90.4
40~80	8.2	7.9	0.57	0.70	16.4	10.3	88.8
80~105	8.1	6.6	0.5	0.64	15.5	8.9	110.8

5.2　干旱土纲

5.2.1　成土环境与成土因素

干旱土纲是具有干旱表层的土壤，矿质土表至 100 cm 范围内具有盐积层、超盐积层、盐磐、石膏层、超石膏层、钙积层、超钙积层、钙磐、黏化层或雏形层。干旱土是极端干旱气候条件下形成的产物。在黑河流域，干旱土广泛分布于中游河西走廊北部，地貌类型多种多样，主要为洪积平原、冲积–洪积平原、洪积扇平原、冲积–洪积扇平原、洪积或剥蚀台地、剥蚀高平原和侵蚀剥蚀丘陵，海拔介于 1300~2200 m。干旱土的亚类分布中，石膏钙积正常干旱土广泛分布于河西走廊东部的荒漠地带，0~100 cm 土体中可见石膏层；普通钙积正常干旱土、斑纹简育正常干旱土和普通简育正常干旱土广泛分布于祁连山向河西走廊过渡的洪积–冲积扇地带；普通石膏正常干旱土分布于河西走廊北部的金塔县。干旱土的成土母质较为复杂，主要是粗骨性的石砾和砂粒物质，有黄土砾石交加的洪积–冲积物和洪积物、黄土类的冲积物和洪积–冲积物、坡积物和残积物。一般为极干旱的温带漠境气候，年均日照时间长达 3000~4000 h，年均气温介于 4.0~8.5 ℃，年均降水量介于 40~220 mm，植被为极端干旱的荒漠类型，多为耐旱、深根、肉汁的灌木和小灌木，主要优势种有红砂、梭梭、霸王及禾本科猪毛菜等，其生长特点为单个丛状分布，盖度一般低于 5%。

5.2.2 主要亚类与基本性状

（1）石膏钙积正常干旱土

石膏钙积正常干旱土诊断层包括干旱表层、石膏层和钙积层；诊断特性包括温性土壤温度状况、干旱土壤水分状况和石灰性。地表遍布粗碎块，土体厚度多在 1 m 以上，部分土体厚度介于 40～80 cm，之下为洪积砾石层。通体有石灰反应，pH 介于 7.4～8.6，可见石膏粉末，石膏含量介于 100～140 g/kg，砾石含量介于 5%～10%，层次质地构型为砂质壤土–砂质壤土，砂粒含量介于 400～800 g/kg，干旱结皮厚度介于 1～4 cm，干旱表层厚度介于 5～15 cm，钙积层出现上界约 30 cm，碳酸钙含量在 200 g/kg 以上。

代表性单个土体　位于甘肃省酒泉市玉门市下西号乡东草湾村南，40°20′54.960″N，97°14′36.881″E，海拔 1349 m，洪积低台地，成土母质为黄土和砾石混杂沉积物，戈壁，植被盖度<2%，50 cm 深度年均土壤温度 9.1℃，编号 HH021（图 5-7，表 5-13 和表 5-14）。

(a) 典型景观　　　　　　　　　　(b) 剖面

图 5-7　中游石膏钙积正常干旱土代表性单个土体典型景观与剖面

表 5-13　中游石膏钙积正常干旱土代表性单个土体物理性质

土层	深度/cm	>2 mm 砾石/%	细土颗粒组成（粒径）/（g/kg）			质地	容重 /（g/cm³）
			砂粒 (0.05～2 mm)	粉粒 (0.002～0.05 mm)	黏粒 (<0.002 mm)		
A	0～10	10	406	371	223	壤土	1.43
By1	10～30	5	404	368	228	壤土	1.49
Bky	30～45	5	791	91	118	砂质壤土	1.37
By2	45～83	90	790	106	104	砂质壤土	1.61

表 5-14   中游石膏钙积正常干旱土代表性单个土体化学性质

深度/cm	pH	有机碳 /（g/kg）	全氮（N） /（g/kg）	全磷（P） /（g/kg）	全钾（K） /（g/kg）	CEC/［cmol（+）/kg]	碳酸钙 /（g/kg）	石膏 /（g/kg）
0 ~ 10	7.4	2.2	0.27	0.43	14.2	4.2	182.9	132.0
10 ~ 30	7.5	1.1	0.19	0.38	13.2	4.6	121.5	137.7
30 ~ 45	7.4	0.9	0.17	0.18	10.4	1.2	208.8	107.5
45 ~ 83	7.4	1.0	0.17	0.16	7.8	1.2	171.6	134.8

K：+2 ~ 0 cm，干旱结皮。

A：0 ~ 10 cm，浊橙色（7.5YR 7/3，干），浊棕色（7.5YR 5/3，润），10% 石砾，壤土，发育弱的粒状–小块状结构，松散–稍坚硬，可见石膏粉末，强度石灰反应，向下层波状渐变过渡。

By1：10 ~ 30 cm，浊橙色（7.5YR 7/3，干），浊棕色（7.5YR 5/3，润），5% 石砾，壤土，发育弱的中块状结构，坚硬，可见石膏粉末，强度石灰反应，向下层波状清晰过渡。

Bky：30 ~ 45 cm，橙白色（7.5YR 8/2，干），灰棕色（7.5YR 6/2，润），5% 石砾，砂质壤土，发育弱的中块状结构，坚硬，可见碳酸钙粉末和石膏粉末，强度石灰反应，向下层不规则清晰过渡。

By2：45 ~ 83 cm，浊橙色（7.5YR 7/3，干），灰棕色（7.5YR 5/2，润），90% 石砾，砂质壤土，单粒，无结构，松散，可见石膏粉末，强度石灰反应。

该类型土壤多为戈壁，植被盖度低，石砾多，应封禁育草。

（2）普通钙积正常干旱土

普通钙积正常干旱土诊断层包括干旱表层和钙积层；诊断特性包括温性土壤温度状况、干旱土壤水分状况和石灰性。从 12 个代表性单个土体的统计信息来看（表 5-15 和表 5-16，图 5-8），一半左右的地表存在粗碎块，低的面积占 2% ~ 5%，高的可达 80% 以上。土体厚度介于 40 ~ 60 cm，之下为洪积砾石层，通体有石灰反应，pH 介于 7.9 ~ 8.6。个别土体中含有砾石，体积含量介于 10% ~ 30%。质地主要为粉壤土和壤土，部分为砂质壤土、壤质砂土、粉质黏壤土，粉粒含量变幅较大，低的约 100 g/kg，高的可达 660 g/kg 左右。一般可见干旱结皮，厚度介于 1 ~ 4 cm。干旱表层厚度多介于 5 ~ 15 cm，钙积层出现上界一般介于 15 ~ 50 cm，个别出现在 90 ~ 100 cm，碳酸钙含量介于 130 ~ 240 g/kg，高的可达 340 g/kg，可见碳酸钙粉末，少量土层还可见假菌丝体。

表 5-15   中游普通钙积正常干旱土物理性质（$n=12$）

土层	>2 mm 砾石/%	细土颗粒组成（粒径）/（g/kg）			容重/（g/cm³）
		砂粒 （0.05 ~ 2 mm）	粉粒 （0.002 ~ 0.05 mm）	黏粒 （<0.002 mm）	
A	8.00±4.00	300.32±112.58	522.22±109.85	177.29±22.99	1.26±0.18
B	10.13±13.01	327.65±187.28	489.05±163.81	183.28±46.88	1.34±0.12
C	90.00±0	259.00±0	557.00±0	184.00±0	1.36±0

表 5-16 中游普通钙积正常干旱土化学性质 （n＝12）

土层	pH	有机碳/(g/kg)	全氮（N）/(g/kg)	全磷（P）/(g/kg)	全钾（K）/(g/kg)	CEC/[cmol（+）/kg]	碳酸钙/(g/kg)
A	8.23±0.36	7.21±6.78	0.63±0.52	0.59±0.16	15.65±2.05	6.06±2.21	121.38±12.99
B	8.34±0.24	4.03±2.82	0.38±0.24	0.57±0.14	15.96±1.86	6.98±3.42	163.36±45.64
C	7.90±0	3.50±0	0.33±0	0.54±0	17.60±0	5.50±0	133.00±0

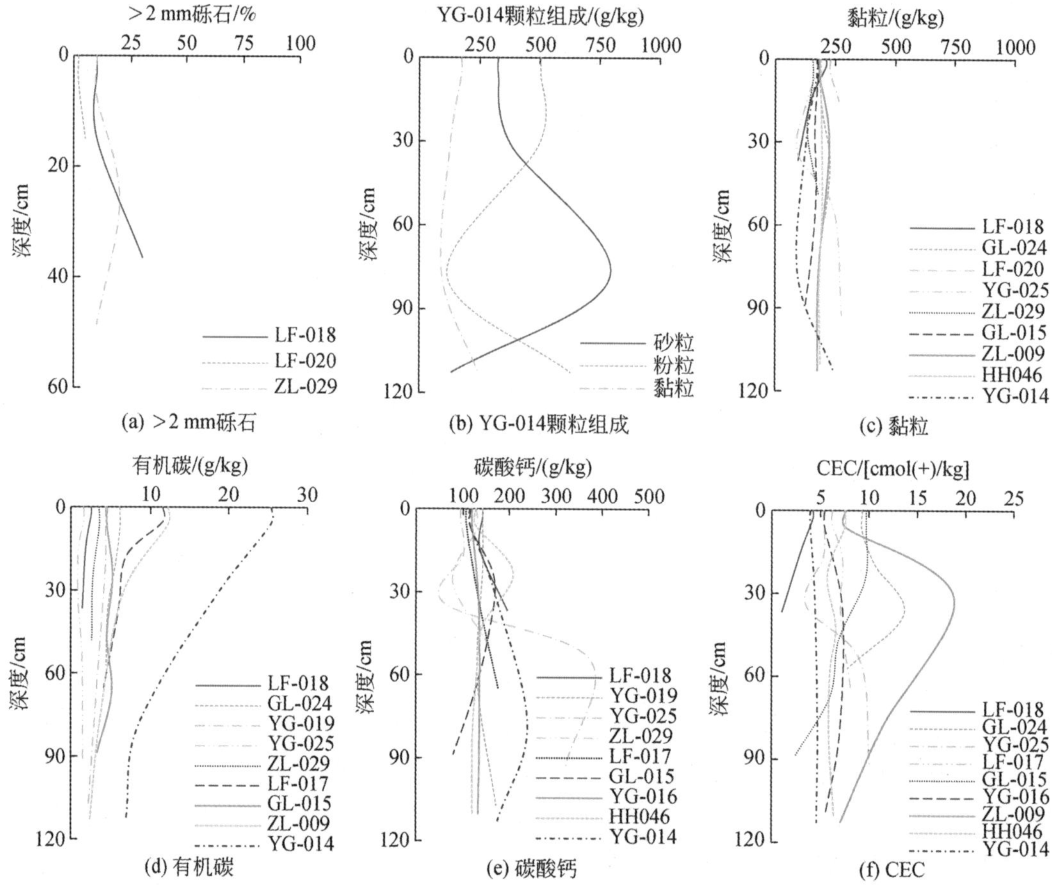

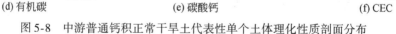

图 5-8 中游普通钙积正常干旱土代表性单个土体理化性质剖面分布

代表性单个土体① 位于甘肃省酒泉市肃州区丰乐乡三达板村南，39°20′2.181″N，98°48′41.999″E，海拔 2034 m，洪积扇平原，成土母质为黄土洪积物，荒草地，植被盖度约 50%，50 cm 深度年均土壤温度 7.7 ℃，编号 GL-015（图 5-9，表 5-17 和表 5-18）。

K：+2~0 cm，干旱结皮。

Ah：0~14 cm，浊黄橙色（10YR 6/3，干），灰黄棕色（10YR 4/2，润），粉壤土，发育弱的粒状–中块状结构，松散–稍坚硬，少量灌木根系，强度石灰反应，向下层平滑清晰过渡。

(a) 典型景观   (b) 剖面

图 5-9   中游普通钙积正常干旱土代表性单个土体①典型景观与剖面

表 5-17   中游普通钙积正常干旱土代表性单个土体①物理性质

土层	深度/cm	>2 mm 砾石/%	细土颗粒组成（粒径）/(g/kg)			质地	容重 /(g/cm³)
			砂粒 (0.05~2 mm)	粉粒 (0.002~0.05 mm)	黏粒 (<0.002 mm)		
Ah	0~14	0	204	620	176	粉壤土	1.05
Bk1	14~36	0	199	637	164	粉壤土	1.05
Bk2	36~57	0	225	605	170	粉壤土	1.05
Bw1	57~77	15	312	532	156	粉壤土	1.29
Bw2	77~100	60	443	431	126	壤土	1.37

表 5-18   中游普通钙积正常干旱土代表性单个土体①化学性质

深度/cm	pH	有机碳 /(g/kg)	全氮（N） /(g/kg)	全磷（P） /(g/kg)	全钾（K） /(g/kg)	CEC/ [cmol (+)/kg]	碳酸钙 /(g/kg)
0~14	8.1	4.5	0.47	0.73	17.2	9.7	116.0
14~36	8.4	5.2	0.56	0.74	16.8	9.6	167.8
36~57	8.2	4.5	0.48	0.70	18.7	6.9	154.1
57~77	8.1	5.1	0.49	0.74	18.3	6.0	123.3
77~100	8.3	3.3	0.27	0.87	21.7	2.4	78.9

Bk1：14～36 cm，橙白色（10YR 8/2，干），灰黄棕色（10YR 6/2，润），粉壤土，发育弱的大块状结构，坚硬，少量灌木根系，可见碳酸钙粉末，强度石灰反应，向下层平滑清晰过渡。

Bk2：36～57 cm，橙白色（10YR 8/2，干），灰黄棕色（10YR 6/2，润），粉壤土，发育弱的大块状结构，坚硬，少量灌木根系，可见碳酸钙粉末，强度石灰反应，向下层平滑清晰过渡。

Bw1：57～77 cm，浊黄橙色（10YR 6/3，干），灰黄棕色（10YR 4/2，润），15%石砾，粉壤土，发育弱的大块状结构，坚硬，强度石灰反应，向下层波状清晰过渡。

Bw2：77～100 cm，浊黄橙色（10YR 6/3，干），灰黄棕色（10YR 4/2，润），60%石砾，壤土，发育弱的大块状结构，坚硬，强度石灰反应，向下层波状清晰过渡。

BC：>100 cm，棕灰色（10YR 6/1，干），棕灰色（10YR 4/1，润），60%石砾，壤土，发育弱的中块状结构，稍坚硬，强度石灰反应。

该类型土壤多为荒草地，土层较厚，植被盖度中等，应提高植被盖度，防止过度放牧。

代表性单个土体②　位于甘肃省酒泉市肃州区清水镇马家营子东北，39°17′35.98″N，99°14′45.84″E，海拔1450 m，洪积扇平原，成土母质为黄土洪积物，荒草地，植被盖度约20%，50 cm深度年均土壤温度8.6 ℃，编号YG-014（图5-10，表5-19和表5-20）。

(a) 典型景观　　　　　　　　　　　　　　　(b) 剖面

图5-10　中游普通钙积正常干旱土代表性单个土体②典型景观与剖面

表 5-19 中游普通钙积正常干旱土代表性单个土体②物理性质

| 土层 | 深度/cm | >2 mm 砾石/% | 细土颗粒组成（粒径）/(g/kg) | | | 质地 | 容重 /(g/cm³) |
			砂粒 (0.05~2 mm)	粉粒 (0.05~0.002 mm)	黏粒 (<0.002 mm)		
Ah	0~11	0	326	502	172	粉壤土	0.99
Bk1	11~51	0	379	495	126	壤土	1.05
Bk2	51~105	0	793	114	93	壤质砂土	1.19
Bk3	>105	50	130	627	243	粉壤土	1.23

表 5-20 中游普通钙积正常干旱土代表性单个土体②化学性质

深度/cm	pH	有机碳 /(g/kg)	全氮（N）/(g/kg)	全磷（P）/(g/kg)	全钾（K）/(g/kg)	CEC /[cmol (+)/kg]	碳酸钙 /(g/kg)
0~11	8.2	25.4	1.99	0.75	16.2	3.9	113.7
11~51	8.3	18.6	1.48	0.59	15.1	4.4	170.2
51~105	9.0	8.5	0.74	0.66	16.6	4.7	239.4
>105	8.4	6.9	0.62	0.61	16.2	4.6	175.3

K：+2~0 cm，干旱结皮。

Ah：0~11 cm，浊黄橙色（10YR 7/3，干），浊黄棕色（10YR 5/3，润），粉壤土，发育弱的粒状–小块状结构，松散–坚硬，3 个虫孔，少量灌木根系，强度石灰反应，向下层波状渐变过渡。

Bk1：11~51 cm，橙白色（10YR 8/2，干），灰黄棕色（10YR 6/2，润），壤土，发育弱的中块状结构，坚硬，3 个虫孔，少量灌木根系，可见碳酸钙粉末，强度石灰反应，向下层波状渐变过渡。

Bk2：51~105 cm，橙白色（10YR 8/2，干），灰黄棕色（10YR 6/2，润），壤质砂土，发育弱的大块状结构，坚硬，可见碳酸钙粉末，强度石灰反应，向下层波状渐变过渡。

Bk3：>105 cm，橙白色（10YR 8/2，干），灰黄棕色（10YR 6/2，润），50% 石砾，粉壤土，单粒，无结构，松散，强度石灰反应。

该类型土壤多为荒草地，土层较厚，植被盖度低，应封禁育草，提高植被盖度。

（3）普通石膏正常干旱土

普通石膏正常干旱土诊断层包括干旱表层和石膏层；诊断特性包括温性土壤温度状况、干旱土壤水分状况和石灰性。从 2 个代表性单个土体的统计信息来看（表 5-21 和表 5-22，图 5-11），地表遍布粗碎块，土体厚度在 1 m 以上，通体有石灰反应，碳酸钙含量介于 10~90 g/kg，pH 介于 7.7~9.5，石膏含量约为 10 g/kg，高的可达 320 g/kg。土体中多含有砾石，体积含量介于 20%~70%。质地主要为粉壤土和壤土，少量为粉质黏壤土，粉粒含量介于 430~640 g/kg。干旱结皮厚度介于 1~4 cm，干旱表层厚度介于 5~20 cm，石膏层出现上界一般介于 10～20 cm，厚度一般在 40 cm 以上，部分石膏层可见残留的冲积层理。

表 5-21　中游普通石膏正常干旱土物理性质（n=2）

| 土层 | >2 mm 砾石/% | 细土颗粒组成（粒径）/(g/kg) | | | 容重/(g/cm³) |
		砂粒 (0.05～2 mm)	粉粒 (0.05～0.002 mm)	黏粒 (<0.002 mm)	
A	40.00±14.14	304.00±179.61	513.00±172.53	183.00±7.07	1.58±0.09
B	50.15±35.15	277.24±231.60	502.75±143.90	220.14±87.88	1.68±0.02

表 5-22　中游普通石膏正常干旱土化学性质（n=2）

土层	pH	有机碳 /(g/kg)	全氮（N） /(g/kg)	全磷（P） /(g/kg)	全钾（K） /(g/kg)	CEC /[cmol（+）/kg]	碳酸钙 /(g/kg)	石膏 /(g/kg)
A	8.55±0.49	1.25±0.64	0.20±0.05	0.39±0.16	15.30±0.14	3.20±2.40	55.20±33.80	49.2±35.36
B	8.61±0.86	0.66±0.09	0.15±0.01	0.47±0.33	12.98±2.94	2.68±0.60	28.76±16.49	176.43±141.10

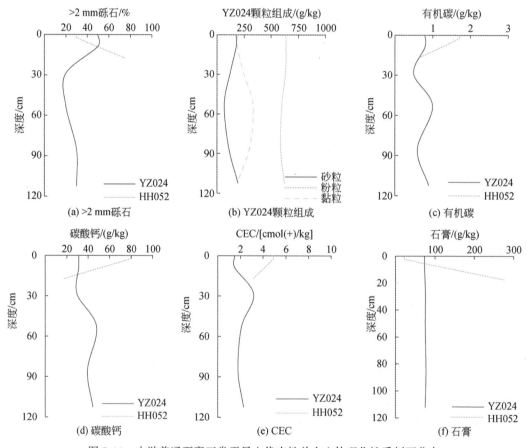

图 5-11　中游普通石膏正常干旱土代表性单个土体理化性质剖面分布

代表性单个土体① 位于甘肃省酒泉市金塔县天仓乡青山坡村西北，40°45′45.571″N，99°24′16.443″E，海拔 1363 m，洪积平原，成土母质为黄土和砾石混杂洪积物，戈壁，植被盖度<5%，50 cm 深度年均土壤温度 8.8 ℃，编号 YZ024（图 5-12，表 5-23 和表 5-24）。

(a) 典型景观 (b) 剖面

图 5-12 中游普通石膏正常干旱土代表性单个土体①典型景观与剖面

表 5-23 中游普通石膏正常干旱土代表性单个土体①物理性质

土层	深度/cm	>2 mm 砾石/%	细土颗粒组成（粒径）/(g/kg)			质地	容重/(g/cm³)
			砂粒 (0.05~2 mm)	粉粒 (0.002~0.05 mm)	黏粒 (<0.002 mm)		
Ah	0~18	50	177	635	188	粉壤土	1.64
By1	18~40	20	122	632	246	粉壤土	1.74
By2	40~66	20	68	598	335	粉质黏壤土	1.6
By3	66~105	30	108	587	305	粉质黏壤土	1.69
By4	>105	30	194	621	185	粉壤土	1.62

表 5-24 中游普通石膏正常干旱土代表性单个土体①化学性质

深度/cm	pH	有机碳/(g/kg)	全氮（N）/(g/kg)	全磷（P）/(g/kg)	全钾（K）/(g/kg)	CEC/[cmol（+）/kg]	碳酸钙/(g/kg)	石膏/(g/kg)
0~18	8.9	0.8	0.16	0.27	15.4	1.5	31.3	74.2
18~40	8.7	0.5	0.14	0.21	13.2	3.2	29.7	76.2
40~66	9.4	1.0	0.18	0.21	15.0	2.1	48.1	75.8
66~105	9.5	0.6	0.15	0.25	15.5	1.8	39.7	77.8
>105	8.9	0.9	0.17	0.29	16.7	2.3	44.7	75.8

K：+2～0 cm，干旱结皮。

Ah：0～18 cm，淡黄橙色（7.5YR 8/3，干），浊棕色（7.5YR 6/3，润），50%石砾，粉壤土，发育弱的粒状–鳞片状结构，松散，少量灌木根系，中度石灰反应，向下层平滑清晰过渡。

By1：18～40 cm，浊橙色（7.5YR 6/4，干），棕色（7.5YR 4/3，润），20%石砾，粉壤土，发育弱的中块状结构，坚硬，可见残留冲积层理和石膏粉末，中度石灰反应，向下层平滑渐变过渡。

By2：40～66 cm，浊橙色（7.5YR 7/4，干），浊棕色（7.5YR 5/3，润），20%石砾，粉质黏壤土，发育弱的中块状结构，坚硬，可见残留冲积层理和石膏粉末，中度石灰反应，向下层平滑清晰过渡。

By3：66～105 cm，浊橙色（7.5YR 7/4，干），浊棕色（7.5YR 5/3，润），30%石砾，粉质黏壤土，发育弱的中块状结构，坚硬，可见残留冲积层理和石膏粉末，中度石灰反应，向下层平滑清晰过渡。

By4：>105 cm，浊橙色（7.5YR 7/4，干），浊棕色（7.5YR 5/3，润），30%石砾，粉壤土，发育弱的中块状结构，坚硬，可见残留冲积层理和石膏粉末，中度石灰反应。

该类型土壤多为戈壁，植被盖度低，石砾多，应封禁育草。

代表性单个土体② 位于甘肃省酒泉市金塔县大庄子乡野马井村西，大塘村北，40°26′21.369″N，99°03′16.069″E，海拔1381 m，剥蚀残丘，成土母质为黄土和砾石混杂洪积物，戈壁，灌木盖度<5%，50 cm深度年均土壤温度9.0 ℃，编号HH052（图5-13，表5-25和表5-26）。

| (a) 典型景观 | (b) 剖面 |

图5-13 中游普通石膏正常干旱土代表性单个土体②典型景观与剖面

表 5-25 中游普通石膏正常干旱土代表性单个土体②物理性质

土层	深度/cm	>2 mm 砾石/%	细土颗粒组成 （粒径)/(g/kg)			质地	容重 /(g/cm³)
			砂粒 (0.05 ~ 2 mm)	粉粒 (0.002 ~ 0.05 mm)	黏粒 (<0.002 mm)		
A	0 ~ 10	30	431	391	178	壤土	1.51
By	10 ~ 40	75	441	401	158	壤土	1.69

表 5-26 中游普通石膏正常干旱土代表性单个土体②化学性质

深度/cm	pH	有机碳 /(g/kg)	全氮 （N) /(g/kg)	全磷 （P) /(g/kg)	全钾 （K) /(g/kg)	CEC /[cmol (+)/kg]	碳酸钙 /(g/kg)	石膏 /(g/kg)
0 ~ 10	8.2	1.7	0.23	0.50	15.2	4.9	79.1	24.2
10 ~ 40	8.0	0.6	0.15	0.71	10.9	3.1	17.1	276.2

K：+3 ~ 0 cm，干旱结皮。

A：0 ~ 10 cm，浊黄橙色 （10YR 6/4，干），浊黄棕色 （10YR 4/3，润），30% 石砾，壤土，发育弱的粒状–小块状结构，松散–稍坚硬，中度石灰反应，向下层波状渐变过渡。

By：10 ~ 40 cm，25% 亮棕色 （7.5YR 5/6，干），暗棕色 （7.5YR 3/4，润）；75% 灰白色 （2.5Y 8/1，干），黄灰色 （2.5Y 6/1，润）；50% 黄灰色 （2.5Y 6/1，干），黄灰色 （2.5Y 4/1，润）。75% 石砾，壤土，发育弱的小块状结构，稍坚硬，松散，可见连片石膏晶体和粉末，轻度石灰反应，向下层波状模糊过渡。

C：>40 cm，黄灰色 （2.5Y 6/1，干），黄灰色 （2.5Y 4/1，润），80% 石砾，砂土，单粒，无结构，松散，轻度石灰反应。

该类型土壤多为戈壁，地势起伏，土层浅薄，石砾多，草灌盖度低，应封禁育草。

（4）斑纹简育正常干旱土

斑纹简育正常干旱土诊断层包括干旱表层、雏形层和雏形层；诊断特性包括温性土壤温度状况、干旱土壤水分状况、氧化还原特征和石灰性。土体厚度在 1 m 以上，通体有石灰反应，碳酸钙含量介于 30 ~ 90 g/kg，pH 介于 7.8 ~ 8.2，层次质地构型为砂质壤土–壤土–壤质砂土–黏壤土，砂粒含量介于 260 ~ 850 g/kg，干旱表层厚度介于 5 ~ 20 cm，该类型的干旱土下部曾经出现季节性的水分饱和，因此在 40 ~ 50 cm 之下土体可见残留的冲积层理和铁锰斑纹。

代表性单个土体 位于甘肃省酒泉市肃州区铧尖乡漫水滩村西南，39°39′29.858″N，98°46′34.993″E，海拔 1359 m，洪积–冲积平原，成土母质为黄土沉积物，荒地，灌木盖度约 40%，50 cm 深度年均土壤温度 9.6 ℃，编号 HH028 （图 5-14，表 5-27 和表 5-28）。

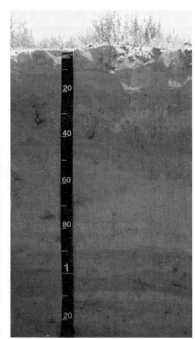

(a) 典型景观   (b) 剖面

图 5-14　中游斑纹简育正常干旱土代表性单个土体典型景观与剖面

表 5-27　中游斑纹简育正常干旱土代表性单个土体物理性质

土层	深度/cm	>2 mm 砾石/%	砂粒 (0.05~2 mm)	粉粒 (0.002~0.05 mm)	黏粒 (<0.002 mm)	质地	容重 /(g/cm³)
			细土颗粒组成（粒径）/(g/kg)				
Ah	0~10	0	786	114	100	砂质壤土	1.55
Bw1	10~20	0	504	324	171	壤土	1.20
Bw2	20~40	0	848	63	89	壤质砂土	1.58
BCr1	40~70	0	781	116	103	砂质壤土	1.60
BCr2	>70	0	267	455	279	黏壤土	1.65

表 5-28　中游斑纹简育正常干旱土代表性单个土体化学性质

深度/cm	pH	有机碳 /(g/kg)	全氮（N） /(g/kg)	全磷（P） /(g/kg)	全钾（K） /(g/kg)	CEC /[cmol（+）/kg]	碳酸钙 /(g/kg)
0~10	8.2	0.8	0.16	0.39	14.2	2.2	33.6
10~20	8.1	1.0	0.17	0.39	14.7	4.2	37.0
20~40	8.1	0.7	0.15	0.30	14.0	1.6	54.0
40~70	7.9	1.0	0.18	0.24	14.3	1.8	81.6
>70	7.8	0.8	0.16	0.42	15.6	8.7	69.3

Ah：0～10 cm，橙色（7.5YR 7/6，干），浊棕色（7.5YR 5/4，润），砂质壤土，发育弱的粒状–小块状结构，松散–稍坚硬，中量骆驼刺根系，轻度石灰反应，向下层平滑清晰过渡。

Bw1：10～20 cm，橙色（7.5YR 7/6，干），浊棕色（7.5YR 5/4，润），壤土，发育弱的小块状结构，稍坚硬，少量骆驼刺根系，轻度石灰反应，向下层平滑清晰过渡。

Bw2：20～40 cm，橙色（7.5YR 6/6，干），棕色（7.5YR 4/4，润），壤质砂土，发育弱的中块状结构，稍坚硬，少量骆驼刺根系，中度石灰反应，向下层平滑清晰过渡。

BCr1：40～70 cm，橙色（7.5YR 7/6，干），浊棕色（7.5YR 5/4，润），砂质壤土，发育弱的小块状结构，稍坚硬，少量骆驼刺根系，可见残留冲积层理和铁锰斑纹，强度石灰反应，向下层平滑清晰过渡。

BCr2：>70 cm，橙色（7.5YR 6/6，干），棕色（7.5YR 4/4，润），黏壤土，发育弱的小块状结构，稍坚硬，可见残留冲积层理和铁锰斑纹，中度石灰反应。

该类型土壤多为荒地，地势低平，土层深厚，植被盖度低，应封禁育草。

（5）普通简育正常干旱土

普通简育正常干旱土诊断层包括干旱表层和雏形层；诊断特性包括冷性土壤温度状况、干旱土壤水分状况和石灰性。从 7 个代表性单个土体的统计信息来看（表 5-29 和表 5-30，图 5-15），地表遍布粗碎块，低的面积介于 2%～5%，高的可达 80% 以上。土体厚度变幅较大，薄层的介于 15～30 cm，厚层的可达 1 m 以上。通体有石灰反应，碳酸钙含量介于 85～130 g/kg，pH 介于 6.8～7.7。质地主要为粉壤土，少量为壤土、砂质壤土，粉粒含量变幅较大，低的约 240 g/kg，高的可达 660 g/kg 左右。干旱结皮厚度介于 1～4 cm，干旱表层厚度介于 5～20 cm。

表 5-29　中游普通简育正常干旱土物理性质（ $n=7$ ）

| 土层 | >2 mm 砾石/% | 细土颗粒组成（粒径）/（g/kg） | | | 容重/（g/cm³） |
		砂粒 （0.05～2 mm）	粉粒 （0.002～0.05 mm）	黏粒 （<0.002 mm）	
A	2±0.00	282.14±67.09	543.67±56.40	174.05±16.47	1.26±0.08
B	11.93±9.81	252.08±76.87	572.93±68.42	174.89±12.80	1.30±0.10

表 5-30　中游普通简育正常干旱土化学性质（ $n=7$ ）

土层	pH	有机碳 /（g/kg）	全氮（N） /（g/kg）	全磷（P） /（g/kg）	全钾（K） /（g/kg）	CEC/ [cmol（+）/kg]	碳酸钙 /（g/kg）
A	7.33±0.36	3.76±1.42	0.39±0.1	0.53±0.13	13.44±0.73	6.99±3.38	108.14±21.54
B	7.23±0.41	3.09±0.85	0.31±0.07	0.48±0.08	13.57±0.67	6.55±3.94	110.77±15.88

代表性单个土体①　位于甘肃省张掖市高台县骆驼城乡梧桐泉村北，39°15′18.666″N，99°38′33.688″E，海拔 1593 m，洪积平原，成土母质为黄土和砾石混杂洪积物，荒草地，植被盖度约 20%，编号 DC-010（图 5-16，表 5-31 和表 5-32）。

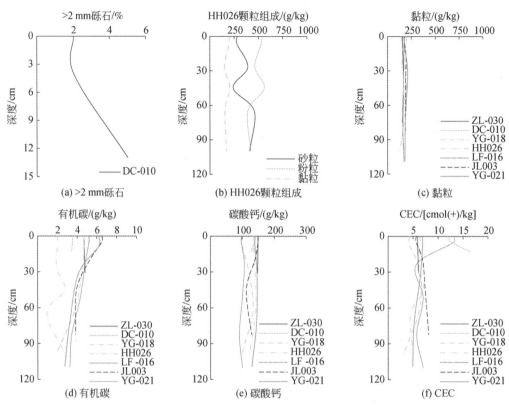

图 5-15　中游普通简育正常干旱土代表性单个土体理化性质剖面分析

(a) 典型景观　　　　(b) 剖面

图 5-16　中游普通简育正常干旱土代表性单个土体①典型景观与剖面

表 5-31　中游普通简育正常干旱土代表性单个土体①物理性质

土层	深度/cm	>2 mm 砾石/%	细土颗粒组成（粒径）/(g/kg)			质地	容重 /(g/cm³)
			砂粒 (0.05~2 mm)	粉粒 (0.002~0.05 mm)	黏粒 (<0.002 mm)		
Ah	0~8	2	218	603	179	粉壤土	1.20
Bw	8~18	5	218	612	170	粉壤土	1.30

表 5-32　中游普通简育正常干旱土代表性单个土体①化学性质

深度/cm	pH	有机碳 /(g/kg)	全氮（N) /(g/kg)	全磷（P) /(g/kg)	全钾（K) /(g/kg)	CEC /[cmol(+)/kg]	碳酸钙/(g/kg)
0~8	9.1	3.5	0.42	0.63	15.0	12.3	139.0
8~18	9.2	3.4	0.36	0.52	16.2	16.4	127.7

K：+2~0 cm，干旱结皮。

Ah：0~8 cm，浊黄橙色（10YR 7/3，干），灰黄棕色（10YR 6/2，润），2% 石砾，粉壤土，发育弱的粒状–小块状结构，松散–坚硬，少量灌木根系，强度石灰反应，向下层波状渐变过渡。

Bw：8~18 cm，浊黄橙色（10YR 7/3，干），灰黄棕色（10YR 6/2，润），5% 石砾，粉壤土，发育弱的中块状结构，坚硬，强度石灰反应，向下层波状清晰过渡。

C：>18 cm，浊黄橙色（10YR 6/3，干），浊黄棕色（10YR 4/3，润），90% 石砾，粉壤土，单粒，无结构，松散，强度石灰反应。

该类型土壤多为荒草地，土体很薄，植被盖度低，应封禁育草，提高植被盖度。

代表性单个土体②　位于甘肃省张掖市高台县骆驼城乡碱泉子村西南，39°18′49″N，99°42′12″E，海拔 1386 m，洪积–冲积平原，成土母质为黄土洪积–冲积物，荒草地，植被盖度约 40%，50 cm 深度年均土壤温度 9.9 ℃，编号 JL-003（图 5-17，表 5-33 和表 5-34）。

K：+2~0 cm，干旱结皮。

Ah：0~10 cm，浊黄橙色（10YR 7/3，干），浊黄棕色（10YR 5/3，润），粉壤土，发育弱的粒状–小块状结构，中量灌草根系，强度石灰反应，向下层平滑清晰过渡。

Bw1：10~30 cm，浊黄橙色（10YR 7/3，干），浊黄棕色（10YR 5/3，润），粉壤土，发育弱的中块状结构，坚硬，少量灌草根系，强度石灰反应，向下层平滑清晰过渡。

Bw2：30~60 cm，浊黄橙色（10YR 7/3，干），浊黄棕色（10YR 5/3，润），粉壤土，发育弱的大块状结构，坚硬，少量灌草根系，局部可见残留冲积层理，强度石灰反应，向下层平滑清晰过渡。

Bw3：60~105 cm，浊黄橙色（10YR 6/3，干），浊黄棕色（10YR 4/3，润），粉壤土，发育弱的大块状结构，坚硬，局部可见残留冲积层理，强度石灰反应，向下层不规则突变过渡。

(a) 典型景观   (b) 剖面

图 5-17 中游普通简育正常干旱土代表性单个土体②典型景观与剖面

表 5-33 中游普通简育正常干旱土代表性单个土体②物理性质

土层	深度/cm	>2 mm 砾石/%	细土颗粒组成（粒径）/（g/kg）			质地	容重 /（g/cm³）
			砂粒 (0.05~2 mm)	粉粒 (0.002~0.05 mm)	黏粒 (<0.002 mm)		
Ah	0~10	0	206	617	177	粉壤土	1.2
Bw1	10~30	0	197	609	194	粉壤土	1.07
Bw2	30~60	0	196	618	186	粉壤土	1.25
Bw3	60~105	0	210	604	185	粉壤土	1.22

表 5-34 中游普通简育正常干旱土代表性单个土体②化学性质

深度/cm	pH	有机碳 /（g/kg）	全氮（N） /（g/kg）	全磷（P） /（g/kg）	全钾（K） /（g/kg）	CEC /［cmol（+）/kg］	碳酸钙 /（g/kg）
0~10	8.1	6.5	0.59	0.72	15.7	5.6	148.6
10~30	8.0	5.3	0.43	0.74	16.0	6.9	139.1
30~60	8.1	3.9	0.33	0.71	15.8	7.4	112.4
60~105	8.0	3.8	0.3	0.69	15.8	8.1	128.1

C: >105 cm, 浊黄橙色（10YR 6/3, 干）, 浊黄棕色（10YR 4/3, 润）, 90% 石砾,

粉壤土，单粒，无结构，松散，强度石灰反应。

该类型土壤多为荒草地，土体厚，植被盖度低，应封禁育草，提高植被盖度。

5.3 盐成土纲

5.3.1 成土环境与成土因素

盐成土纲形成的主要原因是气候干旱，地势低洼，地下水位浅，矿化度高，排水不畅以及生物集盐等，其中结壳潮湿正常盐成土亚类广泛分布于中游河西走廊地势低洼的阶地、湖盆洼地，海拔介于 1200～1450 m，地下水位较浅，土体受地下水上下移动的影响，具有潮湿土壤水分状况，50 cm 以上土体或部分土体可见氧化还原作用形成的斑纹。洪积干旱正常盐成土和普通干旱正常盐成土亚类广泛分布于中游河西走廊局部的封闭洼地地带，地下水位较深，已不再参与成土过程，多为过去气候条件下盐分累积过程的结果。含盐多的地面径流在低洼地带汇集后由于旱季强烈蒸发作用，盐分表聚，前者不定期受山洪作用影响，质地和含盐量随深度变化没有规律。一般为极干旱的温带漠境气候，年均日照时间介于 3000～4000 h，年均气温介于 8.1～9.3 ℃，降水量介于 60～85 mm，植被类型为芦苇、柽柳、泡泡刺等耐盐植物，盖度一般低的介于 10%～20%，高的可达 60% 左右。

5.3.2 主要亚类与基本性状

(1) 结壳潮湿正常盐成土

结壳潮湿正常盐成土诊断层包括盐结壳和盐积层、雏形层和钙积层；诊断特性包括温性土壤温度状况、潮湿土壤水分状况、氧化还原特征和石灰性。从 2 个代表性单个土体的统计信息来看（表 5-35 和表 5-36，图 5-18），土体厚度在 1 m 以上，通体有石灰反应，pH 介于 8.0～9.3，质地主要有粉壤土和壤土，个别还有粉质黏壤土和粉质黏土，粉粒含量介于 430～670 g/kg。盐结壳厚度薄的介于 2～3 mm，厚的可达 10 cm，盐积层厚度一般介于 10～50 cm，电导介于 40～190 dS/m，钙积层出现上界浅的介于 10～15 cm，深的在 50 cm 以下，碳酸钙含量介于 95～170 g/kg，土体中可见盐斑、碳酸钙粉末和铁锰斑纹。

表 5-35　中游结壳潮湿正常盐成土物理性质 ($n=2$)

土层	>2 mm 砾石/%	细土颗粒组成（粒径）/(g/kg)			容重/(g/cm^3)
		砂粒 (0.05～2 mm)	粉粒 (0.002～0.05 mm)	黏粒 (<0.002 mm)	
K	0	256.50±112.43	553.00±115.97	190.50±3.54	1.38±0.30
B	0	154.22±45.54	553.61±67.84	292.22±22.03	1.27±0.01

表 5-36　中游结壳潮湿正常盐成土化学性质（n=2）

土层	pH	有机碳/(g/kg)	全氮（N）/(g/kg)	全磷（P）/(g/kg)	全钾（K）/(g/kg)	CEC/[cmol(+)/kg]	碳酸钙/(g/kg)
K	8.00±0.00	9.65±1.06	0.78±0.13	0.46±0.13	13.25±0.35	10.25±6.29	51.65±9.97
B	8.61±0.61	6.34±1.22	0.55±0.14	0.56±0.04	16.88±1.18	10.43±1.63	131.78±33.34

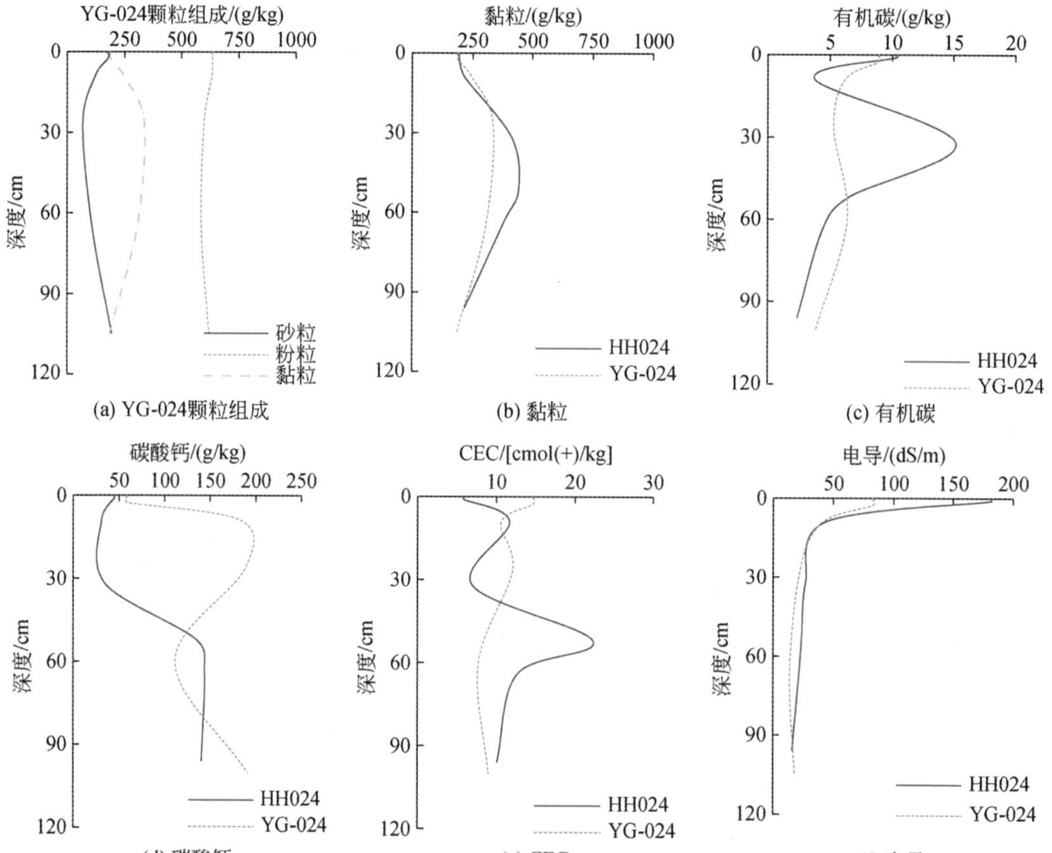

图 5-18　中游结壳潮湿正常盐成土代表性单个土体理化性质剖面分布

代表性单个土体①　位于甘肃省酒泉市玉门市花海镇南渠村北，无量庙村东南，40°19′0.838″N，97°48′46.857″E，海拔 1169 m，干涸湖泊洼地，成土母质为黄土湖相沉积物，盐碱地，芦苇盖度约 60%，50 cm 深度年均土壤温度 9.7 ℃，编号 HH024（图 5-19，表 5-37 和表 5-38）。

Kz：0~2 cm，盐结壳，壤土，发育弱的小片状结构，稍坚硬，轻度石灰反应，向下层波状清晰过渡。

Bhz：2~16 cm，浊黄橙色（10YR 6/4，干），浊黄棕色（10YR 4/3，润），壤土，发育弱的粒状–小片状结构，松散–稍坚硬，多量芦苇根系，中度石灰反应，向下层波状清晰过渡。

(a) 典型景观　　　　　　　　　　　(b) 剖面

图 5-19　中游结壳潮湿正常盐成土代表性单个土体①典型景观与剖面

表 5-37　中游结壳潮湿正常盐成土代表性单个土体①物理性质

土层	深度/cm	>2 mm 砾石/%	细土颗粒组成（粒径）/（g/kg）			质地	容重 /（g/cm³）
			砂粒 (0.05~2 mm)	粉粒 (0.002~0.05 mm)	黏粒 (<0.002 mm)		
Kz	0~2	0	336	471	193	壤土	1.16
Bhz	2~16	0	353	431	216	壤土	1.35
Bz	16~48	0	95	490	415	粉质黏土	1.08
Ab	48~56	0	86	472	442	粉质黏土	1.25
Bk	56~72	0	155	465	379	粉质黏壤土	1.32
Bkr	>72	0	226	557	217	粉壤土	1.38

表 5-38　中游结壳潮湿正常盐成土代表性单个土体①化学性质

深度/cm	pH	有机碳 /（g/kg）	全氮（N） /（g/kg）	全磷（P） /（g/kg）	全钾（K） /（g/kg）	CEC /［cmol（+）/kg］	电导 /（dS/m）	碳酸钙 /（g/kg）
0~2	8.0	10.4	0.87	0.37	13.0	5.8	181.5	44.6
2~16	8.1	3.8	0.39	0.21	12.5	11.7	43.2	30.9
16~48	8.0	15.2	1.23	0.48	13.6	6.9	27.1	34.9
48~56	8.3	6.5	0.59	0.70	17.3	22.3	23.9	134.7
56~72	8.3	4.4	0.43	0.58	17.0	12.7	22.1	144.1
>72	8.5	2.4	0.28	0.62	18.6	10.1	16.0	140.7

Bz：16～48 cm，浊黄橙色（10YR 7/3，干），浊黄棕色（10YR 5/3，润），粉质黏土，发育弱的小片状–中块状结构，稍坚硬–坚硬，中量芦苇根系，中度石灰反应，向下层波状清晰过渡。

Ab：48～56 cm，灰黄棕色（10YR 6/2，干），灰黄棕色（10YR 4/2，润），粉质黏土，发育弱的中块状结构，坚硬，少量芦苇根系，中度石灰反应，向下层波状清晰过渡。

Bk：56～72 cm，浊黄橙色（10YR 6/4，干），浊黄棕色（10YR 4/3，润），粉质黏壤土，发育弱的中块状结构，稍坚硬，少量芦苇根系，中度石灰反应，向下层波状渐变过渡。

Bkr：>72 cm，浊黄橙色（10YR 6/4，干），浊黄棕色（10YR 4/3，润），粉壤土，粉质黏壤土，发育弱的中块状结构，稍坚硬，可见较为明显的冲积层理和铁锰斑纹，少量芦苇根系，中度石灰反应。

该类型土壤盐碱化严重，严禁过度放牧，保护现有植被，提高植被盖度，防止沙化。

代表性单个土体②　位于甘肃省酒泉市肃州区三墩镇殷家红庄西，39°43′00.694″N，98°42′39.199″E，海拔1340 m，冲积平原河流低阶地，成土母质为黄土冲积物，盐碱地，草被盖度约60%，50 cm深度年均土壤温度9.6 ℃，编号YG-024（图5-20，表5-39和表5-40）。

(a) 典型景观　　　　　　　　　　　　(b) 剖面

图5-20　中游结壳潮湿正常盐成土代表性单个土体②典型景观与剖面

表 5-39 中游结壳潮湿正常盐成土代表性单个土体②物理性质

土层	深度/cm	>2 mm 砾石/%	细土颗粒组成（粒径）/(g/kg)			质地	容重 /(g/cm³)
			砂粒 (0.05~2 mm)	粉粒 (0.002~0.05 mm)	黏粒 (<0.002 mm)		
Kz	0~5	0	177	635	188	粉壤土	1.59
Bhz	5~13	0	122	632	246	粉壤土	1.16
Bkz	13~40	0	68	598	335	粉质黏壤土	1.26
Bkr1	40~90	0	108	587	305	粉质黏壤土	1.25
Bkr2	>90	0	194	621	185	粉壤土	1.34

表 5-40 中游结壳潮湿正常盐成土代表性单个土体②化学性质

深度/cm	pH	有机碳 /(g/kg)	全氮（N） /(g/kg)	全磷（P） /(g/kg)	全钾（K） /(g/kg)	CEC /[cmol(+)/kg]	电导 /(dS/m)	碳酸钙 /(g/kg)
0~5	8.0	8.9	0.68	0.55	13.5	14.7	82.6	58.7
5~13	8.2	6.2	0.41	0.56	16.0	10.6	40.9	184.5
13~40	8.2	5.3	0.37	0.53	18.3	12.1	22.8	187.7
40~90	8.1	6.4	0.56	0.52	14.5	7.7	14.0	111.9
>90	8.3	3.9	0.33	0.53	16.6	9.0	18.1	190.9

Kz：0~5 cm，盐结壳，粉壤土，发育弱的小片状结构，稍坚硬，轻度石灰反应，向下层波状清晰过渡。

Bhz：5~13 cm，浊黄橙色（10YR 7/3，干），灰黄棕色（10YR 5/2，润），粉壤土，发育弱的粒状-小片状结构，松散-稍坚硬，多量草被根系，中度石灰反应，向下层平滑清晰过渡。

Bkz：13~40 cm，浊黄橙色（10YR 7/3，干），灰黄棕色（10YR 5/2，润），粉质粘壤土，发育弱的小片状-中块状结构，稍坚硬-坚硬，中量草被根系，中度石灰反应，向下层波状渐变过渡。

Bkr1：40~90 cm，淡黄橙色（10YR 8/3，干），浊黄橙色（10YR 7/2，润），粉质黏壤土，发育弱的大块状结构，坚硬，可见盐斑、碳酸钙粉末和铁锰斑纹，中度石灰反应，向下层不规则清晰过渡。

Bkr2：>90 cm，橙白色（10YR 8/1，干），棕灰色（10YR 5/1，润），粉壤土，发育弱的中块状结构，稍坚硬，可见盐斑、碳酸钙粉末和铁锰斑纹，中度石灰反应。

该类型土壤盐碱化严重，严禁过度放牧，保护现有植被，提高植被盖度，防止沙化。

（2）洪积干旱正常盐成土

洪积干旱正常盐成土诊断层包括盐结壳、盐积层和雏形层；诊断特性包括温性土壤温度状况、干旱土壤水分状况、氧化还原特征和石灰性。土体厚度在 1 m 以上，pH 介于

8.0～8.7，层次质地构型为粉壤土–壤土，粉粒含量介于 360～630 g/kg，盐积层厚度介于 10～15 cm，电导介于 30～50 dS/m，通体有石灰反应，可见碳酸钙粉末，碳酸钙含量介于 140～180 g/kg，45 cm 以下土体可见铁锰斑纹和残留的冲积层理。

代表性单个土体　位于甘肃省酒泉市玉门市东乡族乡东沙窝子村东，40°14′33.675″N，97°51′56.028″E，海拔 1174 m，洪积–冲积平原草灌丛沙堆，成土母质为黄土沉积物，盐碱地，灌木盖度约 10%，50 cm 深度年均土壤温度 9.7 ℃，编号 LF-019（图 5-21，表 5-41 和表 5-42）。

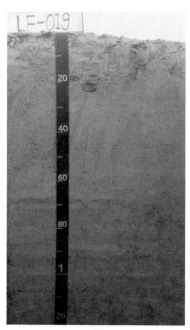

(a) 典型景观　　　　　　　　　　　　　　(b) 剖面

图 5-21　中游洪积干旱正常盐成土代表性单个土体典型景观与剖面

表 5-41　中游洪积干旱正常盐成土代表性单个土体物理性质

土层	深度/cm	>2 mm 砾石/%	细土颗粒组成（粒径）/(g/kg)			质地	容重 /(g/cm³)
			砂粒 (0.05～2 mm)	粉粒 (0.002～0.05 mm)	黏粒 (<0.002 mm)		
Kz	0～2	0	165	579	256	粉壤土	1.17
Bz	2～15	0	447	369	184	壤土	1.14
Bw	15～47	0	329	475	196	壤土	1.28
Br1	47～64	0	396	396	208	壤土	1.34
Br2	>64	0	187	624	189	粉壤土	1.38

表 5-42　中游洪积干旱正常盐成土代表性单个土体化学性质

深度/cm	pH	有机碳 /（g/kg）	全氮（N） /（g/kg）	全磷（P） /（g/kg）	全钾（K） /（g/kg）	CEC /［cmol（+）/kg］	电导 /（dS/m）	碳酸钙 /（g/kg）
0~2	8.0	9.6	0.79	0.58	17.7	16.2	40.6	170.1
2~15	8.4	2.7	0.23	0.52	16.3	5.6	36.8	145.7
15~47	8.4	3.2	0.28	0.62	15.7	5.9	26.5	154.4
47~64	8.6	2.4	0.19	0.54	16.0	6.2	20.6	157.9
>64	8.7	2.8	0.24	0.56	17.9	8.5	21.9	157.9

Kz：0~2 cm，盐结壳，粉壤土。

Bz：2~15 cm，浊黄橙色（10YR 7/2，干），灰黄棕色（10YR 5/2，润），壤土，发育弱的粒状-小片状结构，松散-稍坚硬，可见碳酸钙粉末，强度石灰反应，向下层平滑清晰过渡。

Bw：15~47 cm，浊黄橙色（10YR 7/2，干），灰黄棕色（10YR 5/2，润），壤土，发育弱的中块状结构，稍坚硬，可见碳酸钙粉末，强度石灰反应，向下层平滑清晰过渡。

Br1：47~64 cm，浊黄橙色（10YR 7/2，干），灰黄棕色（10YR 5/2，润），壤土，发育弱的大块状结构，稍坚硬，可见碳酸钙粉末和铁锰斑纹，强度石灰反应，向下层平滑清晰过渡。

Br2：>64 cm，50%浊黄橙色（10YR 7/2，干），灰黄棕色（10YR 5/2，润）；50%浊黄棕色（10YR 5/4，干），暗棕色（10YR 3/3，润）。粉壤土，发育弱的中块状结构，稍坚硬，可见碳酸钙粉末、铁锰斑纹和残留的冲积层理，强度石灰反应。

该类型土壤盐碱化严重，严禁过度放牧，保护现有植被，提高植被盖度，防止沙化。

（3）普通干旱正常盐成土

普通干旱正常盐成土诊断层包括盐积层、雏形层或钙积层；诊断特性包括温性土壤温度状况、干旱土壤水分状况和石灰性，部分还有氧化还原特征。从 3 个代表性单个土体的统计信息来看（表 5-43 和表 5-44，图 5-22），地表盐斑面积低的占 10%~30%，高的可达 80%。土体厚度在 1 m 以上，通体有石灰反应，碳酸钙含量低的介于 35~170 g/kg，高的（钙积层）可达 200 g/kg，pH 介于 7.8~8.7。质地主要是粉壤土、壤土，部分为砂质壤土、粉质黏壤土、粉质黏土和黏壤土，粉粒含量介于 280~690 g/kg。盐积层薄的介于 20~30 cm，厚的可达 80 cm 以上，电导介于 30~50 dS/m。钙积层出现上界一般在 50 cm 以下，可见碳酸钙粉末，大部分土体在 80 cm 以下可见残留的冲积层理。

表 5-43　上游普通干旱正常盐成土物理性质（n=3）

土层	>2 mm 砾石/%	细土颗粒组成（粒径）/（g/kg）			容重/（g/cm³）
		砂粒 （0.05~2 mm）	粉粒 （0.002~0.05 mm）	黏粒 （<0.002 mm）	
A	0	337.67±177.07	473.00±167.42	189.33±18.34	1.05±0.22
B	0	279.39±237.03	487.68±200.13	232.87±76.79	1.26±0.19

表5-44 上游普通干旱正常盐成土化学性质（n=3）

土层	pH	有机碳 /(g/kg)	全氮（N） /(g/kg)	全磷（P） /(g/kg)	全钾（K） /(g/kg)	CEC /[cmol（+）/kg]	碳酸钙 /(g/kg)
A	8.43±0.25	6.21±2.24	0.52±0.29	0.47±0.06	15.33±2.84	7.00±2.26	101.70±55.54
B	8.33±0.37	4.87±1.51	0.42±0.19	0.53±0.10	15.40±2.90	8.86±2.53	101.75±62.73

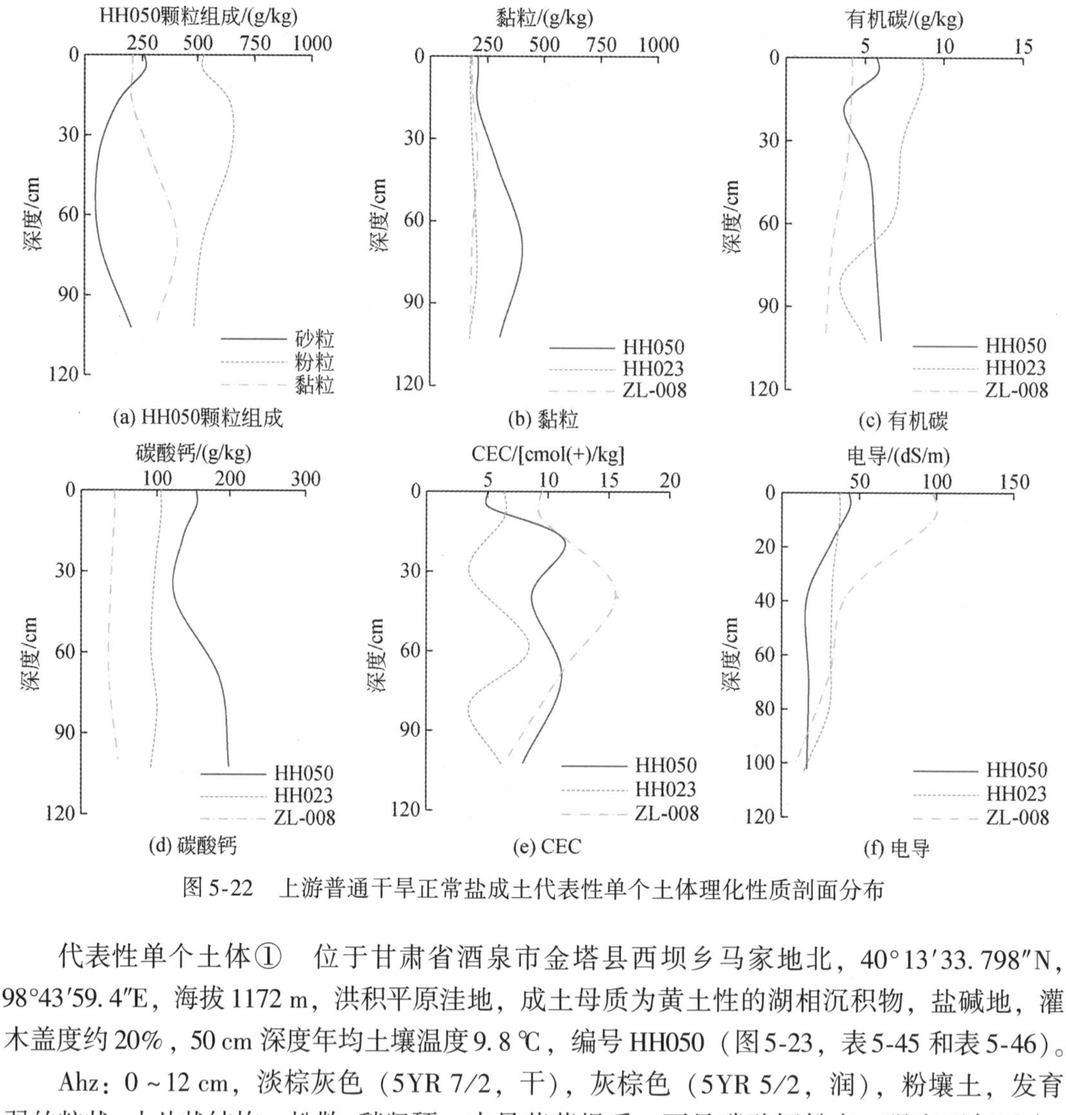

图5-22 上游普通干旱正常盐成土代表性单个土体理化性质剖面分布

代表性单个土体① 位于甘肃省酒泉市金塔县西坝乡马家地北，40°13′33.798″N，98°43′59.4″E，海拔1172 m，洪积平原洼地，成土母质为黄土性的湖相沉积物，盐碱地，灌木盖度约20%，50 cm深度年均土壤温度9.8℃，编号HH050（图5-23，表5-45和表5-46）。

Ahz：0~12 cm，淡棕灰色（5YR 7/2，干），灰棕色（5YR 5/2，润），粉壤土，发育弱的粒状–小片状结构，松散–稍坚硬，中量芦苇根系，可见碳酸钙粉末，强度石灰反应，向下层平滑清晰过渡。

Bz：12~25 cm，70%淡棕灰色（5YR 7/2，干），灰棕色（5YR 5/2，润）；30%浊橙色（5YR 6/4，干），灰棕色（5YR 4/2，润）。粉壤土，发育弱的小片状–中块状结构，稍坚硬–坚硬，少量芦苇根系，可见碳酸钙粉末，强度石灰反应，向下层平滑清晰过渡。

(a) 典型景观   (b) 剖面

图 5-23　中游普通干旱正常盐成土代表性单个土体①典型景观与剖面

表 5-45　中游普通干旱正常盐成土代表性单个土体①物理性质

土层	深度/cm	>2 mm 砾石/%	细土颗粒组成（粒径）/(g/kg)			质地	容重 /(g/cm³)
			砂粒 (0.05~2 mm)	粉粒 (0.002~0.05 mm)	黏粒 (<0.002 mm)		
Ahz	0~12	0	262	528	210	粉壤土	1.27
Bz	12~25	0	142	648	210	粉壤土	1.45
Bw	25~55	0	59	644	297	粉质黏壤土	1.44
Bk	55~85	0	67	524	409	粉质黏土	1.49
Bkr	>85	0	206	485	309	黏壤土	1.42

表 5-46　中游普通干旱正常盐成土代表性单个土体①化学性质

深度/cm	pH	有机碳 /(g/kg)	全氮（N） /(g/kg)	全磷（P） /(g/kg)	全钾（K） /(g/kg)	CEC /[cmol（+）/kg]	电导 /(dS/m)	碳酸钙 /(g/kg)
0~12	8.7	5.8	0.53	0.45	14.0	5.1	43.9	155.3
12~25	8.7	3.7	0.38	0.50	16.8	11.4	32.5	135.8
25~55	8.7	5.3	0.50	0.49	19.3	8.7	16.3	125.2
55~85	8.8	5.7	0.53	0.57	20.5	11.2	17.9	187.2
>85	8.7	6.1	0.55	0.47	17.5	8.0	16.8	199.6

Bw：25～55 cm，淡棕灰色（5YR 7/2，干），灰棕色（5YR 5/2，润），粉质黏壤土，发育弱的大块状结构，坚硬，少量芦苇根系，可见碳酸钙粉末，强度石灰反应，向下层波状渐变过渡。

Bk：55～85 cm，淡棕灰色（5YR 7/2，干），灰棕色（5YR 5/2，润），粉质黏土，发育弱的大块状结构，坚硬，少量芦苇根系，可见碳酸钙粉末，强度石灰反应，向下层波状渐变过渡。

Bkr：>85 cm，50%淡棕灰色（5YR 7/2，干），灰棕色（5YR 5/2，润）；50%浊橙色（5YR 6/4，干），灰棕色（5YR 4/2，润）。黏壤土，发育弱的大块状结构，坚硬，少量芦苇根系，可见碳酸钙粉末，局部可见残留的铁锰斑纹和冲积层理，强度石灰反应。

该类型土壤盐碱化严重，严禁过度放牧，保护现有植被，提高植被盖度，防止沙化。

代表性单个土体② 位于甘肃省张掖市肃南裕固族自治县明花乡郑家村南，39°37′42.306″N，98°51′25.865″E，海拔1349 m，洪积–冲积平原，成土母质为黄土状沉积物，盐碱地，芦苇盖度约20%，50 cm深度年均土壤温度9.6 ℃，编号ZL-008（图5-24，表5-47和表5-48）。

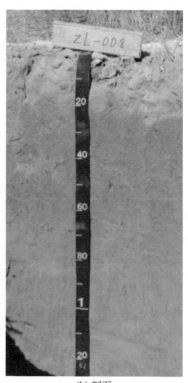

(a) 典型景观　　　　　　　　　　　　　　　(b) 剖面

图5-24　中游普通干旱正常盐成土代表性单个土体②典型景观与剖面

表 5-47　中游普通干旱正常盐成土代表性单个土体②物理性质

土层	深度/cm	>2 mm 砾石/%	细土颗粒组成（粒径）/(g/kg)			质地	容重 /(g/cm³)
			砂粒 (0.05~2 mm)	粉粒 (0.002~0.05 mm)	黏粒 (<0.002 mm)		
Ahz	0~20	0	211	606	183	粉壤土	0.83
Bz1	20~55	0	198	594	207	粉壤土	0.92
Bz2	55~80	0	176	640	185	粉壤土	1.07
BCr	>80	0	136	685	178	粉壤土	1.19

表 5-48　中游普通干旱正常盐成土代表性单个土体②化学性质

深度/cm	pH	有机碳 /(g/kg)	全氮（N） /(g/kg)	全磷（P） /(g/kg)	全钾（K） /(g/kg)	CEC /[cmol(+)/kg]	电导 /(dS/m)	碳酸钙 /(g/kg)
0~20	8.2	4.2	0.23	0.54	18.6	9.5	98.4	44.4
20~55	8.2	3.9	0.26	0.71	15.0	15.6	43.1	39.6
55~80	8.0	3.0	0.18	0.68	14.1	11.3	31.3	37.2
>80	7.8	2.6	0.17	0.55	12.7	6.8	10.0	49.6

Ahz：0~20 cm，橙白色（7.5YR 8/1，干），棕灰色（7.5YR 5/1，润），粉壤土，发育弱的粒状-小片状结构，松散-稍坚硬，中量茅草和芦苇根系，中度石灰反应，向下层波状清晰过渡。

Bz1：20~55 cm，淡黄橙色（7.5YR 7/3，干），棕灰色（7.5YR 5/1，润），粉壤土，发育弱的大块状结构，坚硬，少量芦苇根系，中度石灰反应，向下层波状渐变过渡。

Bz2：55~80 cm，淡黄橙色（7.5YR 8/3，干），灰黄棕色（7.5YR 6/2，润），粉壤土，发育弱的中块状结构，坚硬，少量芦苇根系，中度石灰反应，向下层波状渐变过渡。

BCr：>80 cm，淡黄橙色（7.5YR 8/3，干），灰黄棕色（7.5YR 6/2，润），粉壤土，发育弱的大块状结构，坚硬，少量芦苇根系，可见铁锰斑纹，中度石灰反应。

该类型土壤盐碱化严重，严禁放牧，保护现有植被，提高植被盖度，防止沙化。

5.4　均腐土纲

5.4.1　成土环境与成土因素

均腐土纲一般形成于半干旱草原环境，具有暗沃表层，且剖面中腐殖质含量从表层向下逐渐降低，具有均腐殖质特性，即表层 20 cm 内腐殖质储量与 1 m 土体中腐殖质储量之比小于 0.4。

5.4.2 主要亚类与基本性状

黑河中游地区均腐土分布面积较小，只发现普通暗厚干润均腐土一个亚类，其诊断层包括暗沃表层和雏形层；诊断特性包括冷性土壤温度状况、半干润土壤水分状况、均腐殖质特性和石灰性。土体厚度在 1 m 以上，通体有石灰反应，碳酸钙含量介于 10 ~ 90 g/kg，pH 介于 8.0 ~ 8.2，通体质地为粉壤土，粉粒含量介于 560 ~ 590 g/kg，暗沃表层厚度介于 30 ~ 60 cm。

代表性单个土体 位于甘肃省张掖市民乐县南丰乡天井沟村北，38°13′17.392″N，100°57′48.504″E，海拔 2761 m，洪积扇平原，成土母质为黄土沉积物，旱地，油菜或青稞，50 cm 深度年均土壤温度 6.2℃，编号 HH042（图 5-25，表 5-49 和表 5-50）。

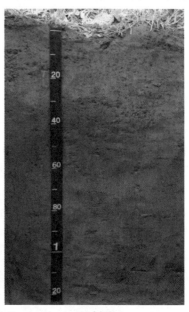

(a) 典型景观　　　　　　　　　　　　(b) 剖面

图 5-25　中游普通暗厚干润均腐土代表性单个土体典型景观与剖面

表 5-49　中游普通暗厚干润均腐土代表性单个土体物理性质

土层	深度 /cm	>2 mm 砾石 /%	细土颗粒组成（粒径）/(g/kg)			质地	容重 /(g/cm³)
			砂粒 (0.05 ~ 2 mm)	粉粒 (0.002 ~ 0.05 mm)	黏粒 (<0.002 mm)		
Ap1	0 ~ 20	0	199	583	219	粉壤土	0.87
Ap2	20 ~ 30	0	222	560	218	粉壤土	0.90
Ah	30 ~ 55	0	171	585	244	粉壤土	0.95
Bw1	55 ~ 70	0	178	576	247	粉壤土	1.02
Bw2	70 ~ 95	0	192	570	238	粉壤土	1.01

表 5-50　中游普通暗厚干润均腐土代表性单个土体化学性质

深度/cm	pH	有机碳/(g/kg)	全氮（N）/(g/kg)	全磷（P）/(g/kg)	全钾（K）/(g/kg)	CEC/[cmol（+）/kg]	碳酸钙/(g/kg)
0~20	8.2	46.3	3.54	0.65	18.4	25.1	10.3
20~30	8.0	39.5	3.04	0.60	18.7	24.9	12.9
30~55	8.1	30.0	2.33	0.63	16.9	36.7	50.2
55~70	8.2	21.6	1.71	0.60	17.5	26.7	88.0
70~95	8.1	22.6	1.78	0.53	16.6	23.9	86.2

Ap1：0~20 cm，灰黄棕色（7.5YR 4/2，干），黑棕色（7.5YR 3/2，润），粉壤土，发育中等的粒状结构，松散，轻度石灰反应，向下层平滑清晰过渡。

Ap2：20~30 cm，灰黄棕色（7.5YR 4/2，干），黑棕色（7.5YR 3/2，润），粉壤土，发育中等的粒状-小块状结构，松散-稍坚硬，轻度石灰反应，向下层波状清晰过渡。

Ah：30~55 cm，灰黄棕色（7.5YR 4/2），黑棕色（7.5YR 3/1，润），粉壤土，发育中等的大块状结构，坚硬，中度石灰反应，向下层波状渐变过渡。

Bw1：55~70 cm，灰黄棕色（7.5YR 4/2），黑棕色（7.5YR 3/1，润），粉壤土，发育中等的大块状结构，坚硬，强度石灰反应，向下层波状渐变过渡。

Bw2：70~95 cm，灰黄棕色（7.5YR 5/2，干），黑棕色（7.5YR 3/1，润），粉壤土，发育中等的大块状结构，坚硬，可见铁锰斑纹，强度石灰反应，向下层波状渐变过渡。

BC：>95 cm，灰黄棕色（7.5YR 5/2，干），黑棕色（7.5YR 3/1，润），粉壤土，发育中等的大块状结构，坚硬，可见铁锰斑纹，强度石灰反应。

该类型土壤目前用于耕地，土体深厚，质地适中，养分含量高，但耕层偏浅，应进一步完善灌溉系统，推行秸秆还田，平衡施肥，提升地力。

5.5　雏形土纲

5.5.1　成土环境与成土因素

雏形土纲主要分布于中游河西走廊地区，地貌类型多样，主要为冲积平原、冲积-洪积平原、洪积平原、冲积-洪积扇平原、河漫滩，少量为侵蚀剥蚀台地、丘陵和中山，海拔介于1200~2750 m，成土母质主要为灌淤-沉（冲）积物、冲积物、洪积物，少量为坡积物，年均日照时间介于3000~4000 h，年均气温介于1.5~9.0 ℃，50 cm深处年均土壤温度介于6.0~10.0 ℃，年均降水量介于70~320 mm，土地利用一般为旱地或植被盖度高低不一的草地。

雏形土主要包括灌淤干润雏形土、底锈干润雏形土、简育干润雏形土三个土类。灌淤干润雏形土和底锈干润雏形土分布于中游河西走廊绿洲地区，为具有灌淤条件的旱地，且具有厚度介于20~50 cm的灌淤表层，但不满足灌淤旱耕人为土所需要的50 cm灌淤表层的条件；部分土体中存在明显的钙积过程，具有钙积层，为钙积灌淤干润雏形土亚类；部分土体在50~100 cm可见由定期灌溉造成氧化还原交替形成的斑纹。简育干润雏形土主要分布于上游祁连山区海拔较低的山麓及河谷两岸地带以及祁连山与河西走廊交接的洪积–冲积平原地带，或为植被盖度高的草地，或为长期耕作定期灌溉旱地；部分土体钙积过程明显，具有钙积层，为钙积简育干润雏形土亚类。

5.5.2　主要亚类与基本性状

（1）钙积灌淤干润雏形土

钙积灌淤干润雏形土诊断层包括灌淤现象和钙积层；诊断特性包括冷性土壤温度状况、半干润土壤水分状况、人为灌淤物质和石灰性。从2个代表性单个土体的统计信息来看（表5-51和表5-52，图5-26），土体厚度在1 m以上，通体有石灰反应，pH介于8.0~8.6，质地主要为壤土、砂质壤土和粉质黏壤土，粉粒含量介于260~660 g/kg，灌淤表层厚度介于20~50 cm，钙积层出现上界介于60~80 cm，碳酸钙含量介于100~190 g/kg。

表5-51　中游钙积灌淤干润雏形土物理性质（n=2）

土层	>2 mm 砾石 /%	细土颗粒组成（粒径）/（g/kg）			容重/（g/cm³）
		砂粒 (0.05~2 mm)	粉粒 (0.002~0.05 mm)	黏粒 (<0.002 mm)	
A	0	374.09±221.02	436.16±165.52	189.75±55.51	1.22±0.07
B	0	284.10±168.93	501.73±149.52	213.99±19.31	1.35±0.08

表5-52　上游钙积灌淤干润雏形土化学性质（n=2）

土层	pH	有机碳 /（g/kg）	全氮（N） /（g/kg）	全磷（P） /（g/kg）	全钾（K） /（g/kg）	CEC /［cmol（+）/kg］	碳酸钙 /（g/kg）
A	8.27±0.12	8.23±2.65	0.72±0.26	0.66±0.18	15.19±1.31	7.22±6.00	138.51±9.83
B	8.48±0.03	4.12±1.68	0.41±0.20	0.59±0.12	16.25±0.26	9.48±7.53	144.69±39.28

代表性单个土体①　位于甘肃省张掖市高台县新坝乡西上坝村北，39°7′58.945″N，99°17′45.962″E，海拔2251 m，洪积平原，成土母质为黄土和砾石交错洪积物，目前开垦为梯田旱地，油菜单作，50 cm深度年均土壤温度7.2 ℃，编号GL-020（图5-27，表5-53和表5-54）。

Aup1：0~15 cm，浊黄橙色（10YR 7/2，干），灰黄棕色（10YR 5/2，润），5%石砾，粉壤土，发育中等的粒状–小块状结构，松散–松软，强度石灰反应，向下层平滑清晰过渡。

Aup2：15~25 cm，浊黄橙色（10YR 7/2，干），灰黄棕色（10YR 5/2，润），5%石砾，粉壤土，发育中等的中块状结构，松软，强度石灰反应，向下层平滑清晰过渡。

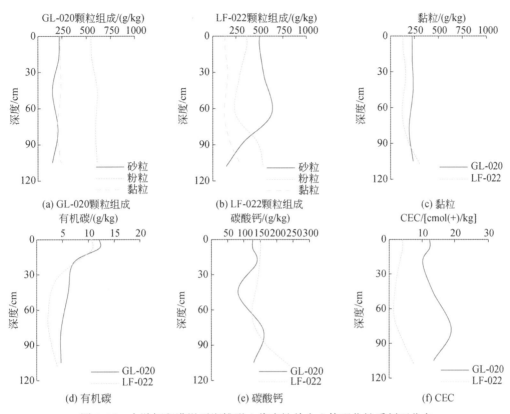

图 5-26　中游钙积灌淤干润雏形土代表性单个土体理化性质剖面分布

(a) 典型景观　　　　　　　　　　　　　　　(b) 剖面

图 5-27　中游钙积灌淤干润雏形土代表性单个土体①典型景观与剖面

表 5-53　中游钙积灌淤干润雏形土代表性单个土体①物理性质

土层	深度/cm	>2 mm 砾石/%	细土颗粒组成（粒径）/（g/kg）			质地	容重 /（g/cm³）
			砂粒 (0.05~2 mm)	粉粒 (0.002~0.05 mm)	黏粒 (<0.002 mm)		
Aup1	0~15	5	221	550	229	粉壤土	1.13
Aup2	15~25	5	213	558	229	粉壤土	1.23
Bw1	25~66	10	150	612	238	粉壤土	1.26
Bk	66~90	80	208	594	197	粉壤土	1.31
Bw2	>90	5	150	612	238	粉壤土	1.31

表 5-54　中游钙积灌淤干润雏形土代表性单个土体①化学性质

深度/cm	pH	有机碳 /（g/kg）	全氮（N） /（g/kg）	全磷（P） /（g/kg）	全钾（K） /（g/kg）	CEC /[cmol（+）/kg]	碳酸钙 /（g/kg）
0~15	8.4	12.1	1.03	0.83	15.8	12.3	126.8
15~25	8.3	7.1	0.71	0.74	16.6	10.2	138.7
25~66	8.5	6.1	0.64	0.73	17.4	13.3	82.4
66~90	8.5	4.7	0.48	0.64	16.3	19.0	159.8
>90	8.5	4.7	0.48	0.63	15.2	13.5	129.8

Bw1：25~66 cm，浊黄橙色（10YR 7/2，干），灰黄棕色（10YR 5/2，润），10% 石砾，粉壤土，发育中等的大块状结构，稍坚硬，强度石灰反应，向下层平滑突变过渡。

Bk：66~90 cm，棕灰色（10YR 6/1，干），棕灰色（10YR 4/1，润），80% 石砾，粉壤土，单粒，无结构，松散，砾石面上可见碳酸钙粉末，强度石灰反应，向下清晰突变过渡。

Bw2：>90 cm，浊黄橙色（10YR 7/3，干），灰黄棕色（10YR 5/2，润），5% 石砾，粉壤土，发育中等的大块状结构，稍坚硬，强度石灰反应。

该类型土壤土体深厚，质地适中，但养分含量偏低，耕层偏浅，碱性重，应完善灌溉系统，推行秸秆还田，增施有机肥和平衡施肥，提升地力。

代表性单个土体②　位于甘肃省酒泉市金塔县金塔镇中截村北，40°1′0.872″N，98°53′45.834″E，海拔 1262 m，洪积-冲积平原，成土母质为黄土沉积物，旱地，小麦单作，50 cm 深度年均土壤温度 9.8 ℃，编号 LF-022（图 5-28，表 5-55 和表 5-56）。

Aup1：0~18 cm，浊黄橙色（7.5YR 7/2，干），灰黄棕色（7.5YR 4/2，润），壤土，发育中等的粒状-小块状结构，松散-松软，强度石灰反应，向下层平滑清晰过渡。

Aup2：18~48 cm，浊黄橙色（7.5YR 7/2，干），灰黄棕色（10YR 5/2，润），砂质壤土，发育中等的小块状结构，稍坚硬，强度石灰反应，向下层波状渐变过渡。

Bw：48~80 cm，浊黄橙色（7.5YR 7/2，干），灰黄棕色（10YR 5/2，润），砂质壤土，发育中等的中块状结构，稍坚硬，局部可见残留的冲积层理，强度石灰反应，向下层波状渐变过渡。

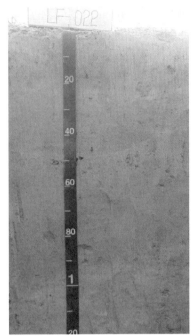

(a) 典型景观   (b) 剖面

图 5-28   中游钙积灌淤干润雏形土代表性单个土体②典型景观与剖面

表 5-55   中游钙积灌淤干润雏形土代表性单个土体②物理性质

土层	深度/cm	>2 mm 砾石/%	细土颗粒组成（粒径）/（g/kg）			质地	容重 /（g/cm³）
			砂粒 （0.05~2 mm）	粉粒 （0.002~0.05 mm）	黏粒 （<0.002 mm）		
Aup1	0~18	0	501	366	133	壤土	1.15
Aup2	18~48	0	548	291	161	砂质壤土	1.35
Bw	48~80	0	632	245	124	砂质壤土	1.45
Bk1	80~96	0	333	479	187	壤土	1.41
Bk2	>96	0	146	542	311	粉质黏壤土	1.34

表 5-56   中游钙积灌淤干润雏形土代表性单个土体②化学性质

深度 /cm	pH	有机碳 /（g/kg）	全氮（N） /（g/kg）	全磷（P） /（g/kg）	全钾（K） /（g/kg）	CEC /［cmol（+）/kg］	碳酸钙 /（g/kg）
0~18	8.0	10.6	0.91	0.66	14.2	4.1	150.4
18~48	8.3	3.8	0.3	0.46	14.3	2.3	142.5
48~80	8.6	2.2	0.22	0.42	14.5	1.5	125.2
80~96	8.4	2.8	0.2	0.54	15.4	4.3	163.0
>96	8.3	4.0	0.37	0.60	18.6	7.6	241.8

Bk1：80～96 cm，浊黄橙色（7.5YR 7/2，干），灰黄棕色（10YR 5/2，润），壤土，发育中等中块状结构，稍坚硬，局部可见冲积层理，强度石灰反应，向下层波状渐变过渡。

Bk2：>96 cm，浊黄橙色（7.5YR 7/2，干），灰黄棕色（10YR 5/2，润），粉质黏壤土，发育中等中块状结构，稍坚硬，局部可见冲积层理，强度石灰反应。

该类型土壤土体深厚，质地适中，但养分含量偏低，石灰性强，应完善灌溉系统，推行秸秆还田，增施有机肥和平衡施肥，提升地力。

（2）斑纹灌淤干润雏形土

斑纹灌淤干润雏形土诊断层包括灌淤现象和耕作淀积层；诊断特性包括温性土壤温度状况、半干润土壤水分状况、人为灌淤物质、氧化还原特征和石灰性。从 2 个代表性单个土体的统计信息来看（表 5-57 和表 5-58，图 5-29），土体厚度在 1 m 以上，通体有石灰反应，碳酸钙含量介于 30～120 g/kg，pH 介于 7.9～8.6，质地主要为粉壤土、壤土，少量为砂质壤土，砂粒含量介于 330～810 g/kg，灌淤表层厚度介于 20～40 cm，耕作淀积层厚度介于10～15 cm，之下为雏形层，土体彩度≤2，可见铁锰斑纹，部分可见冲积层理。

表 5-57　中游斑纹灌淤干润雏形土物理性质（n=2）

土层	>2 mm 砾石/%	细土颗粒组成（粒径）/（g/kg）			容重/（g/cm³）
		砂粒 （0.05～2 mm）	粉粒 （0.002～0.05 mm）	黏粒 （<0.002 mm）	
A	0	409.00±298.40	398.75±219.56	192.75±79.55	1.32±0.04
B	0	530.72±194.15	306.90±151.88	162.78±42.82	1.40±0.00

表 5-58　中游斑纹灌淤干润雏形土化学性质（n=2）

土层	pH	有机碳 /（g/kg）	全氮（N） /（g/kg）	全磷（P） /（g/kg）	全钾（K） /（g/kg）	CEC /[cmol（+）/kg]	碳酸钙 /（g/kg）
A	8.25±0.07	7.68±4.42	0.67±0.31	0.79±0.08	15.83±2.09	6.08±3.43	80.10±53.74
B	8.24±0.06	3.44±0.83	0.30±0.03	0.62±0.11	15.63±0.11	3.59±1.47	67.64±38.52

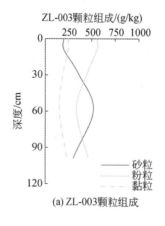

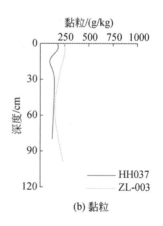

（a）ZL-003颗粒组成　　　　（b）黏粒

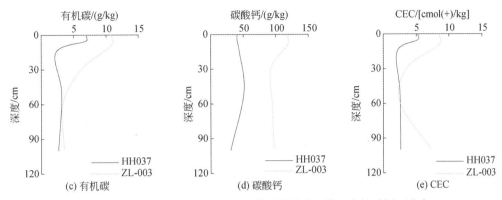

图 5-29 中游斑纹灌淤干润雏形土代表性单个土体理化性质剖面分布

代表性单个土体① 位于甘肃省张掖市甘州区明永乡陈家西沟北, 39°0′38.21424″N, 100°17′43.338″E, 海拔 1435 m, 冲积平原, 成土母质为黄土沉积物, 旱地, 玉米单作, 50 cm 深度年均土壤温度 9.8 ℃, 编号 HH037 (图 5-30, 表 5-59 和表 5-60)。

(a) 典型景观

(b) 剖面

图 5-30 中游斑纹灌淤干润雏形土代表性单个土体①典型景观与剖面

表 5-59 中游斑纹灌淤干润雏形土代表性单个土体①物理性质

土层	深度/cm	>2 mm 砾石/%	细土颗粒组成 (粒径)/(g/kg)			质地	容重 /(g/cm³)
			砂粒 (0.05~2 mm)	粉粒 (0.002~0.05 mm)	黏粒 (<0.002 mm)		
Aup11	0~10	0	436	386	178	壤土	1.23
Aup12	10~20	0	804	101	95	壤质砂土	1.45

土层	深度/cm	>2 mm 砾石/%	细土颗粒组成（粒径）/（g/kg）			质地	容重 /（g/cm³）
			砂粒 (0.05~2 mm)	粉粒 (0.002~0.05 mm)	黏粒 (<0.002 mm)		
Bup	20~40	0	636	221	143	砂质壤土	1.38
Bur	>40	0	700	178	122	砂质壤土	1.42

表 5-60　中游斑纹灌淤干润雏形土代表性单个土体①化学性质

深度 /cm	pH	有机碳 /（g/kg）	全氮（N） /（g/kg）	全磷（P） /（g/kg）	全钾（K） /（g/kg）	CEC /［cmol（+）/kg］	碳酸钙 /（g/kg）
0~10	7.9	6.9	0.62	0.86	15.0	5.2	40.4
10~20	8.5	2.2	0.27	0.61	13.7	2.1	43.8
20~40	8.4	3.1	0.33	0.57	15.3	2.5	50.6
>40	8.0	2.6	0.30	0.52	15.8	2.6	30.2

Aup11：0~10 cm，浊黄橙色（10YR 7/2，干），灰黄棕色（10YR 5/2，润），壤土，发育中等的粒状-小块状结构，松散-松软，中度石灰反应，向下层平滑清晰过渡。

Aup12：10~20 cm，浊黄橙色（10YR 7/2，干），灰黄棕色（10YR 5/2，润），壤质砂土，发育中等的小块状结构，稍坚硬，中度石灰反应，向下层平滑渐变过渡。

Bup：20~40 cm，橙白色（10YR 8/2，干），灰黄棕色（10YR 6/2，润），砂质壤土，发育中等的中块状结构，稍坚硬，结构面可见暗色腐殖质-粉粒胶膜，中度石灰反应，向下层平滑清晰过渡。

Bur：>40 cm，淡黄橙色（10YR 8/3，干），浊黄棕色（10YR 5/3，润），砂质壤土，发育中等的中块状结构，稍坚硬，可见冲积层理和铁锰斑纹，中度石灰反应。

该类型土壤土体深厚，质地适中，但养分含量偏低，应完善灌溉系统，增施有机肥和平衡施肥，提升地力。

代表性单个土体②　位于甘肃省酒泉市肃州区金佛寺镇常家庄北，39°27′50.334″N，98°51′41.784″E，海拔 1605 m，洪积-冲积平原，成土母质为黄土沉积物，旱地，玉米单作，50 cm 深度年均土壤温度 8.9 ℃，编号 ZL-003（图 5-31，表 5-61 和表 5-62）。

Aup：0~18 cm，浊黄橙色（10YR 7/2，干），灰黄棕色（10YR 4/2，润），粉壤土，发育中等的粒状-小块状结构，松散-松软，中量杨树根系，强度石灰反应，向下层平滑清晰过渡。

Bup：18~40 cm，浊黄橙色（10YR 7/2，干），灰黄棕色（10YR 5/2，润），壤土，发育中等的中块状结构，稍坚硬，少量杨树根系，结构面可见暗色腐殖质-粉粒胶膜，强度石灰反应，向下层平滑清晰过渡。

Br：40~78 cm，灰黄棕色（10YR 6/2，干），灰黄棕色（10YR 4/2，润），壤土，发育中等的大块状结构，稍坚硬，少量杨树根系，可见铁锰斑纹，强度石灰反应，向下层波状渐变过渡。

(a) 典型景观   (b) 剖面

图 5-31 中游斑纹灌淤干润雏形土代表性单个土体②典型景观与剖面

表 5-61 中游斑纹灌淤干润雏形土代表性单个土体②物理性质

| 土层 | 深度/cm | >2 mm 砾石/% | 细土颗粒组成（粒径)/(g/kg) | | | 质地 | 容重 /(g/cm³) |
			砂粒 (0.05~2 mm)	粉粒 (0.002~0.05 mm)	黏粒 (<0.002 mm)		
Aup	0~18	0	198	554	249	粉壤土	1.29
Bup	18~40	0	358	451	191	壤土	1.41
Br	40~78	0	515	337	149	壤土	1.43
BCr	>78	0	302	465	234	壤土	1.36

表 5-62 中游斑纹灌淤干润雏形土代表性单个土体②化学性质

深度/cm	pH	有机碳 /(g/kg)	全氮 (N)/(g/kg)	全磷 (P)/(g/kg)	全钾 (K)/(g/kg)	CEC /[cmol (+)/kg]	碳酸钙/(g/kg)
0~18	8.3	10.8	0.89	0.85	17.3	8.5	118.1
18~40	8.3	6.3	0.49	0.67	14.7	3.6	92.3
40~78	8.6	3.3	0.20	0.69	15.4	2.5	93.9
>78	8.0	3.5	0.24	0.73	16.5	7.1	97.1

BCr：>78 cm，灰黄棕色（10YR 6/2，干），灰黄棕色（10YR 5/2，润），壤土，发育中等的中块状结构，稍坚硬，少量杨树根系，可见铁锰斑纹，强度石灰反应。

该类型土壤土体深厚，质地适中，总体来看是质量较高的耕地，但养分含量偏低，石灰性强，应完善灌溉系统，增施有机肥和平衡施肥，提升地力。

（3）石灰底锈干润雏形土

石灰底锈干润雏形土诊断层包括淡薄表层和雏形层；诊断特性包括冷性土壤温度状况、半干润土壤水分状况、氧化还原特征和石灰性。从2个代表性单个土体的统计信息来看（表5-63和表5-64，图5-32），土体厚度在1 m以上，通体有石灰反应，碳酸钙含量介于60～120 g/kg，pH介于8.2～8.8，质地为壤土和壤质砂土，粉粒含量介于330～450 g/kg，淡薄表层厚度介于10～20 cm，耕作淀积层厚度介于10～20 cm，雏形层厚度介于50～60 cm，雏形层可见残留的冲积层理和斑纹。

表5-63　中游石灰底锈干润雏形土物理性质（n=2）

| 土层 | >2 mm 砾石/% | 细土颗粒组成（粒径）/(g/kg) | | | 容重/（g/cm³） |
		砂粒（0.05～2 mm）	粉粒（0.002～0.05 mm）	黏粒（<0.002 mm）	
A	0	472.5±45.96	352±16.97	175.5±28.99	1.3±0.11
B	0	432.54±56.59	390.46±57.13	177.12±0.7	1.43±0.01

表5-64　中游石灰底锈干润雏形土化学性质（n=2）

土层	pH	有机碳/(g/kg)	全氮（N）/(g/kg)	全磷（P）/(g/kg)	全钾（K）/(g/kg)	CEC/[cmol（+）/kg]	碳酸钙/(g/kg)
A	8.5±0.28	6.65±1.06	0.5±0.23	0.39±0.11	15.3±0.71	5.75±1.91	89.4±22.06
B	8.5±0.03	5.78±0.32	0.43±0.16	0.54±0.07	16.16±1.52	8.2±1.8	95.34±15.47

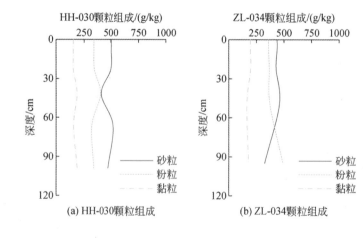

(a) HH-030颗粒组成　　(b) ZL-034颗粒组成

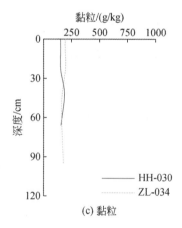

(c) 黏粒

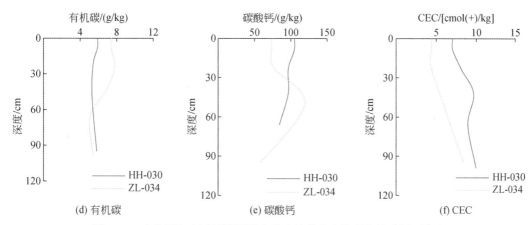

图 5-32 中游石灰底锈干润雏形土代表性单个土体理化性质剖面分布

代表性单个土体① 位于甘肃省张掖市高台县黑泉乡杨家庄东，39°29′24.234″N，99°39′9.39″E，海拔 1270 m，冲积平原，成土母质为次生黄土沉积物，旱地，玉米单作，50 cm 深度年均土壤温度 9.9 ℃，编号 HH030（图 5-33，表 5-65 和表 5-66）。

(a) 典型景观　　　　　　　　　　　　　(b) 剖面

图 5-33 中游石灰底锈干润雏形土代表性单个土体①典型景观与剖面

表 5-65 中游石灰底锈干润雏形土代表性单个土体①物理性质

土层	深度/cm	>2 mm 砾石/%	细土颗粒组成（粒径）/（g/kg）			质地	容重 /（g/cm³）
			砂粒 (0.05 ~ 2 mm)	粉粒 (0.002 ~ 0.05 mm)	黏粒 (<0.002 mm)		
Ap	0 ~ 17	0	505	340	155	壤土	1.22
Bw1	17 ~ 30	0	499	345	156	壤土	1.21
Bw2	30 ~ 54	0	409	403	189	壤土	1.48
Bw3	54 ~ 78	0	521	321	158	砂质壤土	1.44
Br	>78	0	473	338	189	壤土	1.45

表 5-66 中游石灰底锈干润雏形土代表性单个土体①化学性质

深度/cm	pH	有机碳 /（g/kg）	全氮 (N)/（g/kg）	全磷 (P)/（g/kg）	全钾 (K)/（g/kg）	CEC /[cmol (+)/kg]	碳酸钙 /（g/kg）
0 ~ 17	8.7	7.4	0.66	0.31	14.8	7.1	105.0
17 ~ 30	8.5	7.8	0.68	0.68	16.1	8.2	96.5
30 ~ 54	8.5	7.0	0.62	0.59	17.0	9.7	96.5
54 ~ 78	8.6	5.1	0.48	0.56	17.1	9.0	84.2
>78	8.4	5.4	0.5	0.59	17.8	10.0	127.5

Ap：0 ~ 17 cm，浊黄橙色（10YR 8/3，干），浊黄棕色（10YR 5/3，润），壤土，发育中等的粒状-小块状结构，松散-松软，少量碳屑，强度石灰反应，向下层平滑清晰过渡。

Bw1：17 ~ 30 cm，浊黄橙色（10YR 8/3，干），浊黄棕色（10YR 5/3，润），壤土，发育中等的中块状结构，松软-稍坚硬，少量碳屑，强度石灰反应，向下层波状渐变过渡。

Bw2：30 ~ 54 cm，浊黄橙色（10YR 8/3，干），浊黄棕色（10YR 5/3，润），壤土，发育中等的中块状结构，稍坚硬，少量碳屑，强度石灰反应，向下层波状渐变过渡。

Bw3：54 ~ 78 cm，浊黄橙色（10YR 8/3，干），浊黄棕色（10YR 5/3，润），砂质壤土，发育弱的中块状结构，稍坚硬，少量碳屑，强度石灰反应，向下层波状清晰过渡。

Br：>78 cm，橙白色（10YR 8/2，干），灰黄棕色（10YR 5/2，润），壤土，发育弱的中块状结构，稍坚硬，可见铁锰结核和斑纹，强度石灰反应。

该类型土壤地势平缓，土体深厚，但养分偏低，石灰性较强，应进一步改善灌排体系，推行秸秆还田，增施有机肥和平衡施肥，提升地力。

代表性单个土体② 位于甘肃省张掖市临泽县倪家营乡大山沟村南，38°59′04.903″N，100°00′36.615″E，海拔 1722 m，位于冲积平原河漫滩，成土母质为次生黄土沉积物，旱地，玉米单作，50 cm 深度年均土壤温度 8.9 ℃，编号 ZL-034（图 5-34，表 5-67 和表 5-68）。

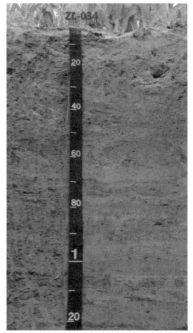

(a) 典型景观   (b) 剖面

图 5-34　中游石灰底锈干润雏形土代表性单个土体②典型景观与剖面

表 5-67　中游石灰底锈干润雏形土代表性单个土体②物理性质

| 土层 | 深度/cm | >2 mm 砾石/% | 细土颗粒组成（粒径）/(g/kg) | | | 质地 | 容重 /(g/cm³) |
			砂粒 (0.05~2 mm)	粉粒 (0.002~0.05 mm)	黏粒 (<0.002 mm)		
Ap	0~15	0	440	364	196	壤土	1.38
Bp	15~30	0	431	370	199	壤土	1.47
BCr1	30~70	0	460	376	164	壤土	1.42
BCr2	>70	0	327	493	180	壤土	1.45

表 5-68　中游石灰底锈干润雏形土代表性单个土体②化学性质

深度/cm	pH	有机碳 /(g/kg)	全氮 (N)/(g/kg)	全磷 (P)/(g/kg)	全钾 (K)/(g/kg)	CEC /[cmol (+)/kg]	碳酸钙 /(g/kg)
0~15	8.3	5.9	0.34	0.46	15.8	4.4	73.8
15~30	8.7	5.4	0.30	0.44	14.4	4.4	76.4
30~70	8.6	5.3	0.35	0.45	14.7	5.9	119.9
>70	8.4	5.8	0.31	0.54	15.6	8.5	58.4

Ap：0~15 cm，浊橙色（7.5YR 7/3，干），灰棕色（7.5YR 5/2，润），壤土，发育中等的粒状-小块状结构，松散-稍坚硬，强度石灰反应，向下层平滑清晰过渡。

Bp：15~30 cm，浊橙色（7.5YR 7/3，干），灰棕色（7.5YR 5/2，润），壤土，发育中等的中块状结构，坚硬，结构面可见暗色腐殖质-粉粒胶膜，强度石灰反应，向下层平滑清晰过渡。

BCr1：30~70 cm，50%浊棕色（7.5YR 6/3，干），棕色（7.5YR 4/3，润）；50%浊棕色（7.5YR 7/3，干），灰棕色（7.5YR 5/2，润）。壤土，发育中等的大块状结构，坚硬，可见残留的冲积层理铁锰斑纹，强度石灰反应，向下层平滑清晰过渡。

BCr2：>70 cm，50%浊棕色（7.5YR 6/3，干），棕色（7.5YR 4/3，润）；50%浊棕色（7.5YR 7/3，干），灰棕色（7.5YR 5/2，润）。壤土，发育中等的大块状结构，坚硬，可见残留的冲积层理和铁锰斑纹，强度石灰反应。

该类型土壤地势平缓，土体深厚，质地适中，但养分含量偏低，应完善灌溉系统，秸秆还田，增施有机肥和平衡施肥。

（4）钙积简育干润雏形土

钙积简育干润雏形土诊断层包括淡薄表层和钙积层；诊断特性包括冷性土壤温度状况、半干润土壤水分状况和石灰性。钙积简育干润雏形土与普通简育干润雏形土区别在于出现了钙积层。从6个代表性单个土体的统计信息来看（表5-69和表5-70，图5-35），土体厚度在1 m以上，通体有石灰反应，pH介于7.9~8.6。质地多为粉壤土，少量为壤土、砂质壤土和粉质黏壤土，粉粒含量介于480~620 g/kg。淡薄表层厚度介于5~20 cm，碳酸钙含量介于70~150 g/kg。钙积层出现上界浅的介于15~25 cm，深的可达95 cm，碳酸钙含量介于110~200 g/kg。

表5-69　中游钙积简育干润雏形土物理性质（n=6）

| 土层 | >2 mm 砾石/% | 细土颗粒组成（粒径）/(g/kg) | | | 容重/(g/cm³) |
		砂粒（0.05~2 mm）	粉粒（0.002~0.05 mm）	黏粒（<0.002 mm）	
A	0	230.5±70.22	553.5±65.54	215.83±7.52	1.18±0.07
B	1.52±3.71	237.71±62.15	545.79±55.92	216.51±17.47	1.28±0.04

表5-70　中游钙积简育干润雏形土化学性质（n=6）

土层	pH	有机碳/(g/kg)	全氮(N)/(g/kg)	全磷(P)/(g/kg)	全钾(K)/(g/kg)	CEC/[cmol(+)/kg]	碳酸钙/(g/kg)
A	8.28±0.31	13.12±6.85	1.07±0.52	0.75±0.09	16.63±1.5	9.45±2.34	108.58±35.23
B	8.26±0.11	6.08±1	0.54±0.08	0.58±0.05	15.99±1.19	10.4±1.97	154.59±41.51

代表性单个土体①位于甘肃省张掖市山丹县老军乡黄嵩湾村西，38°33′38.483″N，101°29′11.868″E，海拔2116 m，剥蚀高台地，成土母质为黄土沉积物，荒草地，草被盖度40%，50 cm深度年均土壤温度7.9 ℃，编号HH044（图5-36，表5-71和表5-72）。

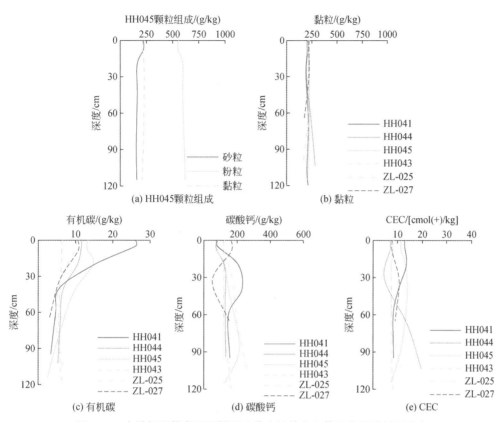

图 5-35　中游钙积简育干润雏形土代表性单个土体理化性质剖面分布

(a) 典型景观　　　　　　　　　　(b) 剖面

图 5-36　中游钙积简育干润雏形土代表性单个土体①典型景观与剖面

表 5-71 中游钙积简育干润雏形土代表性单个土体①物理性质

| 土层 | 深度/cm | >2 mm 砾石/% | 细土颗粒组成（粒径）/（g/kg） | | | 质地 | 容重 /（g/cm³） |
			砂粒 (0.05~2 mm)	粉粒 (0.002~0.05 mm)	黏粒 (<0.002 mm)		
Ah	0~11	0	199	590	210	粉壤土	1.13
Bk1	11~30	0	200	580	220	粉壤土	1.15
Bk2	30~54	0	251	525	224	粉壤土	1.39
Bk3	54~84	0	287	501	212	粉壤土	1.41
BCr	>84	0	549	282	169	砂质壤土	1.28

表 5-72 中游钙积简育干润雏形土代表性单个土体①化学性质

深度/cm	pH	有机碳 /（g/kg）	全氮 (N)/（g/kg）	全磷 (P)/（g/kg）	全钾 (K)/（g/kg）	CEC /[cmol(+)/kg]	碳酸钙 /（g/kg）
0~11	8.5	11.7	0.97	0.70	16.5	8.4	77.7
11~30	8.7	10.6	0.89	0.63	16.4	7.6	130.4
30~54	8.4	6.7	0.6	0.53	16.0	7.9	130.4
54~84	8.0	6.0	0.55	0.52	17.2	8.0	133.6
>84	8.5	5.4	0.5	0.41	17.3	11.6	94.7

Ah：0~11 cm，亮黄棕色（10YR 6/6，干），棕色（10YR 4/4，润），粉壤土，发育弱的粒状-小块状结构，松散-稍坚硬，多量草被根系，中度石灰反应，向下层波状清晰过渡。

Bk1：11~30 cm，亮黄棕色（10YR 7/6，干），浊黄棕色（10YR 5/4，润），粉壤土，发育弱的中块状结构，稍坚硬，中量草被根系，可见碳酸钙粉末，强度石灰反应，向下层波状清晰过渡。

Bk2：30~54 cm，亮黄棕色（10YR 7/6，干），浊黄棕色（10YR 5/4，润），粉壤土，发育弱的大块状结构，稍坚硬，少量草被根系，可见碳酸钙粉末，强度石灰反应，向下层波状渐变过渡。

Bk3：54~84 cm，亮黄棕色（10YR 7/6，干），浊黄棕色（10YR 5/4，润），粉壤土，发育弱的大块状结构，稍坚硬，可见碳酸钙粉末，强度石灰反应，向下层波状渐变过渡。

BCr：>84 cm，浊棕色（7.5YR 6/3，干），棕色（7.5YR 4/3，润），砂质壤土，发育弱的大块状结构，松软-稍坚硬，可见铁锰斑纹，强度石灰反应。

该类型土壤多为荒草地，地势平缓，土体深厚，植被盖度较低，应防止过度放牧，提高草被盖度。

代表性单个土体② 位于甘肃省酒泉市肃州区银达镇仇家庄南，39°46′28.402″N，98°33′04.654″E，海拔1388 m，冲积平原河漫滩，成土母质为黄土沉积物，旱地，玉米-蔬菜不定期轮作，50 cm深度年均土壤温度9.4 ℃，编号ZL-025（图5-37，表5-73和表5-74）。

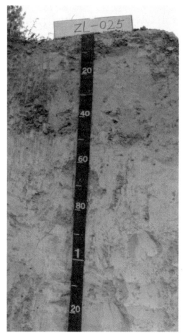

(a) 典型景观   (b) 剖面

图 5-37　中游钙积简育干润雏形土代表性单个土体②典型景观与剖面

表 5-73　中游钙积简育干润雏形土代表性单个土体②物理性质

土层	深度/cm	>2 mm 砾石/%	细土颗粒组成（粒径）/(g/kg)			质地	容重 /(g/cm³)
			砂粒 (0.05~2 mm)	粉粒 (0.002~0.05 mm)	黏粒 (<0.002 mm)		
Ap	0~15	0	368	427	205	壤土	1.16
Bk1	15~48	0	362	436	202	壤土	1.25
Bk2	48~88	0	201	550	249	粉壤土	1.3
Bk3	>88	0	129	583	288	粉质黏壤土	1.24

表 5-74　中游钙积简育干润雏形土代表性单个土体②化学性质

深度/cm	pH	有机碳 /(g/kg)	全氮 (N)/(g/kg)	全磷 (P)/(g/kg)	全钾 (K)/(g/kg)	CEC /[cmol (+)/kg]	碳酸钙 /(g/kg)
0~15	8.5	10.2	0.81	0.87	15.6	7.2	122.0
15~48	8.4	6.2	0.52	0.66	14.4	4.9	174.3
48~88	8.4	4.8	0.43	0.60	15.0	14.2	204.9
>88	8.3	6.6	0.49	0.54	15.0	19.9	261.2

Ap：0~15 cm，淡灰色（10YR 7/1，干），棕灰色（10YR 5/1，润），壤土，发育中等的粒状-小块状结构，松散-稍坚硬，强度石灰反应，向下层波状清晰过渡。

Bk1：15~48 cm，淡灰色（10YR 7/1，干），棕灰色（10YR 5/1，润），壤土，发育中等的中块状结构，稍坚硬，强度石灰反应，向下层波状清晰过渡。

Bk2：48~88 cm，橙白色（10YR 8/1，干），棕灰色（10YR 5/1，润），粉壤土，发育弱的大块状结构，坚硬，可见碳酸钙粉末，强度石灰反应，向下层平滑清晰过渡。

Bk3：>88 cm，橙白色（10YR 8/1，干），棕灰色（10YR 5/1，润），粉质黏壤土，发育弱的大块状结构，坚硬，可见碳酸钙粉末，强度石灰反应。

该类型土壤土体深厚，质地适中，但耕作层偏浅，养分含量偏低，石灰性强，应完善灌溉系统，推行秸秆还田，增施有机肥和平衡施肥，提升地力。

（5）普通简育干润雏形土

普通简育干润雏形土诊断层包括淡薄表层和雏形层；诊断特性包括温性土壤温度状况、半干润土壤水分状况和石灰性。从 7 个代表性单个土体统计信息来看（表 5-75 和表 5-76，图 5-38），个别地表有粗碎块，面积介于 10%~20%。土体厚度多在 1 m 以上，个别厚度介于 60~70 cm，之下为洪积砾石层。通体有石灰反应，碳酸钙含量低的介于 50~60 g/kg，高的可达 150 g/kg，pH 介于 7.8~9.0。质地多为粉壤土，部分为壤土，少量为砂土或壤质砂土，粉粒含量介于 470~900 g/kg。淡薄表层厚度介于 10~25 cm，之下为雏形层，部分土体可见残留的冲积层理。

表 5-75　中游普通简育干润雏形土物理性质 （n=7）

| 土层 | >2 mm 砾石/% | 细土颗粒组成（粒径）/（g/kg） | | | 容重/（g/cm³） |
		砂粒（0.05~2 mm）	粉粒（0.002~0.05 mm）	黏粒（<0.002 mm）	
A	0.71±1.89	298.15±268.51	515.48±226.19	186.29±45.79	1.21±0.14
B	0.27±0.71	292.25±241.76	509.21±203.23	198.41±42.28	1.27±0.15

表 5-76　中游普通简育干润雏形土化学性质 （n=7）

土层	pH	有机碳/（g/kg）	全氮（N）/（g/kg）	全磷（P）/（g/kg）	全钾（K）/（g/kg）	CEC/[cmol（+）/kg]	碳酸钙/（g/kg）
A	8.34±0.33	11.14±5.02	0.98±0.41	0.71±0.25	15.77±1.36	11.58±7.56	88.37±32.76
B	8.38±0.27	8.94±5.23	0.81±0.46	0.66±0.18	16.43±1.33	10.47±5.35	99.7±28.17

代表性单个土体①　位于甘肃省张掖市民乐县南丰乡牛家庄村西南，38°17′30.814″N，100°54′29.471″E，海拔 2582 m，洪积-冲积平原，成土母质为经过搬运的次生黄土沉积物，旱地，油菜单作，50 cm 深度年均土壤温度 6.6℃，编号 LF-015（图 5-39，表 5-77 和表 5-78）。

Ap：0~22 cm，浊黄橙色（10YR 7/3，干），浊黄棕色（10YR 5/3，润），粉壤土，发育弱的粒状-小块状结构，松散-松软，中度石灰反应，向下层平滑清晰过渡。

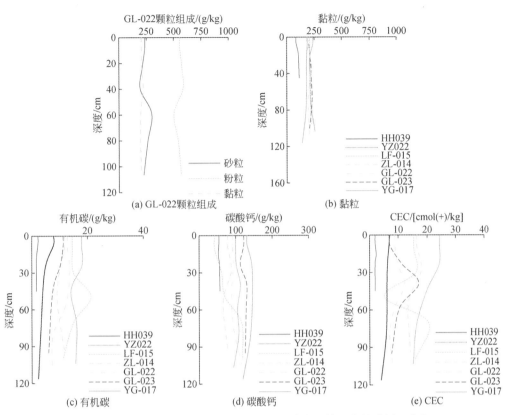

图 5-38　中游普通简育干润雏形土代表性单个土体理化性质剖面分布

(a) 典型景观　　　　　　　　　　　　(b) 剖面

图 5-39　中游普通简育干润雏形土代表性单个土体①典型景观与剖面

表 5-77　中游普通简育干润雏形土代表性单个土体①物理性质

土层	深度/cm	>2 mm 砾石/%	细土颗粒组成（粒径）/（g/kg）			质地	容重 /（g/cm³）
			砂粒 (0.05~2 mm)	粉粒 (0.002~0.05 mm)	黏粒 (<0.002 mm)		
Ap	0~22	0	194	601	205	粉壤土	1.09
Bw1	22~39	0	200	580	220	粉壤土	1.09
Ab	39~60	0	168	606	226	粉壤土	1.02
Bw2	60~80	0	146	622	231	粉壤土	1.09
BC	>80	0	189	603	208	粉壤土	1.14

表 5-78　中游普通简育干润雏形土代表性单个土体①化学性质

深度/cm	pH	有机碳 /（g/kg）	全氮 (N)/（g/kg）	全磷 (P)/（g/kg）	全钾 (K)/（g/kg）	CEC /[cmol (+)/kg]	碳酸钙 /（g/kg）
0~22	8.0	14.5	1.45	0.74	16.4	15.4	42.2
22~39	8.1	15.0	1.53	0.61	15.6	16.0	61.3
39~60	8.1	21.2	2.11	0.76	18.1	5.2	70.1
60~80	8.2	15.0	1.46	0.75	18.0	20.4	115.2
>80	8.4	11.1	1.03	0.69	16.5	15.8	118.0

Bw1：22~39 cm，亮黄棕色（10YR 7/6，干），浊黄棕色（10YR 5/4，润），粉壤土，发育弱的中块状结构，稍坚硬，中度石灰反应，向下层平滑清晰过渡。

Ab：39~60 cm，灰黄棕色（10YR 6/2，干），灰黄棕色（10YR 4/2，润），粉壤土，发育弱的粒状–中块状结构，松散–稍坚硬，强度石灰反应，向下层波状渐变过渡。

Bw2：60~80 cm，灰黄棕色（10YR 6/2，干），灰黄棕色（10YR 4/2，润），粉壤土，发育弱的大块状结构，稍坚硬，强度石灰反应，向下层波状渐变过渡。

BC：>80 cm，灰黄棕色（10YR 6/2，干），灰黄棕色（10YR 4/2，润），粉壤土，发育弱的中块状结构，稍坚硬，强度石灰反应。

该类型土壤多为旱地，地势平缓，土体深厚，但养分偏低，石灰性较强，需进一步增施有机肥和平衡施肥，保证灌溉，提升土壤质量。

代表性单个土体②　位于甘肃省张掖市山丹县霍城镇钱家山，38°23′35.09″N，101°00′45.78″E，海拔2436 m，高丘中坡中部，成土母质为黄土沉积物，荒草地，草被盖度约20%，50 cm深度年均土壤温度7.2 ℃，编号YG-017（图5-40、表5-79和表5-80）。

Ah：0~14 cm，亮黄棕色（10YR 7/6，干），浊黄棕色（10YR 5/4，润），粉壤土，发育弱的粒状–小块状结构，松散–稍坚硬，中量草被根系，强度石灰反应，向下层波状渐变过渡。

Bk：14~42 cm，浊黄橙色（10YR 7/3，干），浊黄棕色（10YR 5/3，润），粉壤土，发育弱的中块状结构，坚硬，少量草被根系，强度石灰反应，向下层波状渐变过渡。

(a) 典型景观   (b) 剖面

图 5-40　中游普通简育干润雏形土代表性单个土体②典型景观与剖面

表 5-79　中游普通简育干润雏形土代表性单个土体②物理性质

| 土层 | 深度/cm | >2 mm 砾石/% | 细土颗粒组成（粒径）/(g/kg) | | | 质地 | 容重 /(g/cm³) |
			砂粒 (0.05~2 mm)	粉粒 (0.002~0.05 mm)	黏粒 (<0.002 mm)		
Ah	0~14	0	241	571	188	粉壤土	1.21
Bk	14~42	0	224	596	180	粉壤土	1.31
Bw	42~112	0	225	599	176	粉壤土	1.38
BC	>112	0	388	472	140	壤土	1.44

表 5-80　中游普通简育干润雏形土代表性单个土体②化学性质

深度/cm	pH	有机碳 /(g/kg)	全氮 (N)/(g/kg)	全磷 (P)/(g/kg)	全钾 (K)/(g/kg)	CEC /[cmol(+)/kg]	碳酸钙 /(g/kg)
0~14	8.3	7.8	0.69	0.65	15.5	6.9	130.4
14~42	8.6	4.6	0.38	0.65	16.7	6.2	144.8
42~112	8.4	3.2	0.27	0.66	17.2	5.9	140.9
>112	8.5	2.3	0.24	0.64	15.8	4.0	118.9

Bw：42~112 cm，浊黄橙色（10YR 7/3，干），浊黄棕色（10YR 5/3，润），粉壤土，发育弱的大块状结构，稍坚硬，强度石灰反应，向下层波状清晰过渡。

BC：>112 cm，灰黄棕色（10YR 6/2，干），灰黄棕色（10YR 4/2，润），壤土，发育弱的小块状结构，稍坚硬，强度石灰反应。

该类型土壤多为荒草地，地势略起伏，土层深厚，植被盖度低，应防止过度放牧，提高草被盖度。

5.6 新成土纲

5.6.1 成土环境与成土因素

新成土纲主要是发育程度较低，没有产生明显物质迁移和土层分化的土壤，在上游地区主要包括斑纹干旱冲积新成土、普通干旱冲积新成土、石灰干旱砂质新成土和石灰干旱正常新成土。

斑纹干旱冲积新成土主要分布于祁连山北坡与河西走廊之间的洪积扇平原下缘靠近老河道地带，多为戈壁，成土母质为洪积-冲积物，海拔介于 1300~1500 m，年均日照时间介于 3000~4000 h，年均气温介于 7.0~8.0 ℃，50 cm 深处年均土壤温度介于 9.2~10.0 ℃，年均降水量介于 70~90 mm，植被多为盖度极低的荒漠灌木。

普通干旱冲积新成土主要分布于中游河西走廊与下游额济纳旗交接地带，靠近黑河河道的两岸，地貌主要为洪积扇平原和洪积平原，海拔介于 1200~1700 m，年均日照时间介于 3000~4000 h，年均气温介于 6.5~9.0 ℃，50 cm 深处年均土壤温度介于 9.0~10.0 ℃，年均降水量介于 10~300 mm，植被多为盖度极低的荒漠草被。

石灰干旱砂质新成土主要分布于河西走廊东北部的沙漠、沙丘，成土母质为风积沙，为流动-半固定沙丘，成土母质为风积沙，海拔介于 1300~1700 m，年均日照时间介于 3000~4000 h，年均气温介于 7.0~8.5 ℃，50 cm 深处年均土壤温度介于 9.2~10.0 ℃，年均降水量介于 60~120 mm，植被多为盖度极低的荒漠草被或灌木。

石灰干旱正常新成土主要分布于中游河西走廊黑河河道的两岸，地貌主要为洪积平原、冲积-洪积扇平原、洪积扇平原、剥蚀高平原和剥蚀丘陵，海拔介于 1200~2000 m，年均日照时间介于 3000~4000 h，年均气温介于 5.5~9.0 ℃，50 cm 深处年均土壤温度介于 7.50~10.0 ℃，年均降水量介于 60~150 mm，植被多为盖度极低的荒漠草被或灌木。

5.6.2 主要亚类与基本性状

（1）斑纹干旱冲积新成土

斑纹干旱冲积新成土诊断层包括干旱表层；诊断特性包括温性土壤温度状况、干旱土壤水分状况、冲积物岩性特征和石灰性。地表遍布粗碎块，土体厚度在 1 m 以上，通体有石灰反应，碳酸钙含量介于 70~130 g/kg，pH 介于 7.6~8.3，层次质地构型为壤土-壤质砂土-砂质壤土，砂粒含量介于 270~850 g/kg，砾石含量介于 5%~10%，干旱表层厚度介于 5~15 m，之下土体可见残留的冲积层理。

代表性单个土体　位于甘肃省酒泉市肃州区下河清农场下河清滩村东北，39°33′7.94″N,

98°51′33.99″E，海拔 1480 m，洪积扇平原，成土母质为黄土和砾石交错沉积物，戈壁，灌木盖度约 5%，50 cm 深度年均土壤温度 9.2 ℃，编号 YG-023（图 5-41，表 5-81 和表 5-82）。

(a) 典型景观　　　　　　　　　　　　　　(b) 剖面

图 5-41　中游斑纹干旱冲积新成土代表性单个土体典型景观与剖面

表 5-81　中游斑纹干旱冲积新成土代表性单个土体物理性质

土层	深度/cm	>2 mm 砾石/%	细土颗粒组成（粒径）/(g/kg)			质地	容重 /(g/cm³)
			砂粒 (0.05 ~ 2 mm)	粉粒 (0.002 ~ 0.05 mm)	黏粒 (<0.002 mm)		
Ah	0 ~ 10	10	462	370	169	壤土	1.45
C1	10 ~ 55	20	847	76	77	壤质砂土	1.51
C2	55 ~ 80	5	273	519	209	壤土	1.42
C3	>80	0	441	377	182	砂质壤土	1.49

表 5-82　中游斑纹干旱冲积新成土代表性单个土体化学性质

深度/cm	pH	有机碳 /(g/kg)	全氮 (N)/(g/kg)	全磷 (P)/(g/kg)	全钾 (K)/(g/kg)	CEC /[cmol (+)/kg]	碳酸钙 /(g/kg)
0 ~ 10	7.8	2.2	0.21	0.64	15.5	3.2	123.2
10 ~ 55	7.6	1.6	0.09	0.53	14.7	1.0	78.1
55 ~ 80	8.1	2.6	0.16	0.63	17.4	10.6	92.6
>80	8.3	1.8	0.09	0.49	15.6	2.0	73.2

K：+1 ~ 0 cm，干旱结皮。

Ah：0 ~ 10 cm，橙白色（10YR 8/2，干），灰黄棕色（10YR 5/2，润），10% 石砾，壤土，发育弱的粒状–小块状结构，松散–稍坚硬，少量骆驼刺根系，强度石灰反应，向下层波状清晰过渡。

C1：10 ~ 55 cm，浊黄橙色（10YR 7/2，干），灰黄棕色（10YR 4/2，润），20% 石砾，壤质砂土，单粒，无结构，松散，少量骆驼刺根系，具冲积层理，中度石灰反应，向下层平滑清晰过渡。

C2：55 ~ 80 cm，橙白色（10YR 8/2，干），灰黄棕色（10YR 6/2，润），5% 石砾，壤土，单粒，无结构，松散，具冲积层理，中度石灰反应，向下层平滑清晰过渡。

C3：>80 cm，橙白色（10YR 8/2，干），灰黄棕色（10YR 6/2，润），砂质壤土，单粒，无结构，疏松，中度石灰反应。

该类型土壤多为戈壁，植被盖度低，应封禁育草。

（2）普通干旱冲积新成土

普通干旱冲积新成土诊断层包括干旱表层；诊断特性包括温性土壤温度状况、干旱土壤水分状况、冲积物岩性特征和石灰性。地表遍布粗碎块，土体厚度在 1 m 以上，通体有石灰反应，碳酸钙含量介于 40 ~ 60 g/kg，pH 介于 7.8 ~ 8.7，层次质地构型为砂土–砂质壤土，砂粒含量介于 760 ~ 940 g/kg，干旱表层厚度介于 5 ~ 15 m，之下土体可见残留的冲积层理。

代表性单个土体　位于甘肃省酒泉市金塔县鼎新镇地湾村东北，40°9′43.7″N，99°25′8.4″E，海拔 1153 m，洪积平原，成土母质为混杂沉积物，戈壁，50 cm 深度年均土壤温度 9.9 ℃，编号 HH049（图 5-42，表 5-83 和表 5-84）。

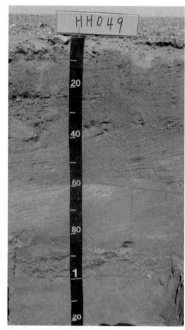

(a) 典型景观　　　　　　　　(b) 剖面

图 5-42　中游普通干旱冲积新成土代表性单个土体典型景观与剖面

表 5-83　中游普通干旱冲积新成土代表性单个土体物理性质

土层	深度/cm	>2 mm 砾石/%	细土颗粒组成（粒径）/（g/kg）			质地	容重 /（g/cm³）
			砂粒 (0.05~2 mm)	粉粒 (0.002~0.05 mm)	黏粒 (<0.002 mm)		
Ah	0~10	10	924	7	69	砂土	1.54
1C1	10~26	10	914	31	55	砂土	1.61
1C2	26~80	0	930	12	58	砂土	1.61
2C1	80~100	0	915	24	61	砂土	1.63
2C2	>100	2	764	109	127	砂质壤土	1.50

表 5-84　中游普通干旱冲积新成土代表性单个土体化学性质

深度/cm	pH	有机碳 /（g/kg）	全氮 (N)/（g/kg）	全磷 (P)/（g/kg）	全钾 (K)/（g/kg）	CEC /[cmol(+)/kg]	碳酸钙 /（g/kg）
0~10	8.6	1.4	0.21	0.34	14.7	1.1	56.1
10~26	8.5	1.0	0.17	0.35	14.9	0.9	45.4
26~80	8.7	1.0	0.17	0.34	14.9	1.0	50.7
80~100	8.2	0.9	0.17	0.40	16.8	3.5	56.1
>100	7.8	1.7	0.23	0.39	13.8	1.4	48.1

K：+2~0 cm，干旱结皮。

Ah：0~10 cm，浊黄橙色（10YR 7/2，干），灰黄棕色（10YR 4/2，润），10%石砾，砂土，发育弱的粒状-小块状结构，松散-稍坚硬，中度石灰反应，向下层平滑渐变过渡。

1C1：10~26 cm，浊黄橙色（10YR 7/2，干），灰黄棕色（10YR 4/2，润），10%石砾，砂土，单粒，无结构，松散，可见残留冲积层理，中度石灰反应，向下层平滑清晰过渡。

1C2：26~80 cm，浊黄橙色（10YR 7/2，干），灰黄棕色（10YR 4/2，润），砂土，单粒，无结构，松散，可见残留冲积层理，轻度石灰反应，向下层平滑清晰过渡。

2C1：80~100 cm，60%浊黄橙色（10YR 7/2，干），灰黄棕色（10YR 4/2，润）；40%亮黄棕色（10YR 7/6，干），浊黄棕色（10YR 5/4，润）。砂土，单粒，无结构，松散-稍坚硬，可见残留冲积层理，中度石灰反应，向下层平滑清晰过渡。

2C2：>100 cm，浊黄橙色（10YR 8/2，干），灰黄棕色（10YR 5/2，润），2%石砾，砂质壤土，单粒，无结构，松散，可见残留冲积层理，中度石灰反应。

该类型土壤多为戈壁，无植被。

（3）石灰干旱砂质新成土

石灰干旱砂质新成土诊断层包括干旱表层；诊断特性包括温性土壤温度状况、干旱土壤水分状况、砂质沉积物岩性特征和石灰性。从 2 个代表性单个土体的统计信息来看（表 5-85 和表 5-86，图 5-43），通体有石灰反应，碳酸钙含量介于 35~70 g/kg，pH 介于

8.4~9.1，质地为砂土，砂粒含量在 870 g/kg 以上，干旱表层厚度介于 5~20 m，有机碳含量介于 0.55~0.85 g/kg，草灌盖度极低，一般低于 5%。

表 5-85　中游石灰干旱砂质新成土物理性质（n=2）

土层	>2 mm 砾石 /%	细土颗粒组成（粒径）/（g/kg）			容重 /（g/cm³）
		砂粒 (0.05~2 mm)	粉粒 (0.002~0.05 mm)	黏粒 (<0.002 mm)	
A	0	889±16.97	41±4.24	70±12.73	1.66±0.01
C	0	894.13±13.97	40.22±1.72	65.66±12.24	1.69±0.01

表 5-86　中游石灰干旱砂质新成土化学性质（n=2）

土层	pH	有机碳 /（g/kg）	全氮 (N)/（g/kg）	全磷 (P)/（g/kg）	全钾 (K)/（g/kg）	CEC /[cmol（+）/kg]	碳酸钙 /（g/kg）
A	8.85±0.21	0.75±0.07	0.11±0.07	0.32±0.08	14.85±0.64	0.85±0.07	52.85±12.8
C	8.6±0.14	0.64±0.06	0.09±0.08	0.3±0.07	14.93±1.45	0.7±0.15	48.76±9.41

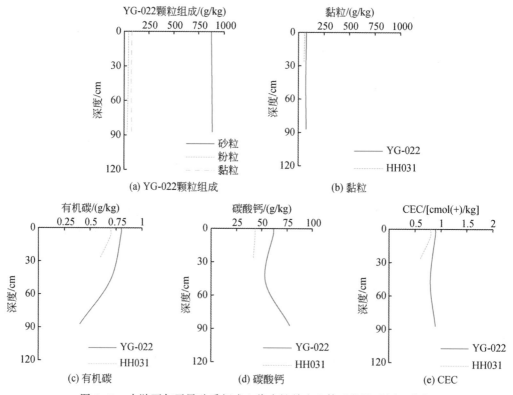

图 5-43　中游石灰干旱砂质新成土代表性单个土体理化性质剖面分布

代表性单个土体①　位于甘肃省酒泉市肃州区清水镇车家崖湾村北，39°21′24.70″N，

99°8′28.17″E，海拔 1600 m，冲积平原，成土母质为风积物，流动-半固定沙丘，草被盖度<5%，50 cm 深度年均土壤温度 9.1 ℃，编号 YG-022（图 5-44，表 5-87 和表 5-88）。

(a) 典型景观　　　　　　　　　　(b) 剖面

图 5-44　中游石灰干旱砂质新成土代表性单个土体①典型景观与剖面

表 5-87　中游石灰干旱砂质新成土代表性单个土体①物理性质

土层	深度/cm	>2 mm 砾石/%	细土颗粒组成（粒径）/(g/kg)			质地	容重 /(g/cm³)
			砂粒 (0.05~2 mm)	粉粒 (0.002~0.05 mm)	黏粒 (<0.002 mm)		
ACh	0~10	0	877	44	79	壤质砂土	1.65
C1	10~85	0	884	42	74	壤质砂土	1.68
C2	>85	0	888	33	79	壤质砂土	1.76

表 5-88　中游石灰干旱砂质新成土代表性单个土体①化学性质

深度/cm	pH	有机碳 /(g/kg)	全氮 (N)/(g/kg)	全磷 (P)/(g/kg)	全钾 (K)/(g/kg)	CEC /[cmol (+)/kg]	碳酸钙 /(g/kg)
0~10	8.7	0.8	0.06	0.37	15.3	0.9	61.9
10~85	8.7	0.7	0.04	0.35	16.0	0.8	53.9
>85	8.6	0.4	0.03	0.35	15.2	0.9	78.1

ACh：0~10 cm，淡黄橙色（10YR 8/3，干），灰黄棕色（10YR 6/2，润），壤质砂土，单粒，无结构，松散，少量草灌细根，中度石灰反应，向下层波状模糊过渡。

C1：10~85 cm，淡黄橙色（10YR 8/3，干），灰黄棕色（10YR 6/2，润），壤质砂土，单粒，无结构，松散，很少量草灌细根，中度石灰反应，向下层波状模糊过渡。

C2：>85 cm，淡黄橙色（10YR 8/3，干），灰黄棕色（10YR 6/2，润），壤质砂土，单粒，无结构，松散，中度石灰反应。

该类型土壤多为半固定-流动沙丘，少量植物，应扩大草被盖度，防风固沙。

代表性单个土体② 位于甘肃省张掖市高台县罗城乡吴家洼村南，39°37′13.968″N，99°36′0.192″E，海拔 1265 m，冲积平原，成土母质为风积物，半固定沙丘，灌木盖度10%，50 cm 深度年均土壤温度9.9 ℃，编号 HH031（图 5-45，表 5-89 和表 5-90）。

(a) 典型景观   (b) 剖面

图 5-45 中游石灰干旱砂质新成土代表性单个土体②典型景观与剖面

表 5-89 中游石灰干旱砂质新成土代表性单个土体②物理性质

土层	深度/cm	>2 mm 砾石/%	细土颗粒组成（粒径）/(g/kg)			质地	容重 /(g/cm³)
			砂粒 (0.05~2 mm)	粉粒 (0.002~0.05 mm)	黏粒 (<0.002 mm)		
AC	0~15	0	901	38	61	砂土	1.66
C1	15~40	0	904	39	57	砂土	1.70

表 5-90 中游石灰干旱砂质新成土代表性单个土体②化学性质

深度/cm	pH	有机碳 /(g/kg)	全氮 (N)/(g/kg)	全磷 (P)/(g/kg)	全钾 (K)/(g/kg)	CEC /[cmol (+)/kg]	碳酸钙 /(g/kg)
0~15	9.0	0.7	0.16	0.26	14.4	0.8	43.8
15~40	8.5	0.6	0.15	0.25	13.9	0.6	42.1

AC：0~15 cm，浊黄橙色（10YR 6/3，干），灰黄棕色（10YR 4/2，润），砂土，单粒，无结构，松散，少量灌木根系，轻度石灰反应，向下层波状清晰过渡。

C1：15~40 cm，浊黄橙色（10YR 6/3，干），灰黄棕色（10YR 4/2，润），砂土，单粒，无结构，松散，少量灌木根系，中度石灰反应，向下层波状渐变过渡。

C2：>40 cm，橙白色（10YR 8/2，干），灰黄棕色（10YR 6/2，润），砂土，单粒，无结构，松散，轻度石灰反应。

该类型土壤多为半固定–流动沙丘，少量植物，应扩大草被盖度，防风固沙。

（4）石灰干旱正常新成土

石灰干旱正常新成土诊断层包括干旱表层；诊断特性包括温性土壤温度状况、干旱土壤水分状况和石灰性。从11个代表性单个土体的统计信息来看（表5-91和表5-92，图5-46），个别地表存在岩石露头，面积介于2%~5%。地表多有粗碎块，面积低的介于5%~10%，高的可达80%以上，土体较薄，干旱表层厚度多介于5~20 cm，个别可到30 cm，之下为洪积砾石层。干旱表层有石灰反应，碳酸钙含量低的介于40~80 g/kg，高的可达150 g/kg，pH介于7.2~8.6，质地主要为粉壤土和壤土，粉粒含量介于310~710 g/kg。少量为砂质壤土、壤质砂土和砂土，砂粒含量介于530~930 g/kg。干旱表层之下可见残留的冲积层理。

表5-91　中游石灰干旱正常新成土物理性质（$n=11$）

土层	>2 mm 砾石 /%	细土颗粒组成（粒径）/（g/kg）			容重/（g/cm³）
		砂粒 （0.05~2 mm）	粉粒 （0.002~0.05 mm）	黏粒 （<0.002 mm）	
A	32.98±16.8	511.25±229.92	314.77±179.64	164.16±38.98	1.43±0.15
C	68.47±18.63	520.48±221.11	321.69±166.4	157.9±63.1	1.42±0.18

表5-92　中游石灰干旱正常新成土化学性质（$n=11$）

土层	pH	有机碳 /（g/kg）	全氮（N） /（g/kg）	全磷（P） /（g/kg）	全钾（K） /（g/kg）	CEC /[cmol(+)/kg]	碳酸钙 /（g/kg）
A	8.05±0.35	2.83±1.65	0.28±0.15	0.5±0.12	14.64±2.91	4.02±1.88	95.76±32.65
C	8±0.39	3.28±3.97	0.3±0.32	0.44±0.1	14.88±2.76	3.15±1.24	95.92±44.15

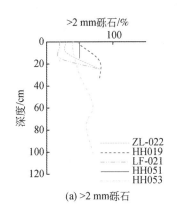

(a) >2 mm砾石

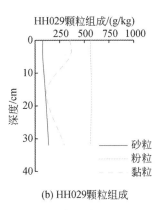

(b) HH029颗粒组成

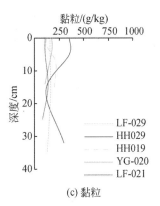

(c) 黏粒

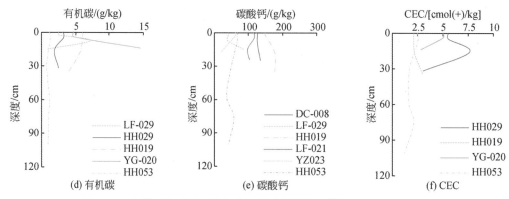

(d) 有机碳   (e) 碳酸钙   (f) CEC

图 5-46　中游石灰干旱正常新成土代表性单个土体理化性质剖面分布

代表性单个土体① 位于甘肃省酒泉市肃州区祁丰藏族乡长山子东北，39°32′54.854″N，98°23′58.589″E，海拔 1891 m，洪积扇平原，成土母质为黄土和砾石混杂洪积物，荒草地，草灌盖度约 20%，50 cm 深度年均土壤温度 8.0 ℃，编号 DC-008（图 5-47，表 5-93 和表 5-94）。

(a) 典型景观   (b) 剖面

图 5-47　中游石灰干旱正常新成土代表性单个土体①典型景观与剖面

Ah：0～20 cm，浊黄橙色（10YR 7/3，干），浊黄棕色（10YR 5/3，润），30% 石砾，壤土，发育弱的粒状–小块状结构，松散–稍坚硬，少量草被根系，强度石灰反应，向下层波状清晰过渡。

表 5-93　中游石灰干旱正常新成土代表性单个土体①物理性质

土层	深度/cm	>2 mm 砾石/%	细土颗粒组成（粒径)/（g/kg)			质地	容重 /（g/cm³)
			砂粒 (0.05 ~ 2 mm)	粉粒 (0.002 ~ 0.05 mm)	黏粒 (<0.002 mm)		
Ah	0 ~ 20	30	373	474	153	壤土	1.37
C	>20	80	378	479	143	壤土	1.32

表 5-94　中游石灰干旱正常新成土代表性单个土体①化学性质

深度/cm	pH	有机碳 /（g/kg)	全氮 （N)/（g/kg)	全磷 （P)/（g/kg)	全钾 （K)/（g/kg)	CEC /[cmol (+)/kg]	碳酸钙 /（g/kg)
0 ~ 20	8.1	3.3	0.37	0.54	15.0	6.4	125.4
>20	8.1	2.1	0.24	0.50	14.5	6.2	134.2

C：>20 cm，浊黄橙色（10YR 7/3，干），浊黄棕色（10YR 5/3，润），80%石砾，壤土，单粒，无结构，松散，强度石灰反应。

该类型土壤多为荒草地，地势较平，土层薄，石砾多，草被盖度低，应封禁育草。

代表性单个土体②　位于甘肃省张掖市肃南裕固族自治县白银乡祁家台子村东，38°53′41.774″N，100°6′38.664″E，海拔 1770 m，洪积扇平原，成土母质为黄土和砾石混杂洪积物，荒草地，草灌盖度约 5%，50 cm 深度年均土壤温度 8.8 ℃，编号 HH036（图 5-48，表 5-95 和表 5-96）。

(a) 典型景观

(b) 剖面

图 5-48　中游石灰干旱正常新成土代表性单个土体②典型景观与剖面

表 5-95　中游石灰干旱正常新成土代表性单个土体②物理性质

土层	深度/cm	>2 mm 砾石/%	细土颗粒组成（粒径）/（g/kg）			质地	容重 /（g/cm³）
			砂粒 (0.05~2 mm)	粉粒 (0.002~0.05 mm)	黏粒 (<0.002 mm)		
Ah	0~8	30	271	505	224	粉壤土	1.32
C1	8~25	80	276	510	214	粉壤土	1.29

表 5-96　中游石灰干旱正常新成土代表性单个土体②化学性质

深度/cm	pH	有机碳 /（g/kg）	全氮 (N)/（g/kg）	全磷 (P)/（g/kg）	全钾 (K)/（g/kg）	CEC /[cmol（+）/kg]	碳酸钙 /（g/kg）
0~8	7.3	4.4	0.43	0.61	16.8	5.5	105
8~25	7.2	2.4	0.23	0.57	16.2	3.2	125

K：+2~0 cm，干旱结皮。

Ah：0~8 cm，淡黄橙色（7.5YR 8/2，干），灰棕色（7.5Y 5/2，润），30% 石砾，粉壤土，发育弱的粒状-小块状结构，少量灌木根系，强度石灰反应，向下层波状清晰过渡。

C1：8~25 cm，淡棕灰色（7.5YR 7/2，干），灰棕色（7.5Y 4/2，润），80% 石砾，粉壤土，单粒，无结构，松散，少量灌木根系，强度石灰反应，向下层波状渐变过渡。

C2：>25 cm，淡棕灰色（7.5YR 7/1，干），棕灰色（7.5Y 4/1，润），80% 石砾，粉壤土，单粒，无结构，松散，强度石灰反应。

该类型土壤多为荒草地，地势较平，土层浅薄，石砾多，草灌盖度低，应封禁育草。

第6章 黑河下游地区土壤

黑河流域下游土壤主要包括干旱土、盐成土、雏形土和新成土4个土纲，4个亚纲，8个土类和15个亚类。

6.1 干旱土纲

6.1.1 成土环境与成土因素

干旱土纲广泛分布于下游，地貌类型多种多样，主要为洪积平原、冲积–湖积平原、河流阶地和河漫滩、洪积台地、湖积台地、剥蚀台地、剥蚀高平原和剥蚀丘陵等，海拔介于900~2100 m，成土母质主要是粗骨性的石砾和砂粒物质为主的洪积–冲积物、洪积物、湖积物、冲积–湖积物。下游地区一般为极干旱的温带漠境气候，年均日照时间介于3000~4000 h，年均气温介于3.0~9.0 ℃，年均降水量介于20~90 mm，植被类型为适应极端干旱的荒漠类型，多为耐旱、深根、肉汁的灌木和小灌木，主要优势种有红砂、梭梭、霸王及禾本科猪毛菜等，其生长特点为单个丛状分布，盖度一般低于5%。

就干旱土的亚类分布来看，石膏钙积正常干旱土、普通石膏正常干旱和普通简育正常干旱土在下游分布最为广泛。斑纹钙积正常干旱土和斑纹简育正常干旱土主要分布于赛汉陶来一带，靠近黑河河道，土体中可见氧化还原作用形成的斑纹；钠质钙积正常干旱土主要分布于赛汉陶来地区坡状高平原中低平洼地，具有一定的积盐和碱化条件，土体中钠离子含量较高；石膏盐积正常干旱土主要分布于温图高勒苏木一带沿湖周围和沿河附近的局部封闭洼地，具有积盐条件；石质石膏正常干旱土主要分布于西部马鬃山地区的低山残丘地带，50 cm以上可见（准）石质接触面；斑纹石膏正常干旱土主要分布于赛汉陶来靠近沿河两岸地势较低的地带，50~100 cm土体或部分土体可见氧化还原作用形成的斑纹、结核；弱石膏简育正常干旱土主要分布于下游赛汉陶来的北部，100 cm以上土体或部分土体有石膏现象。

6.1.2 主要亚类与基本性状

（1）斑纹钙积正常干旱土

斑纹钙积正常干旱土诊断层包括干旱表层、钙积层和雏形层；诊断特性包括温性土壤温度状况、干旱土壤水分状况、氧化还原特征和石灰性。地表遍布粗碎块，土体厚度在

1 m 以上，通体有石灰反应，pH 介于 8.0 ～ 8.7，土体中砾石含量介于 5% ～ 30%，层次质地构型为壤质砂土–砂质壤土，砂粒含量介于 620 ～ 890 g/kg，干旱结皮厚度介于 1 ～ 4 cm，干旱表层厚度介于 5 ～ 15 cm，钙积层出现上界介于 40 ～ 45 cm，厚度介于 50 ～ 70 cm，碳酸钙含量介于 100 ～ 170 g/kg（图 6-1）。

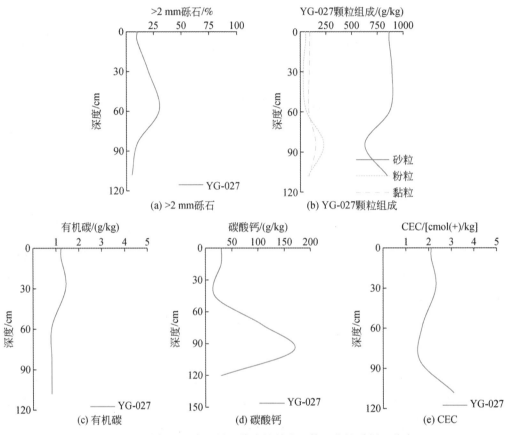

图 6-1　斑纹钙积正常干旱土代表性单个土体理化性质剖面分布

代表性单个土体　位于内蒙古阿拉善盟额济纳旗赛汉陶来，呼德特勃和西北，41°56′21.611″N，100°53′11.582″E，海拔 895 m，洪积平原，成土母质为黄土和砾石混杂的洪积物，戈壁，灌木盖度<5%，50 cm 深度年均土壤温度 9.5 ℃，编号 YG-027（图 6-2，表 6-1 和表 6-2）。

K：+2 ～ 0 cm，干旱结皮。

A：0 ～ 14 cm，浊黄橙色（10YR 7/3，干），浊黄棕色（10YR 4/3，润），10% 石砾，壤质砂土，发育弱的粒状–小块状结构，松散–稍坚硬，少量灌木根系，1 个动物洞穴，轻度石灰反应，向下层平滑清晰过渡。

Bw1：14 ～ 45 cm，浊黄橙色（10YR 7/3，干），浊黄棕色（10YR 4/3，润），20% 石砾，壤质砂土，发育弱的小块状结构，坚硬，2 个动物洞穴，轻度石灰反应，向下层平滑清晰过渡。

(a) 典型景观   (b) 剖面

图 6-2 下游斑纹钙积正常干旱土代表性单个土体典型景观与剖面

表 6-1 下游斑纹钙积正常干旱土代表性单个土体物理性质

土层	深度/cm	>2 mm 砾石/%	细土颗粒组成（粒径）/(g/kg)			质地	容重 /(g/cm³)
			砂粒 (0.05~2 mm)	粉粒 (0.002~0.05 mm)	黏粒 (<0.002 mm)		
A	0~14	10	861	50	90	壤质砂土	1.56
Bw1	14~45	20	889	26	85	壤质砂土	1.54
Bk1	45~72	30	870	52	79	壤质砂土	1.64
Bk2	72~96	10	626	226	148	砂质壤土	1.64
Br	>96	5	845	72	83	壤质砂土	1.65

表 6-2 下游斑纹钙积正常干旱土代表性单个土体化学性质

高度/cm	pH	有机碳 /(g/kg)	全氮 (N)/(g/kg)	全磷 (P)/(g/kg)	全钾 (K)/(g/kg)	CEC /[cmol (+)/kg]	碳酸钙 /(g/kg)
0~14	8.0	1.2	0.06	0.30	12.4	2.1	29.3
14~45	8.0	1.4	0.06	0.25	11.7	2.3	17.2
45~72	8.3	0.8	0.04	0.22	12.2	1.7	107.1
72~96	8.7	0.8	0.06	0.19	11.2	1.6	167.8
>96	8.7	0.8	0.05	0.36	12.9	3.1	28.5

Bk1：45～72 cm，橙白色（10YR 8/2，干），灰黄棕色（10YR 6/2，润），30%石砾，壤质砂土，发育弱的小块状结构，坚硬，可见碳酸钙粉末，可见残留冲积层理，强度石灰反应，向下层平滑清晰过渡。

Bk2：72～96 cm，橙白色（10YR 8/2，干），灰黄棕色（10YR 6/2，润），10%石砾，砂质壤土，发育弱的小块状结构，坚硬，可见碳酸钙粉末，可见残留冲积层理，强度石灰反应，向下层平滑清晰过渡。

Br：>96 cm，50%橙白色（10YR 8/2，干），灰黄棕色（10YR 6/2，润）；50%浊黄橙色（10YR 7/3，干），浊黄棕色（10YR 4/3，润）。5%石砾，壤质砂土，发育弱的小块状结构，坚硬，可见残留的铁锰斑纹和冲积层理，轻度石灰反应。

该类型土壤多为戈壁，地势平坦，石砾较多，植被盖度低，应封禁育草。

（2）钠质钙积正常干旱土

钠质钙积正常干旱土诊断层包括干旱表层和钙积层；诊断特性包括温性土壤温度状况、干旱土壤水分状况、钠质特性和石灰性。从 2 个代表性单个土体的统计信息来看（表 6-3 和表 6-4，图 6-3），地表遍布粗碎块，土体厚度薄的介于 40～50 cm，之下为洪积砾石层，厚的可达 1 m 以上。通体有石灰反应，pH 介于 7.3～9.7，土体中砾石含量低的介于 5%～20%，高的可达 60%左右。质地主要是砂质壤土、壤质砂土、砂土，砂粒含量低的在 220 g/kg 左右，高的可达 950 g/kg。干旱结皮厚度介于 1～4 cm，干旱表层厚度介于 5～15 cm，具有钠质特性，之下为钙积层，厚度在 40 cm 以上，碳酸钙含量低的介于 150～230 g/kg，高的可达 400 g/kg。

表 6-3　下游钠质钙积正常干旱土物理性质（n=2）

土层	>2 mm 砾石/%	细土颗粒组成（粒径）/（g/kg）			容重/（g/cm³）
		砂粒 （0.05～2 mm）	粉粒 （0.002～0.05 mm）	黏粒 （<0.002 mm）	
A	5±0	809±30	73±21	118±9	1.58±0.05
B	37±9	723±205	151±131	126±75	1.71±0.07

表 6-4　下游钠质钙积正常干旱土化学性质（n=2）

土层	pH	有机碳 /（g/kg）	全氮 （N）/（g/kg）	全磷 （P）/（g/kg）	全钾 （K）/（g/kg）	CEC /[cmol（+）/kg]	碳酸钙 /（g/kg）	交换性钠镁 饱和度/%
A	8.6±0.6	1.1±0.3	0.09±0.01	0.35±0.02	14.2±0.1	2.5±0.5	35.1±19.7	65±0.2
B	8.5±0.1	0.7±0.2	0.06±0.02	0.23±0.01	11.7±0.4	2.4±1.4	187.1±47.0	11.9±8.1

代表性单个土体①　位于甘肃省张掖市高台县骆驼城乡碱泉子村南，39°18′49″N，99°42′12″E，海拔 943 m，洪积平原的低洼地带，成土母质为黄土和砾石交错洪积物，戈壁，灌木盖度<2%，50 cm 深度年均土壤温度 9.3 ℃，编号 LF-023（图 6-4，表 6-5 和表 6-6）。

K：+2～0 cm，干旱结皮。

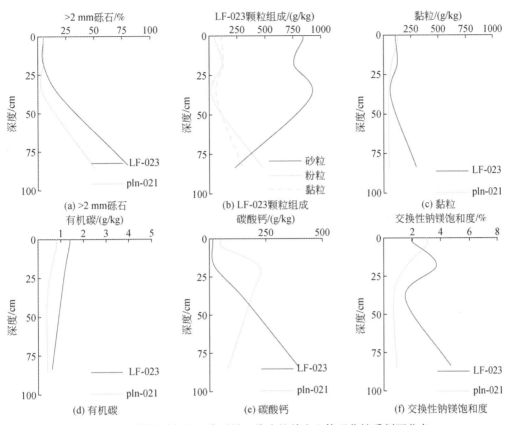

图 6-3　下游钠质钙积正常干旱土代表性单个土体理化性质剖面分布

(a) 典型景观　　　　　　　　　　　　　　(b) 剖面

图 6-4　下游钠质钙积正常干旱土代表性单个土体①典型景观与剖面

表 6-5　下游钠质钙积正常干旱土代表性单个土体①物理性质

土层	深度/cm	>2 mm 砾石/%	细土颗粒组成（粒径）/（g/kg）			质地	容重/（g/cm³）
			砂粒 (0.05~2 mm)	粉粒 (0.002~0.05 mm)	黏粒 (<0.002 mm)		
Ahn	0~5	5	839	52	109	壤质砂土	1.53
Bn	5~31	5	758	117	125	砂质壤土	1.57
Bk1	31~47	20	907	28	66	砂土	1.61
Bk2	>47	80	228	476	297	黏壤土	1.69

表 6-6　下游钠质钙积正常干旱土代表性单个土体①化学性质

深度/cm	pH	有机碳 /（g/kg）	全氮 (N)/（g/kg）	全磷 (P)/（g/kg）	全钾 (K)/（g/kg）	CEC /[cmol (+)/kg]	碳酸钙 /（g/kg）	交换性钠镁饱和度/%
0~5	9.1	1.4	0.10	0.36	14.3	2.0	15.4	65.2
5~31	9.1	1.2	0.08	0.32	14.1	3.7	23.5	55.2
31~47	8.4	1.0	0.04	0.15	12.7	1.5	152.5	5.7
>47	8.2	0.6	0.08	0.24	10.7	4.7	391.9	4.1

　　Ahn：0~5 cm，淡黄色（2.5Y 7/4，干），黄棕色（2.5Y 5/3，润），5% 石砾，壤质砂土，发育弱的粒状-小块状结构，松散-坚硬，少量灌木根系，轻度石灰反应，向下层波状渐变过渡。

　　Bn：5~31 cm，淡黄色（2.5Y 7/4，干），黄棕色（2.5Y 5/3，润），5% 石砾，砂质壤土，发育弱的中块状结构，坚硬，轻度石灰反应，向下层不规则清晰过渡。

　　Bk1：31~47 cm，淡黄色（2.5Y 6/1，干），黄灰色（2.5Y 4/1，润），20% 石砾，砂土，发育弱的中块状结构，坚硬，可见碳酸钙粉末，强度石灰反应，向下层波状渐变过渡。

　　Bk2：>47 cm，淡黄色（2.5Y 7/4，干），黄灰色（2.5Y 4/1，润），80% 石砾，黏壤土，发育弱的中块状结构，坚硬，可见碳酸钙粉末，强度石灰反应。

　　该类型土壤多为戈壁，地势较为平坦，石砾多，植被盖度低，应封禁育草。

　　代表性单个土体②　位于内蒙古阿拉善盟额济纳旗赛汉陶来大柴滩，41°48′20.792″N，99°55′15.586″N，海拔 921 m，洪积平原，成土母质为黄土洪积物，戈壁，50 cm 深度年均土壤温度 9.3 ℃，野外调查采样日期为 2012 年 8 月 18 日，编号 pln-021（图 6-5，表 6-7 和表 6-8）。

　　K：+2~0 cm，干旱结皮。

　　Az：0~10 cm，浊橙色（7.5YR 7/4，干），灰棕色（7.5YR 5/2），5% 石砾，砂质壤土，发育弱的粒状-小片状结构，松散-坚硬，2 条宽约 2 mm 裂隙，中度石灰反应，向下层波状渐变过渡。

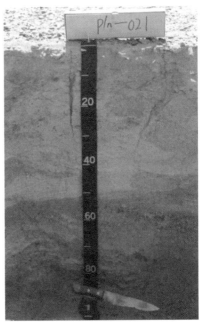

(a) 典型景观　　　　　　　　　　　　(b) 剖面

图 6-5　下游钠质钙积正常干旱土代表性单个土体②典型景观与剖面

表 6-7　下游钠质钙积正常干旱土代表性单个土体②物理性质

土层	深度/cm	>2 mm 砾石/%	细土颗粒组成（粒径）/(g/kg)			质地	容重 /(g/cm³)
			砂粒 (0.05~2 mm)	粉粒 (0.002~0.05 mm)	黏粒 (<0.002 mm)		
Az	0~10	5	779	94	127	砂质壤土	1.63
Bk1	10~26	5	907	19	74	砂土	1.77
Bk2	26~50	5	941	13	46	砂土	1.78
Bw	>50	50	928	26	46	砂土	1.78

表 6-8　下游钠质钙积正常干旱土代表性单个土体②化学性质

深度/cm	pH	有机碳 /(g/kg)	全氮 (N)/(g/kg)	全磷 (P)/(g/kg)	全钾 (K)/(g/kg)	CEC /[cmol (+)/kg]	碳酸钙 /(g/kg)	交换性钠镁 饱和度/%
0~10	8.0	0.8	0.08	0.33	14.1	3.0	54.8	64.8
10~26	9.7	0.6	0.05	0.26	11.9	1.6	220.9	5.2
26~50	9.4	0.4	0.05	0.23	11.0	0.7	185.4	3.8
>50	7.3	0.4	0.03	0.20	11.2	0.9	80.6	3.2

Bk1：10～26 cm，50%浊橙色（7.5YR 7/4，干），灰棕色（7.5YR 5/2）；50%淡黄橙色（7.5YR 8/3，干），灰棕色（7.5YR 6/2）。5%石砾，砂土，发育弱的中块状结构，坚硬，2条宽约2 mm裂隙，可见碳酸钙粉末，强度石灰反应，向下层波状渐变过渡。

Bk2：26～50 cm，80%浊橙色（7.5YR 7/4，干），灰棕色（7.5YR 5/2）；20%淡黄橙色（7.5YR 8/3，干），灰棕色（7.5YR 6/2）。5%石砾，砂土，发育弱的中块状结构，坚硬，2条宽约2 mm垂直裂隙，可见碳酸钙粉末和残留的冲积层理，强度石灰反应，向下层平滑清晰过渡。

Bw：>50 cm，浊橙色（7.5YR 7/4，干），灰棕色（7.5YR 5/2），50%石砾，砂土，发育弱的小块状结构，坚硬，可见残留冲积层理，中度石灰反应。

该类型土壤多为戈壁，地势较为平坦，石砾多，植被盖度低，应封禁育草。

（3）石膏钙积正常干旱土

石膏钙积正常干旱土诊断层包括干旱表层、石膏层和钙积层；诊断特性包括温性土壤温度状况、干旱土壤水分状况和石灰性。从7个代表性单个土体的统计信息来看（表6-9和表6-10，图6-6），地表多遍布粗碎块，多在80%以上，个别低的占40%左右。土体厚度多在1 m以上，个别薄的介于50～60 cm，之下为洪积砾石层，个别土体中20～60 cm可见残留的冲积层理。通体有石灰反应，pH介于7.5～9.1。通体可见石膏粉末，石膏含量80～130 g/kg。土体中多含有砾石，体积含量介于5%～20%，高的可达70%左右。质地构型类型为砂质壤土、砂质黏壤土、壤质砂土和砂土，少量为壤土，砂粒含量低的约330 g/kg，高的可达930 g/kg。干旱结皮厚度介于1～4 cm，干旱表层厚度介于5～15 cm，钙积层出现上界多介于40～50 cm，个别在5 cm左右，厚度不一，薄的介于10～20 cm，厚的可到80 cm以上，碳酸钙含量多介于100～170 g/kg，高的可达230 g/kg。

表6-9　下游石膏钙积正常干旱土物理性质（n=7）

土层	>2 mm砾石/%	细土颗粒组成（粒径）/（g/kg）			容重/（g/cm³）
		砂粒 （0.05～2 mm）	粉粒 （0.002～0.05 mm）	黏粒 （<0.002 mm）	
A	15±8	733±1201	109±84	158±47	1.54±0.05
B	33±22	756±151	124±113	120±43	1.6±0.05

表6-10　下游石膏钙积正常干旱土化学性质（n=7）

土层	pH	有机碳 /（g/kg）	全氮（N） /（g/kg）	全磷 （P）/（g/kg）	全钾 （K）/（g/kg）	CEC /［cmol（+）/kg］	碳酸钙 /（g/kg）	石膏 /（g/kg）
A	8.0±0.5	1.5±0.4	0.17±0.06	0.42±0.10	16.0±1.8	5.5±3.5	62.6±26.4	105.8±18.2
B	8.5±0.6	1.1±0.3	0.13±0.05	0.33±0.09	15.1±2.0	5.3±4.6	125.5±51.6	106.3±22.2

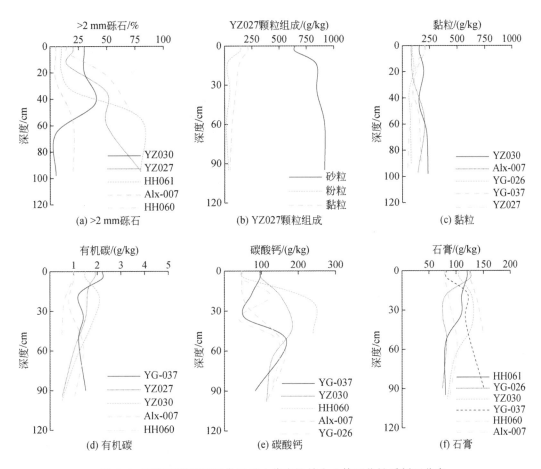

图 6-6　下游石膏钙积正常干旱土代表性单个土体理化性质剖面分布

代表性单个土体①　位于内蒙古阿拉善盟额济纳旗温图高勒苏木嘎顺扎德盖西南，G7 边，41°49′56.28811″N，102°49′10.731″E，海拔 1013 m，剥蚀高平原，成土母质为黄土和砾石交错洪积–冲积物，戈壁，50 cm 深度年均土壤温度 9.2 ℃，编号 YZ030（图 6-7，表 6-11 和表 6-12）。

K：+2～0 cm，干旱结皮。

Ay：0～10 cm，橙色（7.5YR 7/6，干），浊棕色（7.5YR 5/4，润），30% 石砾，砂质壤土，发育弱的粒状–小块状结构，松散–坚硬，强度石灰反应，可见石膏粉末，向下层平滑清晰过渡。

Byk1：10～30 cm，浊橙色（7.5YR 6/4，干），浊棕色（7.5YR 5/3，润），30% 石砾，砂质壤土，发育弱的中块状结构，坚硬，强度石灰反应，可见石膏粉末，向下层波状清晰过渡。

Byk2：30～56 cm，浊橙色（7.5YR 7/4，干），浊棕色（7.5YR 5/3，润），40% 石砾，砂质壤土，发育弱的小块状结构，坚硬，强度石灰反应，可见石膏粉末和残留的冲积层理，向下层平滑清晰过渡。

(a) 典型景观

(b) 剖面

图 6-7　下游石膏钙积正常干旱土代表性单个土体①典型景观与剖面

表 6-11　下游石膏钙积正常干旱土代表性单个土体①物理性质

土层	深度/cm	>2 mm 砾石/%	细土颗粒组成（粒径）/(g/kg)			质地	容重/(g/cm³)
			砂粒(0.05~2 mm)	粉粒(0.002~0.05 mm)	黏粒(<0.002 mm)		
Ay	0~10	30	788	54	158	砂质壤土	1.52
Byk1	10~30	30	689	115	197	砂质壤土	1.46
Byk2	30~56	40	560	286	154	砂质壤土	1.50
By1	56~76	5	548	230	222	砂质黏壤土	1.59
By2	>76	5	510	256	234	砂质黏壤土	1.72

表 6-12　下游石膏钙积正常干旱土代表性单个土体①化学性质

深度/cm	pH	有机碳/(g/kg)	全氮(N)/(g/kg)	全磷(P)/(g/kg)	全钾(K)/(g/kg)	CEC/[cmol(+)/kg]	碳酸钙/(g/kg)	石膏/(g/kg)
0~10	7.8	1.5	0.22	0.45	16.9	5.5	98.2	105.9
10~30	7.9	2.1	0.26	0.42	17.3	6.6	154.3	129.7
30~56	7.8	1.7	0.23	0.21	11.2	3.8	183.5	129.1
56~76	8.1	1.1	0.18	0.38	21.3	6.8	128.3	97.8
>76	9.5	0.5	0.14	0.43	18.8	6.7	113.3	83.5

By1：56~76 cm，浊橙色（7.5YR 7/3，干），灰棕色（7.5YR 4/2，润），5% 石砾，砂质黏壤土，发育弱的大块状结构，坚硬，可见石膏晶体和粉末，强度石灰反应，向下层波状渐变过渡。

By2：>76 cm，浊棕色（7.5YR 6/3，干），灰棕色（7.5YR 4/2，润），5% 石砾，砂质黏壤土，发育弱的大块状结构，坚硬，可见石膏晶体和粉末，强度石灰反应。

该类型土壤多为戈壁，地势较为平坦，石砾多，植被盖度低，应封禁育草。

代表性单个土体②　位于内蒙古阿拉善盟额济纳旗巴彦宝格德苏木吴忠乌苏东北，41°26′36.783″N，100°45′47.336″E，海拔 952 m，剥蚀高平原，成土母质为黄土和砾石交错洪积–冲积物，戈壁，灌木盖度<2%，50 cm 深度年均土壤温度 9.7 ℃，编号 YZ027（图 6-8，表 6-13 和表 6-14）。

(a) 典型景观　　　　　　　　　　　　　(b) 剖面

图 6-8　下游石膏钙积正常干旱土代表性单个土体②典型景观与剖面

表 6-13　下游石膏钙积正常干旱土代表性单个土体②物理性质

土层	深度/cm	>2 mm 砾石/%	细土颗粒组成（粒径）/（g/kg）			质地	容重/（g/cm³）
			砂粒（0.05~2 mm）	粉粒（0.002~0.05 mm）	黏粒（<0.002 mm）		
Ahy	0~8	20	645	145	210	砂质黏壤土	1.48
By1	8~20	15	840	26	134	壤质砂土	1.52
By2	20~50	50	846	50	103	壤质砂土	1.53
Byk	50~70	50	915	17	68	砂土	1.61
By3	>70	80	915	37	48	砂土	1.73

表 6-14 下游石膏钙积正常干旱土代表性单个土体②化学性质

深度/cm	pH	有机碳/(g/kg)	全氮(N)/(g/kg)	全磷(P)/(g/kg)	全钾(K)/(g/kg)	CEC/[cmol(+)/kg]	碳酸钙/(g/kg)	石膏/(g/kg)
0~8	8.3	1.9	0.24	0.51	15.8	4.9	78.2	101.7
8~20	9.0	1.6	0.22	0.41	17.3	3.4	49.7	119.6
20~50	9.4	1.5	0.21	0.28	17.3	2.5	63.1	121.3
50~70	9.9	1.0	0.18	0.33	14.0	1.7	109.9	85.5
>70	10.0	0.5	0.14	0.17	12.8	1.1	39.7	73.2

K：+2~0 cm，干旱结皮。

Ahy：0~8 cm，淡黄橙色（7.5YR 8/3，干），灰棕色（7.5YR 6/2，润），20% 石砾，砂质黏壤土，发育弱的粒状-小块状结构，松散-坚硬，可见石膏粉末，强度石灰反应，向下层平滑清晰过渡。

By1：8~20 cm，浊橙色（7.5YR 7/4，干），浊棕色（7.5YR 5/3，润），15% 石砾，壤质砂土，发育弱的中块状结构，坚硬，可见石膏粉末，中度石灰反应，向下层平滑清晰过渡。

By2：20~50 cm，浊橙色（7.5YR 7/3，干），灰棕色（7.5YR 5/2，润），50% 石砾，壤质砂土，发育弱的小块状结构，坚硬，可见石膏粉末和残留的冲积层理，中度石灰反应，向下层波状清晰过渡。

Byk：50~70 cm，浊橙色（7.5YR 7/3，干），灰棕色（7.5YR 5/2，润），50% 石砾，砂土，发育弱的中块状结构，坚硬，可见石膏粉末和残留冲积层理，强度石灰反应，向下层平滑清晰过渡。

By3：>70 cm，淡棕灰色（10YR 7/2，干），棕灰色（10YR 5/1，润），80% 石砾，砂土，发育弱的小块状结构，坚硬，可见石膏粉末和残留冲积层理，轻度石灰反应，通体石膏，地表有干旱结皮。

该类型土壤多为戈壁，地势较为平坦，石砾多，植被盖度低，应封禁育草。

（4）石膏盐积正常干旱土

石膏盐积正常干旱土诊断层包括干旱表层、盐积层和石膏层；诊断特性包括温性土壤温度状况、干旱土壤水分状况和石灰性。从 2 个代表性单个土体的统计信息来看（表 6-15 和表 6-16，图 6-9），地多存在表粗碎块，面积介于 30~70%。土体厚度在 1 m 以上，通体有石灰反应，碳酸钙含量介于 15~50 g/kg，pH 介于 7.9~8.2，石膏含量介于 15~140 g/kg。质地主要为砂质壤土、壤质砂土，个别为砂质黏壤土，砂粒含量介于 510~830 g/kg。干旱结皮厚度介于 1~3 cm，干旱表层厚度介于 5~10 cm，20~25 cm 盐积程度较高，为盐积层，电导介于 10~30 dS/m。

表 6-15 下游石膏盐积正常干旱土物理性质 （n=2）

土层	>2 mm 砾石/%	细土颗粒组成（粒径）/(g/kg)			容重/(g/cm³)
		砂粒（0.05~2 mm）	粉粒（0.002~0.05 mm）	黏粒（<0.002 mm）	
A	60	653.5±8.5	181±1	165±10	1.49±0.11
B	75	666.04±154.04	168.65±94.21	165.31±59.83	1.55±0.01

表 6-16　下游石膏盐积正常干旱土化学性质（$n=2$）

土层	pH	有机碳/(g/kg)	全氮(N)/(g/kg)	全磷(P)/(g/kg)	全钾(K)/(g/kg)	CEC/[cmol(+)/kg]	碳酸钙/(g/kg)	电导/(dS/m)	石膏/(g/kg)
A	8.1±0.05	2.2±1.1	0.18±0	0.4±0.03	14.8±1.3	6.1±3.2	38.2±1.5	18.9±8.4	76.6±54.5
B	8.0±0.01	1.3±0.1	0.14±0.06	0.33±0.04	14.5±1.4	7.3±5.4	30.2±12.4	17.5±6.6	91.0±42.8

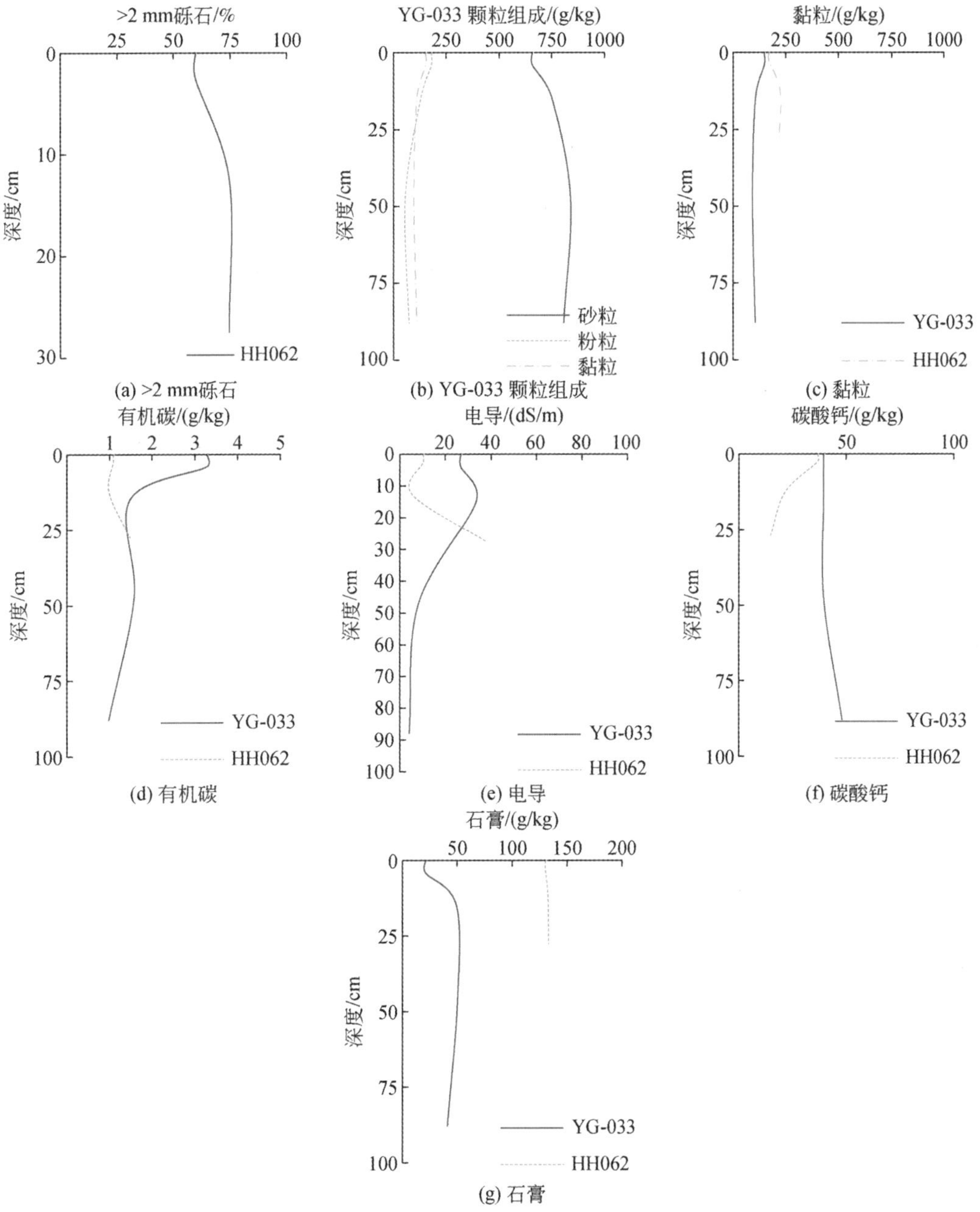

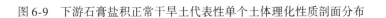

图 6-9　下游石膏盐积正常干旱土代表性单个土体理化性质剖面分布

代表性单个土体① 位于内蒙古阿拉善盟额济纳旗温图高勒苏木哈墩呼舒西北，42°1′1.025″N，101°54′55.002″E，海拔954 m，剥蚀低台地，成土母质为岩类风化残积物，戈壁，灌木盖度<2%，50 cm深度年均土壤温度9.3℃，编号HH062（图6-10，表6-17和表6-18）。

(a) 典型景观 (b) 剖面

图6-10 下游石膏盐积正常干旱土代表性单个土体①典型景观与剖面

表6-17 下游石膏盐积正常干旱土代表性单个土体①物理性质

| 土层 | 深度/cm | >2 mm 砾石/% | 细土颗粒组成（粒径）/(g/kg) | | | 质地 | 容重/(g/cm³) |
			砂粒(0.05~2 mm)	粉粒(0.002~0.05 mm)	黏粒(<0.002 mm)		
Ay	0~5	60	645	180	175	砂质壤土	1.59
By	5~20	75	508	264	228	砂质黏壤土	1.60
Byz	>20	75	515	262	223	砂质黏壤土	1.53

表6-18 下游石膏盐积正常干旱土代表性单个土体①化学性质

深度/cm	pH	有机碳/(g/kg)	全氮(N)/(g/kg)	全磷(P)/(g/kg)	全钾(K)/(g/kg)	CEC/[cmol(+)/kg]	碳酸钙/(g/kg)	石膏/(g/kg)
0~5	8.1	1.1	0.18	0.42	16.1	9.3	10.5	131.1
5~20	8.0	1.0	0.18	0.34	16.9	10.4	15.5	133.6
>20	8.0	1.5	0.21	0.39	15.1	14.4	38.1	134.0

K：+2～0 cm，干旱结皮。

Ay：0～5 cm，橙色（2.5YR 7/8，干），亮红棕色（10R 5/6，润），60%石砾，砂质壤土，发育弱的粒状–小块状结构，松散–坚硬，可见石膏晶体和粉末，轻度石灰反应，向下层波状清晰过渡。

By：5～20 cm，橙色（2.5YR 7/8，干），亮红棕色（10R 5/6，润），75%石砾，砂质黏壤土，发育弱的中块状结构，坚硬，可见石膏晶体和粉末，轻度石灰反应，向下层波状清晰过渡。

Byz：>20 cm，橙色（2.5YR 7/8，干），亮红棕色（10R 5/6，润），75%石砾，砂质黏壤土，发育弱的中块状结构，坚硬，可见石膏晶体和粉末，轻度石灰反应。

该类型土壤多为戈壁，地势较为平坦，石砾多，植被盖度低，应封禁育草。

代表性单个土体② 位于甘肃省酒泉市金塔县东风航天城东北，三白滩南，40°46′26.278″N，100°8′3.976″E，海拔 960 m，湖积平原，成土母质为风积物，沙漠，胡杨盖度约 5%，50 cm 深度年均土壤温度 9.8 ℃，编号 YG-033（图 6-11，表 6-19 和表 6-20）。

(a) 典型景观　　　　　　　　　　　　　　　(b) 剖面

图 6-11　下游石膏盐积正常干旱土代表性单个土体②典型景观与剖面

表 6-19　下游石膏盐积正常干旱土代表性单个土体②物理性质

土层	深度/cm	>2 mm 砾石/%	细土颗粒组成（粒径）/(g/kg)			质地	容重/(g/cm³)
			砂粒（0.05～2 mm）	粉粒（0.002～0.05 mm）	黏粒（<0.002 mm）		
Az	0～8	0	662	182	155	砂质壤土	1.38
Byz	8～22	0	756	131	113	砂质壤土	1.52

土层	深度/cm	>2 mm 砾石/%	细土颗粒组成（粒径）/(g/kg)			质地	容重/(g/cm³)
			砂粒 (0.05~2 mm)	粉粒 (0.002~0.05 mm)	黏粒 (<0.002 mm)		
By1	22~73	0	843	58	99	壤质砂土	1.51
By2	73~103	0	811	76	113	砂质壤土	1.61

表 6-20　下游石膏盐积正常干旱土代表性单个土体②化学性质

层次/cm	pH	有机碳/(g/kg)	全氮(N)/(g/kg)	全磷(P)/(g/kg)	全钾(K)/(g/kg)	CEC/[cmol(+)/kg]	碳酸钙/(g/kg)	石膏/(g/kg)
0~8	8.0	3.3	0.18	0.37	13.5	2.9	27.2	22.1
8~22	8.0	1.5	0.13	0.31	13.3	1.8	33.8	50.5
22~73	8.1	1.6	0.09	0.26	12.8	1.8	8.4	51.2
73~103	7.9	1.0	0.05	0.32	13.6	2.4	4.5	42.1

K：+2~0 cm，干旱结皮。

Az：0~8 cm，浊橙色（10YR 7/4，干），浊棕色（10YR 5/3，润），砂质壤土，发育弱的粒状-小块状结构，松散-稍坚硬，中度石灰反应，向下层平滑清晰过渡。

Byz：8~22 cm，浊橙色（10YR 7/4，干），浊棕色（10YR 5/3，润），砂质壤土，发育弱的小块状结构，坚硬，可见石膏粉末，中度石灰反应，向下层波状渐变过渡。

By1：22~73 cm，浊橙色（10YR 7/4，干），浊棕色（10YR 5/3，润），壤质砂土，发育弱的小块状结构，坚硬，可见石膏粉末，中度石灰反应，向下层波状清晰过渡。

By2：73~103 cm，浊橙色（10YR 7/4，干），浊棕色（10YR 5/3，润），砂质壤土，发育弱的小块状结构，坚硬，可见石膏粉末和残留的铁锰斑纹，中度石灰反应。

该类型土壤或为半固定沙丘，或为戈壁，地势平坦，植被盖度低，应封禁育草。

（5）石质石膏正常干旱土

石质石膏正常干旱土诊断层包括干旱表层和石膏层；诊断特性包括温性土壤温度状况、干旱土壤水分状况、石质接触面和石灰性。地表遍布粗碎块，土体厚度介于 30~50 cm，之下为洪积砾石层，通体有石灰反应，碳酸钙含量介于 100~120 g/kg，pH 在 7.8 左右，石膏含量介于 80~130 g/kg，土体中砾石含量介于 20%~50%，质地为壤土，砂粒含量介于 400~420 g/kg，干旱结皮厚度介于 1~4 cm，干旱表层厚度介于 5~20 cm，石质接触面出现上界介于 40~50 cm（图 6-12）。

代表性单个土体　位于甘肃省酒泉市肃北蒙古族自治县马鬃山镇特勒门图西北，夏日陶来西南，G7 南，41°55′53.056″N，96°40′25.968″E，海拔 1842 m，剥蚀残丘，成土母质为黄土和岩类风化残积物，戈壁，地表覆盖砾幂，灌木盖度<5%，50 cm 深度年均土壤温度 6.6 ℃，编号 HH064（图 6-13，表 6-21 和表 6-22）。

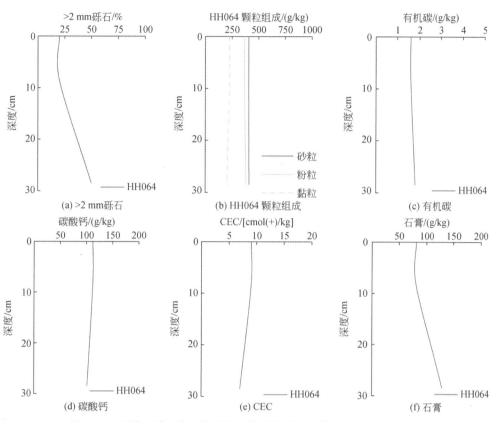

图 6-12 下游石质石膏正常干旱土代表性单个土体理化性质剖面分布

(a) 典型景观　　　　　　　　　　　(b) 剖面

图 6-13 下游石质石膏正常干旱土代表性单个土体典型景观与剖面

表 6-21   下游石质石膏正常干旱土代表性单个土体物理性质

| 土层 | 深度/cm | >2 mm 砾石/% | 细土颗粒组成（粒径）/（g/kg） | | | 质地 | 容重/（g/cm³） |
			砂粒(0.05~2 mm)	粉粒(0.002~0.05 mm)	黏粒(<0.002 mm)		
Ahy	0~17	20	407	366	227	壤土	1.51
By	17~40	50	411	383	205	壤土	1.49

表 6-22   下游石质石膏正常干旱土代表性单个土体化学性质

深度/cm	pH	有机碳/（g/kg）	全氮(N)/（g/kg）	全磷(P)/（g/kg）	全钾(K)/（g/kg）	CEC/［cmol(+)/kg］	碳酸钙/（g/kg）	石膏/（g/kg）
0~17	7.8	1.6	0.22	0.36	17.2	9.0	112.3	81.1
17~40	7.8	1.8	0.23	0.40	15.1	7.0	101.7	129.5

K：+3~0 cm，干旱结皮。

Ahy：0~17 cm，橙白色（10YR 8/2，干），灰黄棕色（10YR 5/2，润），20% 石砾，壤土，发育弱的粒状-小块状结构，松散-坚硬，少量灌木根系，可见石膏粉末，强度石灰反应，向下层波状渐变过渡。

By：17~40 cm，橙白色（10YR 8/2，干），灰黄棕色（10YR 5/2，润），50% 石砾，壤土，发育弱的小块状结构，坚硬，可见石膏粉末，强度石灰反应，向下层波状渐变过渡。

R：>40 cm，基岩。

该类型土壤多为戈壁，地势较为平坦，石砾多，植被盖度低，应封禁育草。

（6）斑纹石膏正常干旱土

斑纹石膏正常干旱土诊断层包括干旱表层、石膏层和雏形层；诊断特性包括温性土壤温度状况、干旱土壤水分状况、氧化还原特征和石灰性。地表粗碎块面积介于 60%~80%，土体厚度在 1 m 以上，通体有石灰反应，碳酸钙含量介于 30~100 g/kg，pH 介于 8.3~9.1，石膏含量介于 20~80 g/kg，层次质地构型为砂质壤土-砂土-黏壤土，砂粒含量介于 590~940 g/kg，干旱结皮厚度介于 1~4 cm，干旱表层厚度介于 8~15 cm，之下的石膏层可见石膏粉末和铁锰斑纹（图 6-14）。

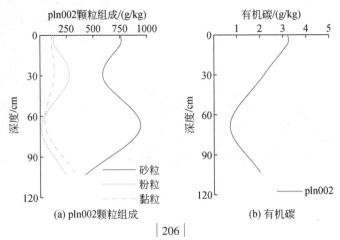

(a) pln002颗粒组成   (b) 有机碳

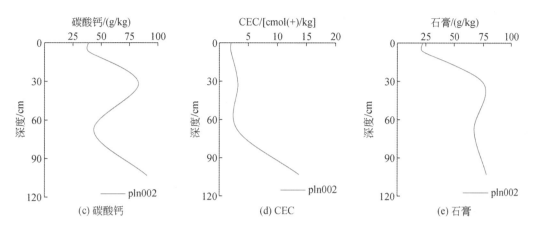

图 6-14　下游斑纹石膏正常干旱土代表性单个土体理化性质剖面分布

代表性单个土体　位于内蒙古阿拉善盟额济纳旗赛汉陶来吉日格日西南，42°01′43.767″N，100°54′14.859″E，海拔 887 m，冲积–湖积平原，成土母质为黄土沉积物，戈壁，胡杨和灌木盖度约 10%，50 cm 深度年均土壤温度 9.5 ℃，编号 pln002（图 6-15，表 6-23 和表 6-24）。

(a) 典型景观　　　　　　　　　　　　(b) 剖面

图 6-15　下游斑纹石膏正常干旱土代表性单个土体典型景观与剖面

表 6-23　下游斑纹石膏正常干旱土代表性单个土体物理性质

土层	深度/cm	>2 mm 砾石/%	砂粒(0.05~2 mm)	粉粒(0.002~0.05 mm)	黏粒(<0.002 mm)	质地	容重/(g/cm³)
			细土颗粒组成（粒径）/(g/kg)				
Ah	0~13	0	754	134	112	砂质壤土	1.52
Byr1	13~50	0	592	274	134	砂质壤土	1.69
Byr2	50~86	5	936	12	52	砂土	1.69
Byr3	>86	0	420	240	340	黏壤土	1.45

表 6-24　下游斑纹石膏正常干旱土代表性单个土体化学性质

深度/cm	pH	有机碳/(g/kg)	全氮(N)/(g/kg)	全磷(P)/(g/kg)	全钾(K)/(g/kg)	CEC/[cmol(+)/kg]	碳酸钙/(g/kg)	石膏/(g/kg)
0~13	8.7	3.2	0.13	0.33	13.1	2.0	38.7	22.4
13~50	9.1	2.1	0.16	0.41	14.9	3.2	83.0	75.1
50~86	9.0	0.7	0.06	0.26	12.9	3.1	43.5	67.2
>86	8.3	2.0	0.28	0.48	18.0	13.7	90.5	77.7

K：+3~0 cm，干旱结皮。

Ah：0~13 cm，浊黄橙色（10YR 7/3，干），灰黄棕色（10YR 5/2，润），砂质壤土，发育弱的粒状–小块状结构，松散稍坚硬，中量灌木根系，中度石灰反应，向下层平滑清晰过渡。

Byr1：13~50 cm，浊黄橙色（10YR 6/3，干），灰黄棕色（10YR 4/2，润），砂质壤土，发育弱的中块状结构，坚硬，少量灌木根系，可见石膏粉末和残留的铁锰斑纹，强度石灰反应，向下层波状清晰过渡。

Byr2：50~86 cm，浊黄橙色（10YR 7/3，干），灰黄棕色（10YR 5/2，润），5% 石砾，砂土，发育弱的中块状结构，坚硬，可见石膏粉末和残留的铁锰斑纹，中度石灰反应，向下层波状清晰过渡。

Byr3：>86 cm，浊黄橙色（10YR 7/3，干），灰黄棕色（7.5YR 5/2），黏壤土，发育弱的小块状结构，坚硬，可见石膏粉末和铁锰斑纹，中度石灰反应。

该类型土壤多为戈壁，地势较为平坦，石砾多，植被盖度低，应封禁育草。

（7）普通石膏正常干旱土

普通石膏正常干旱土诊断层包括干旱表层和石膏层；诊断特性包括温性土壤温度状况、干旱土壤水分状况和石灰性。从 10 个代表性单个土体的统计信息来看（表 6-25 和表 6-26，图 6-16），地表多遍布粗碎块，个别少的也占 60% 左右。土体厚度在 1 m 以上，通体有石灰反应，碳酸钙含量介于 20~40 g/kg，高的可达 130 g/kg。pH 介于 7.2~9.9，石膏含量低的介于 60~90 g/kg，高的介于 120~140 g/kg。土体中多含有砾石，低的在 5% 左右，高的可达 80%。质地偏砂，主要有砂质壤土、壤质砂土和砂土，少量为粉壤土、壤土、黏壤土和粉质黏壤土，砂粒含量低的介于 210～430 g/kg，高的可达 930 g/kg。干旱结皮厚度介于 1～4 cm，干旱表层厚度介于 5～20 cm，之下为石膏层，厚度在 80 cm 以上，部分土体中可见残留的冲积层理。

表 6-25 下游普通石膏正常干旱土物理性质（n=10）

土层	>2 mm 砾石/%	细土颗粒组成（粒径）/(g/kg)			容重/(g/cm³)
		砂粒（0.05～2 mm）	粉粒（0.002～0.05 mm）	黏粒（<0.002 mm）	
A	22±12	538±176	260±135	202±60	1.47±0.11
B	42±19	676±247	170±166	151±77	1.56±0.12

表 6-26 下游普通石膏正常干旱土化学性质（n=10）

土层	pH	有机碳/(g/kg)	全氮(N)/(g/kg)	全磷(P)/(g/kg)	全钾(K)/(g/kg)	CEC/[cmol(+)/kg]	碳酸钙/(g/kg)	石膏/(g/kg)
A	7.9±0.5	2.3±1.8	0.25±0.13	0.47±0.12	15.5±1.9	6.5±3.2	89.2±27.0	98.3±15.6
B	8.3±0.7	1.7±1.3	0.17±0.09	0.35±0.09	14.4±2.0	4.9±3.8	72.3±31.1	106.4±21.9

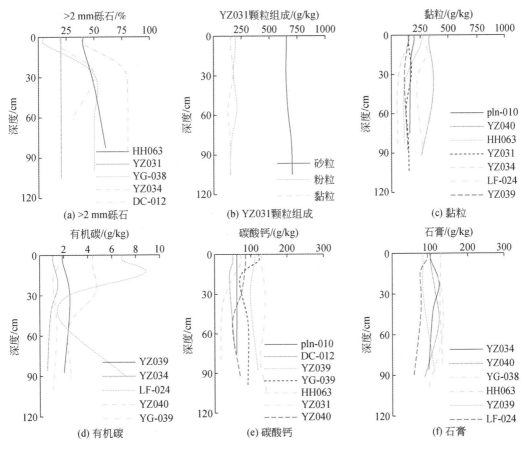

图 6-16 下游普通石膏正常干旱土代表性单个土体理化性质剖面分布

代表性单个土体① 位于内蒙古阿拉善盟额济纳旗巴彦宝格德苏木巴拉吉日戈壁，41°26′23.874″N，100°16′59.070″E，海拔929 m，洪积平原，成土母质为黄土和砾石交错洪积物，戈壁，50 cm深度年均土壤温度9.3 ℃，编号YZ034（图6-17，表6-27和表6-28）。

(a) 典型景观   (b) 剖面

图6-17 下游普通石膏正常干旱土代表性单个土体①典型景观与剖面

表6-27 下游普通石膏正常干旱土代表性单个土体①物理性质

| 土层 | 深度/cm | >2 mm 砾石/% | 细土颗粒组成（粒径）/(g/kg) | | | 质地 | 容重/(g/cm³) |
			砂粒(0.05~2 mm)	粉粒(0.002~0.05 mm)	黏粒(<0.002 mm)		
Ay	0~10	40	823	27	150	砂质壤土	1.58
By1	10~35	75	890	30	80	砂土	1.52
By2	35~52	80	908	40	52	砂土	1.62
By3	>52	80	912	34	54	砂土	1.7

表6-28 下游普通石膏正常干旱土代表性单个土体①化学性质

深度/cm	pH	有机碳/(g/kg)	全氮(N)/(g/kg)	全磷(P)/(g/kg)	全钾(K)/(g/kg)	CEC/[cmol(+)/kg]	碳酸钙/(g/kg)	石膏/(g/kg)
0~10	8.1	1.1	0.19	0.48	17.9	4.0	57.2	102.4
10~35	8.2	1.5	0.21	0.38	16.9	2.8	69.3	125.1
35~52	9.5	0.9	0.17	0.22	14.2	1.5	55.4	107.2
>52	9.5	0.6	0.15	0.26	14.5	1.4	50.2	95.4

K：+2~0 cm，干旱结皮。

Ay：0~10 cm，淡黄橙色（7.5YR 8/3，干），浊棕色（7.5YR 5/3，润），40%石砾，砂质壤土，发育弱的粒状-小块状结构，松散-坚硬，可见石膏粉末，中度石灰反应，向下层波状渐变过渡。

By1：10~35 cm，淡黄橙色（7.5YR 8/3，干），浊棕色（7.5YR 5/3，润），75%石砾，砂土，发育弱的小块状结构，坚硬，可见石膏粉末，中度石灰反应，向下层平滑清晰过渡。

By2：35~52 cm，浊橙色（7.5YR 7/4，干），棕色（7.5YR 4/4，润），80%石砾，砂土，发育弱的小块状结构，坚硬，可见石膏粉末，中度石灰反应，向下层平滑清晰过渡。

By3：>52 cm，浊橙色（7.5YR 7/4，干），棕色（7.5YR 4/4，润），80%石砾，砂土，发育弱的小块状结构，坚硬，可见石膏粉末，中度石灰反应。

该类型土壤多为戈壁，地势较为平坦，石砾多，植被盖度低，应封禁育草。

代表性单个土体②　位于甘肃省酒泉市肃北蒙古族自治县马鬃山镇弓桥段村南，41°37′01.573″N，96°59′09.169″E，海拔1860 m，剥蚀低台地，成土母质为黄土与砾石交错洪积物，戈壁，灌木盖度约5%，50 cm深度年均土壤温度6.7 ℃，编号YG-038（图6-18，表6-29和表6-30）。

(a) 典型景观　　　　　　　(b) 剖面

图 6-18　下游普通石膏正常干旱土代表性单个土体②典型景观与剖面

表 6-29　下游普通石膏正常干旱土代表性单个土体②物理性质

土层	深度/cm	>2 mm 砾石/%	细土颗粒组成（粒径）/（g/kg）			质地	容重/（g/cm³）
			砂粒(0.05～2 mm)	粉粒(0.002～0.05 mm)	黏粒(<0.002 mm)		
Ay	0～10	5	528	300	172	砂质壤土	1.47
By1	10～40	50	880	38	82	壤质砂土	1.63
By2	40～79	50	922	10	68	砂土	1.65
By3	>79	50	856	36	108	壤质砂土	1.58

表 6-30　下游普通石膏正常干旱土代表性单个土体②化学性质

深度/cm	pH	有机碳/（g/kg）	全氮(N)/（g/kg）	全磷(P)/（g/kg）	全钾(K)/（g/kg）	CEC/[cmol(+)/kg]	碳酸钙/（g/kg）	石膏/（g/kg）
0～10	7.3	2.0	0.2	0.58	14.4	7.4	94.8	101.4
10～46	7.5	0.9	0.04	0.31	10.9	2.0	49.6	132.0
46～79	7.2	0.8	0.03	0.33	11.8	2.0	58.5	132.4
>79	7.3	1.1	0.06	0.34	13.3	5.1	52.5	95.7

K：+2～0 cm，干旱结皮。

Ay：0～10 cm，浊黄橙色（10YR 7/3，干），棕灰色（10YR 4/1，润），5%石砾，砂质壤土，发育弱的粒状-小块状结构，松散-坚硬，可见石膏粉末，强度石灰反应，向下层波状清晰过渡。

By1：10～40 cm，浊黄橙色（10YR 7/2，干），棕灰色（10YR 5/1，润），50%石砾，壤质砂土，发育弱的小块状结构，坚硬，可见石膏晶体和粉末，中度石灰反应，向下层波状清晰过渡。

By2：40～79 cm，浊黄橙色（10YR 7/2，干），棕灰色（10YR 5/1，润），50%石砾，砂土，发育弱的小块状结构，坚硬，可见石膏晶体和粉末，中度石灰反应，向下层波状渐变过渡。

By3：>79 cm，浊黄橙色（10YR 7/3，干），棕灰色（10YR 5/1，润），50%石砾，壤质砂土，发育弱的小块状结构，坚硬，可见石膏粉末，中度石灰反应。

该类型土壤多为戈壁，地势较为平坦，石砾多，植被盖度低，应封禁育草。

（8）斑纹简育正常干旱土

斑纹简育正常干旱土诊断层包括干旱表层、雏形层和雏形层；诊断特性包括温性土壤温度状况、干旱土壤水分状况、氧化还原特征和石灰性。地表遍布粗碎块，土体厚度在 1 m 以上，通体有石灰反应，碳酸钙含量介于 30～80 g/kg，pH 介于 7.9～9.8，土体中砾石含量介于 5%～80%，层次质地构型为砂质黏壤土-壤质砂土，砂粒含量介于 540～860 g/kg，干旱结皮厚度介于 1～4 cm，干旱表层厚度介于 8～12 cm，之下的雏形层可见残留的冲积层理，雏形层出现上界在 85 cm 左右，可见铁锰斑纹（图6-19）。

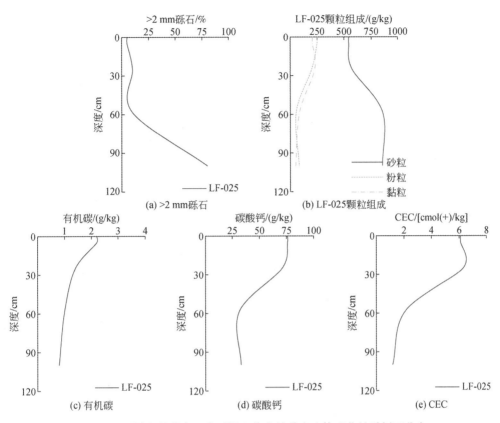

图 6-19 下游斑纹简育正常干旱土代表性单个土体理化性质剖面分布

代表性单个土体 位于内蒙古阿拉善盟额济纳旗赛汉陶来藏查干北，41°52′13.473″N，100°34′53.487″E，海拔 965 m，冲积平原河流低阶地，成土母质为黄土和砾石交错冲积物，戈壁，灌木盖度约 20%，50 cm 深度年均土壤温度 9.3 ℃，编号 LF-025（图 6-20，表 6-31 和表 6-32）。

K：+2 ~ 0 cm，干旱结皮。

Ah：0 ~ 10 cm，浊黄橙色（10YR 7/2，干），灰黄棕色（10YR 4/2，润），5% 石砾，砂质黏壤土，发育弱的粒状-小块状结构，松散-坚硬，少量灌木根系，强度石灰反应，向下层平滑清晰过渡。

Bw1：10 ~ 30 cm，浊黄橙色（10YR 7/2，干），灰黄棕色（10YR 4/2，润），10% 石砾，砂质黏壤土，发育弱的中块状结构，坚硬，少量灌木根系，强度石灰反应，向下层波状清晰过渡。

Bw2：30 ~ 57 cm，浊黄橙色（10YR 7/2，干），灰黄棕色（10YR 4/2，润），10% 石砾，壤质砂土，发育弱的小块状结构，坚硬，可见残留的冲积层理，中度石灰反应，向下层波状清晰过渡。

C：57 ~ 86 cm，浊黄橙色（10YR 7/2，干），灰黄棕色（10YR 4/2，润），80% 石砾，壤质砂土，单粒，无结构，松散，轻度石灰反应，向下层平滑清晰过渡。

(a) 典型景观 　　　　　　　　　　　　　(b) 剖面

图 6-20　下游斑纹简育正常干旱土代表性单个土体典型景观与剖面

表 6-31　下游斑纹简育正常干旱土代表性单个土体物理性质

土层	深度/cm	>2 mm 砾石/%	细土颗粒组成（粒径）/(g/kg)			质地	容重/(g/cm³)
			砂粒 (0.05~2 mm)	粉粒 (0.002~0.05 mm)	黏粒 (<0.002 mm)		
Ah	0~10	5	544	250	206	砂质黏壤土	1.62
Bw1	10~30	10	573	200	228	砂质黏壤土	1.77
Bw2	30~57	10	860	55	85	壤质砂土	1.66
C	57~86	80	858	83	49	壤质砂土	1.62

表 6-32　下游斑纹简育正常干旱土代表性单个土体化学性质

深度/cm	pH	有机碳/(g/kg)	全氮(N)/(g/kg)	全磷(P)/(g/kg)	全钾(K)/(g/kg)	CEC/[cmol(+)/kg]	碳酸钙/(g/kg)
0~10	8.0	2.2	0.21	0.49	15.8	6.1	75.9
10~30	8.3	1.4	0.15	0.43	15.0	6.3	71.1
30~57	7.9	1.0	0.05	0.34	12.6	2.1	31.4
57~86	9.8	0.8	0.03	0.32	13.6	2.1	33.0

　　Cr：>86 cm，浊黄橙色（10YR 6/3，干），灰黄棕色（10YR 4/2，润），黏壤土，单粒，无结构，疏松，可见冲积层理和铁锰斑纹，轻度石灰反应。

　　该类型土壤多为戈壁，地势较为平坦，石砾多，植被盖度较低，应封禁育草。

（9）弱石膏简育正常干旱土

弱石膏简育正常干旱土诊断层包括干旱表层、石膏现象和雏形层；诊断特性包括冷性土壤温度状况、干旱土壤水分状况和石灰性。地表粗碎块面积介于 60%～80%，土体厚度在 1 m 以上，通体有石灰反应，碳酸钙含量介于 20～90 g/kg，pH 介于 8.0～8.1，通体具有石膏现象，石膏含量介于 20～50 g/kg，土体中砾石含量介于 5%～40%，层次质地构型为砂质壤土–砂质黏壤土–壤土，砂粒含量介于 450～840 g/kg，干旱结皮厚度介于 1～4 cm，干旱表层厚度介于 8～10 cm（图 6-21）。

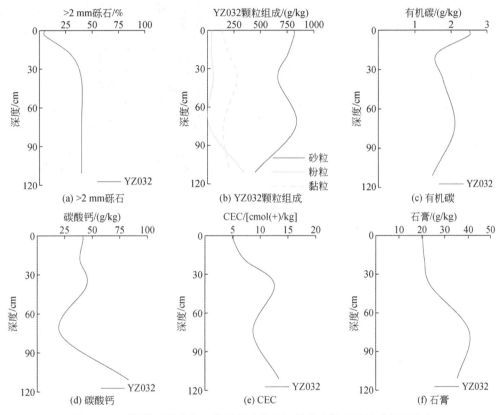

图 6-21　下游弱石膏简育正常干旱土代表性单个土体理化性质剖面分布

代表性单个土体　位于内蒙古阿拉善盟额济纳旗苏泊淖尔苏木策克嘎查西南，42°30′8.960″N，101°14′56.165″E，海拔 905 m，洪积低台地，成土母质为黄土和砾石混杂洪积物，戈壁，50 cm 深度年均土壤温度 8.8 ℃，编号 YZ032（图 6-22，表 6-33 和表 6-34）。

K：+2～0 cm，干旱结皮。

Ay：0～8 cm，淡黄橙色（7.5YR 8/4，干），棕色（7.5YR 4/4，润），5% 石砾，砂质壤土，发育弱的粒状–小块状结构，松散–坚硬，可见石膏粉末，中度石灰反应，向下层波状渐变过渡。

By1：8～30 cm，橙色（7.5YR 6/6，干），棕色（7.5YR 4/4，润），30% 石砾，砂质黏壤土，发育弱的中块状结构，坚硬，3 条宽约 2 mm 的裂隙，可见石膏粉末，中度石灰反应，向下层波状渐变过渡。

(a) 典型景观　　　　　　　　　　(b) 剖面

图 6-22　下游弱石膏简育正常干旱土典型景观与剖面

表 6-33　下游弱石膏简育正常干旱土代表性单个土体物理性质

土层	深度/cm	>2 mm 砾石 /%	细土颗粒组成（粒径）/（g/kg）			质地	容重 /（g/cm³）
			砂粒 (0.05~2 mm)	粉粒 (0.002~0.05 mm)	黏粒 (<0.002 mm)		
Ay	0~8	5	816	41	144	砂质壤土	1.43
By1	8~30	30	757	39	204	砂质黏壤土	1.52
By2	30~47	40	665	55	280	砂质黏壤土	1.49
By3	47~102	40	835	15	150	砂质壤土	1.46
By4	>102	40	450	344	205	壤土	1.53

表 6-34　下游弱石膏简育正常干旱土代表性单个土体化学性质

深度/cm	pH	有机碳 /（g/kg）	全氮 (N)/（g/kg）	全磷 (P)/（g/kg）	全钾 (K)/（g/kg）	CEC/[cmol(+)/kg]	碳酸钙 /（g/kg）	石膏 /（g/kg）
0~8	8.1	2.5	0.29	0.18	18.6	5.2	41.6	20.4
8~30	8.0	1.6	0.22	0.47	17.9	7.2	39.0	21.2
30~47	8.1	1.8	0.24	0.55	20.3	12.6	45.0	23.7
47~102	8.1	2.1	0.26	0.30	17.7	8.7	20.7	40.5
>102	8.2	1.5	0.21	0.36	16.7	13.4	83.2	35.3

By2：30～47 cm，橙色（7.5YR 6/6，干），棕色（7.5YR 4/4，润），40%石砾，砂质黏壤土，发育弱的中块状结构，坚硬，3条宽约2 mm的裂隙，可见石膏粉末，中度石灰反应，向下层波状清晰过渡。

By3：47～102 cm，橙色（7.5YR 6/6，干），棕色（7.5YR 4/4，润），40%石砾，砂质壤土，发育弱的中块状结构，坚硬，2条宽约2 mm的裂隙，可见石膏粉末，轻度石灰反应，向下层波状渐变过渡。

By4：>102 cm，橙色（7.5YR 6/6，干），棕色（7.5YR 4/4，润），40%石砾，壤土，发育弱的中块状结构，坚硬，可见石膏粉末，中度石灰反应。

该类型土壤多为戈壁，地势较为平坦，石砾多，植被盖度极低，应封禁育草。

（10）普通简育正常干旱土

普通简育正常干旱土诊断层包括干旱表层和雏形层；诊断特性包括冷性土壤温度状况、干旱土壤水分状况和石灰性，极个别的在50 cm以下可见残留的氧化还原斑纹特征。从9个代表性单个土体的统计信息来看（表6-35和表6-36，图6-23），地表多遍布粗碎块，少的也可达10%左右。土体厚度多在1 m以上，个别薄的约在80 cm，之下为洪积砾石层。通体有石灰反应，碳酸钙含量介于15～950 g/kg，pH介于7.6～9.4。土体中多含有砾石，含量介于5%～75%。质地主要有砂质壤土、壤质砂土和砂土，少量为砂质黏壤土或粉质黏壤土，砂粒含量介于580～910 g/kg。旱结皮厚度介于1～4 cm，干旱表层厚度介于5～20 cm，之下多为雏形层，部分土体可见残留的冲积层理。

表6-35　下游普通简育正常干旱土物理性质（n=9）

土层	>2 mm 砾石/%	细土颗粒组成（粒径）/(g/kg)			容重/(g/cm³)
		砂粒（0.05～2 mm）	粉粒（0.002～0.05 mm）	黏粒（<0.002 mm）	
A	11±6	690±155	167±108	143±53	1.45±0.13
B	17±5	793±111	97±80	110±35	1.52±0.09
C	75±0	845±38	68±46	87±8	1.58±0.06

表6-36　下游普通简育正常干旱土化学性质（n=9）

土层	pH	有机碳/(g/kg)	全氮(N)/(g/kg)	全磷(P)/(g/kg)	全钾(K)/(g/kg)	CEC/[cmol(+)/kg]	碳酸钙/(g/kg)
A	8.2±0.6	2.7±2.3	0.23±0.19	0.41±0.1	15.49±1.86	3.8±2.6	65.6±28.9
B	8.7±0.3	2.0±1.4	0.16±0	0.33±0.1	15.58±1.83	3.3±3.0	52.0±19.2
C	9.2±0.02	1.2±0.4	0.14±0.11	0.33±0.06	13.9±0.26	1.9±0.4	46.5±29.0

代表性单个土体①　位于甘肃省酒泉市肃北蒙古族自治县马鬃山镇查干哈格东，42°0′24.165″N，96°22′43.142″E，海拔1996 m，剥蚀高平原，成土母质为黄土和砾石混杂冲积物，戈壁，灌木盖度约20%，50 cm深度年均土壤温度6.1℃，编号YZ042（图6-24，表6-37和表6-38）。

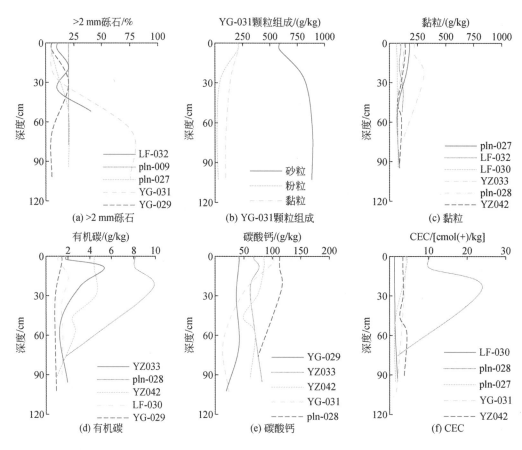

图 6-23 下游普通简育正常干旱土代表性单个土体理化性质剖面分布

(a) 典型景观   (b) 剖面

图 6-24 下游普通简育正常干旱土代表性单个土体①典型景观与剖面

表6-37　下游普通简育正常干旱土代表性单个土体①物理性质

土层	深度/cm	>2 mm 砾石/(%)	细土颗粒组成（粒径）/(g/kg)			质地	容重/(g/cm³)
			砂粒(0.05~2 mm)	粉粒(0.002~0.05 mm)	黏粒(<0.002 mm)		
A	0~18	20	680	181	139	砂质壤土	1.32
Bw1	18~40	30	774	119	107	砂质壤土	1.31
Bw2	40~52	20	899	31	70	砂土	1.44
Bw3	52~65	20	783	110	107	砂质壤土	1.42
Bw4	>65	20	835	77	88	壤质砂土	1.63

表6-38　下游普通简育正常干旱土代表性单个土体①化学性质

深度/cm	pH	有机碳/(g/kg)	全氮(N)/(g/kg)	全磷(P)/(g/kg)	全钾(K)/(g/kg)	CEC/[cmol(+)/kg]	碳酸钙/(g/kg)
0~18	7.2	4.4	0.43	0.55	18.7	3.4	85.0
18~40	7.8	4.6	0.44	0.58	18.8	3.5	74.5
40~52	8.1	2.4	0.28	0.26	19.6	2.6	48.5
52~65	8.1	2.6	0.30	0.63	18.6	4.4	69.3
>65	8.3	0.9	0.17	0.54	20.8	3.7	60.7

K：+2~0 cm，干旱结皮。

A：0~18 cm，浊橙色（7.5YR 7/4，干），棕色（7.5YR 4/3，润），20% 石砾，砂质壤土，发育弱的粒状-小块状结构，松散-坚硬，少量灌木根系，中度石灰反应，向下层波状渐变过渡。

Bw1：18~40 cm，浊橙色（7.5YR 6/4，干），棕色（7.5YR 4/3，润），30% 石砾，砂质壤土，发育弱的小块状结构，坚硬，少量灌木根系，中度石灰反应，向下层波状渐变过渡。

Bw2：40~52 cm，浊橙色（7.5YR 7/4，干），棕色（7.5YR 4/3，润），20% 石砾，砂土，发育弱的小块状结构，坚硬，少量灌木根系，中度石灰反应，向下层平滑渐变过渡。

Bw3：52~65 cm，浊橙色（7.5YR 7/4，干），棕色（7.5YR 4/3，润），20% 石砾，砂质壤土，发育弱的小块状结构，坚硬，可见残留的冲积层理，中度石灰反应，向下层波状渐变过渡。

Bw4：>65 cm，浊橙色（7.5YR 7/4，干），棕色（7.5YR 4/3，润），20% 石砾，壤质砂土，发育弱的小块状结构，坚硬，可见残留的冲积层理，中度石灰反应。

该类型土壤多为戈壁，地势较平坦，石砾多，植被盖度较低，应封禁育草。

代表性单个土体②　位于内蒙古阿拉善盟额济纳旗苏泊淖尔东南，42°7′39.55″N，100°55′25.32″E，海拔875 m，冲积平原低阶地，成土母质为黄土和砾石混杂洪积物，戈壁，灌木盖度约5%，50 cm深度年均土壤温度9.5℃，编号pln-009（图6-25，表6-39和表6-40）。

(a) 典型景观　　　　　　　　　　　　(b) 剖面

图6-25　下游普通简育正常干旱土代表性单个土体②典型景观与剖面

表6-39　下游普通简育正常干旱土代表性单个土体②物理性质

土层	深度/cm	>2 mm 砾石/%	细土颗粒组成（粒径）/（g/kg）			质地	容重/（g/cm³）
			砂粒（0.05~2 mm）	粉粒（0.002~0.05 mm）	黏粒（<0.002 mm）		
A	0~18	20	860	56	83	壤质砂土	1.6
Bw1	18~35	20	811	89	100	壤质砂土	1.57
Bw2	>35	20	920	24	56	砂土	1.64

表6-40　下游普通简育正常干旱土代表性单个土体②化学性质

深度/cm	pH	有机碳/（g/kg）	全氮（N）/（g/kg）	全磷（P）/（g/kg）	全钾（K）/（g/kg）	CEC/[cmol(+)/kg]	碳酸钙/（g/kg）
0~18	8.0	1.0	0.08	0.31	13.8	1.8	40.3
18~35	8.6	1.2	0.07	0.30	14.7	2.2	41.9
>35	9.1	0.8	0.04	0.28	13.2	0.8	29.0

K：+3～0 cm，干旱结皮。

A：0～18 cm，浊黄橙色（10YR 7/3，干），灰黄棕色（10YR 4/2，润），20% 石砾，壤质砂土，发育弱的粒状–小块状结构，松散–坚硬，中度石灰反应，向下层平滑清晰过渡。

Bw1：18～35 cm，浊黄橙色（10YR 7/3，干），灰黄棕色（10YR 4/2，润），20% 石砾，壤质砂土，发育弱的小块状结构，坚硬，可见残留的冲积层理，中度石灰反应，向下层平滑清晰过渡。

Bw2：>35 cm，浊黄橙色（10YR 7/3，干），灰黄棕色（10YR 4/2，润），20% 石砾，砂土，发育弱的小块状结构，坚硬，可见残留的冲积层理，轻度石灰反应。

该类型土壤多为戈壁，地势较为平坦，石砾多，植被盖度极低，应封禁育草。

6.2 盐成土纲

6.2.1 成土环境与成土因素

盐成土纲广泛分布于河流两岸地势低洼的阶地、湖盆洼地和封闭洼地，形成的主要原因是气候干旱，地势低洼，地下水位浅，矿化度高，排水不畅以及生物集盐等。其中，结壳潮湿正常盐成土和普通潮湿正常盐成土广泛分布于河流两岸地势低洼的阶地、湖盆洼地，地下水位较浅，具有潮湿土壤水分状况；普通干旱正常盐成土广泛分布于局部的封闭洼地地带，地下水位较深，已不再参与成土过程，多为含盐多的地面径流在低洼地带汇集后由于旱季强烈蒸发作用而发生盐分表聚，现多为戈壁。成土母质主要为湖积物，个别为冲积–沉积物，海拔介于 900～1000 m，成土母质为黄土性冲积物，植被类型为芦苇、柽柳、泡泡刺等耐盐植物，盖度低的介于 10%～20%，高的可达 70% 左右，年均降水量介于 20～50 mm，年均气温介于 8～9.5 ℃，50 cm 深度年均土壤温度介于 9～10.5 ℃，地下水位一般在 1 m 以下。

6.2.2 主要亚类与基本性状

（1）结壳潮湿正常盐成土

结壳潮湿正常盐成土诊断层包括盐结壳、盐积层和雏形层；诊断特性包括温性土壤温度状况、潮湿土壤水分状况、氧化还原特征和石灰性。从 6 个代表性单个土体的统计信息来看（表 6-41 和表 6-42，图 6-26），地表多遍布盐斑，低的介于 20%～40%。土体厚度在 1 m 以上，多通体具有石灰反应，个别是 60 cm 以上土体有石灰反应，碳酸钙含量低的介于 10～60 g/kg，高的介于 330～340 g/kg，pH 介于 7.9～9.7。质地主要为砂质壤土、壤质砂土、砂土，少量为壤土和砂质黏壤土，砂粒含量介于 360～910 g/kg。盐结壳厚度介于 5～20 cm，盐积层厚度介于 15～30 cm，电导约为 70 dS/m，盐积层之下土体可见铁锰斑纹，地下水位约 1.0 m 以下。

表 6-41 下游结壳潮湿正常盐成土物理性质 (*n* = 6)

土层	>2 mm 砾石 /%	细土颗粒组成（粒径）/(g/kg)			容重 /(g/cm³)
		砂粒（0.05~2 mm）	粉粒（0.002~0.05 mm）	黏粒（<0.002 mm）	
Kz	0	472±59	374±52	154±10	1.32±0.13
B	0	647±89	224±70	129±20	1.5±0.06
C	0	844±58	40±22	117±67	1.68±0.1

表 6-42 下游结壳潮湿正常盐成土化学性质 (*n* = 6)

土层	pH	有机碳 /(g/kg)	全氮(N) /(g/kg)	全磷(P) /(g/kg)	全钾(K) /(g/kg)	CEC/[cmol(+)/kg]	电导 /(dS/m)	碳酸钙 /(g/kg)
Kz	8.9±0.8	5.5±3.3	0.3±0.14	0.4±0.1	123±2.3	5.5±4.8	372.7±265.2	68.4±67.8
B	8.8±0.9	2.6±1.4	0.2±0.09	0.42±0.11	14.1±0.9	5.2±3.3	15±7.3	70±58.9
C	8.9±0.6	0.9±0.2	0.1±0.04	0.31±0.06	14.2±0.5	3.5±1.1	5.2±4.1	37.6±25.0

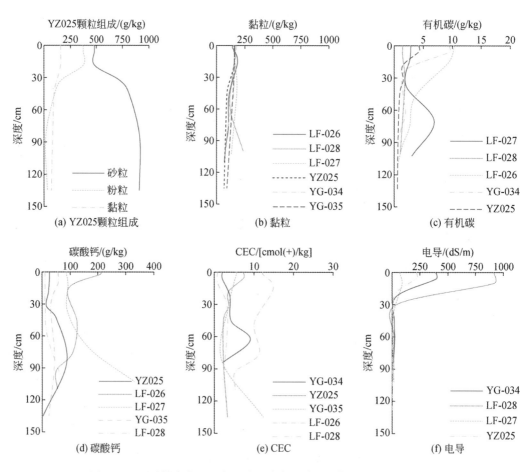

图 6-26 下游结壳潮湿正常盐成土代表性单个土体理化性质剖面分布

代表性单个土体① 位于内蒙古阿拉善旗额济纳旗古日乃苏木沙尔高脑北,阿给音乌素东南,扎兰乃乌素东北,杭盖音嘎顺东,40°48′16.705″N,101°05′15.762″E,海拔969 m,湖积平原,成土母质为黄土湖积物,盐碱地,芦苇盖度约30%,50 cm 深度年均土壤温度10.1 ℃,野外调查采样日期为2013 年8 月1 日,编号YZ025(图6-27,表6-43 和表6-44)。

(a) 典型景观 (b) 剖面

图 6-27 下游结壳潮湿正常盐成土代表性单个土体①典型景观与剖面

表 6-43 下游结壳潮湿正常盐成土代表性单个土体①物理性质

土层	深度/cm	>2 mm 砾石 /%	细土颗粒组成 (粒径)/(g/kg)			质地	容重 /(g/cm³)
			砂粒 (0.05~2 mm)	粉粒 (0.002~0.05 mm)	黏粒 (<0.002 mm)		
Kz	0~11	0	477	367	155	壤土	1.33
Bz	11~26	0	477	367	155	壤土	1.33
Br1	26~38	0	713	165	122	砂质壤土	1.54
Ab	38~50	0	804	102	94	壤质砂土	1.52
Br2	50~120	0	906	14	80	砂土	1.62
Cr	>120	0	903	30	67	砂土	1.7

表 6-44 下游结壳潮湿正常盐成土代表性单个土体①化学性质

深度/cm	pH	有机碳 /(g/kg)	全氮 (N)/(g/kg)	全磷 (P)/(g/kg)	全钾 (K)/(g/kg)	CEC/[cmol(+)/kg]	电导 /(dS/m)	碳酸钙 /(g/kg)
0~11	9.1	4.2	0.41	0.40	13.9	7.2	218.7	24.7
11~26	8.7	1.4	0.20	0.36	13.9	3.4	37.2	21.3

深度/cm	pH	有机碳/(g/kg)	全氮(N)/(g/kg)	全磷(P)/(g/kg)	全钾(K)/(g/kg)	CEC/[cmol(+)/kg]	电导/(dS/m)	碳酸钙/(g/kg)
26~38	9.1	1.5	0.22	0.36	13.8	3.5	2.8	13.8
38~50	9.7	0.9	0.17	0.28	13.5	2.2	2.4	49.7
50~120	10.0	0.6	0.15	0.26	13.1	2.2	1.3	85.4
>120	9.6	0.5	0.14	0.22	14.7	3.2	1.9	1.6

Kz：0~11 cm，盐结壳，壤土，发育弱的小片状结构，稍坚硬，轻度石灰反应，向下层波状清晰过渡。

Bz：11~26 cm，橙白色（10YR 8/2，干），棕灰色（10YR 6/1，润），壤土，发育弱的小块状结构，疏松，少量芦苇根系，轻度石灰反应，向下层波状清晰过渡。

Br1：26~38 cm，淡黄橙色（10YR 8/3，干），灰黄棕色（10YR 6/2，润），砂质壤土，发育弱的中块状结构，疏松，少量芦苇根系，可见铁锰斑纹，轻度石灰反应，向下层波状清晰过渡。

Ab：38~50 cm，橙白色（10YR 8/2，干），棕灰色（10YR 6/1，润），壤质砂土，发育弱的中块状结构，疏松，少量芦苇根系，轻度石灰反应，向下层波状清晰过渡。

Br2：50~120 cm，浊黄橙色（10YR 8/3，干），灰黄棕色（10YR 5/2，润），砂土，发育弱的小块状结构，疏松，少量芦苇根系，可见铁锰斑纹，中度石灰反应，向下层波状清晰过渡。

Cr：>120 cm，浊黄橙色（10YR 7/4，干），浊黄棕色（10YR 4/3，润），砂土，湖泥状，无结构。

该类型土壤为盐碱地，严禁过度放牧，保护现有植被，提高植被盖度，防止沙化。

代表性单个土体②　位于内蒙古阿拉善旗额济纳旗巴彦宝格德苏木木吉湖东，呼和陶勒盖西南，41°29′25.470″N，100°56′47.948″E，海拔987 m，湖积平原，成土母质为黄土湖积物，盐碱地，芦苇盖度约70%，50 cm深度年均土壤温度9.7 ℃，野外调查采样日期为2012年8月19日，编号LF-026（图6-28，表6-45和表6-46）。

Kz：0~4 cm，盐结壳，壤土，发育弱的小片状结构，稍坚硬，强度石灰反应，向下层波状清晰过渡。

Bz：4~27 cm，淡黄橙色（10YR 8/3，干），浊黄棕色（10YR 5/3，润），壤土，发育弱的小块状结构，稍坚硬，中量芦苇根系，可见铁锰斑纹，强度石灰反应，向下层波状渐变过渡。

Br1：27~67 cm，淡黄橙色（10YR 8/3，干），浊黄棕色（10YR 5/3，润），砂质壤土，发育弱的中块状结构，稍坚硬，中量芦苇根系，可见铁锰斑纹，强度石灰反应，向下层波状渐变过渡。

Br2：67~80 cm，浊黄橙色（10YR 7/3，干），浊黄棕色（10YR 5/3，润），壤质砂土，发育弱的中块状结构，稍坚硬，少量芦苇根系，可见铁锰斑纹，强度石灰反应，向下层波状渐变过渡。

(a) 典型景观   (b) 剖面

图 6-28 下游结壳潮湿正常盐成土代表性单个土体②典型景观与剖面

表 6-45 下游结壳潮湿正常盐成土代表性单个土体②物理性质

土层	深度/cm	>2 mm 砾石 /%	细土颗粒组成（粒径）/(g/kg)			质地	容重 /(g/cm³)
			砂粒 (0.05~2 mm)	粉粒 (0.05~0.002 mm)	黏粒 (<0.002 mm)		
Kz	0~4	0	495	368	137	壤土	1.16
Bz	4~27	0	340	480	181	壤土	1.30
Br1	27~67	0	729	164	106	砂质壤土	1.63
Br2	67~80	0	820	78	102	壤质砂土	1.62
Cr1	80~100	0	871	47	82	壤质砂土	1.72
Cr2	>100	0	898	37	65	砂土	1.91

表 6-46 下游结壳潮湿正常盐成土代表性单个土体②化学性质

深度/cm	pH	有机碳 /(g/kg)	全氮 (N)/(g/kg)	全磷 (P)/(g/kg)	全钾 (K)/(g/kg)	CEC/[cmol(+)/kg]	电导 /(dS/m)	碳酸钙 /(g/kg)
0~4	9.7	10.2	0.44	0.53	14.6	12.2	403.0	209.3
4~27	10.0	9.3	0.52	0.68	17.0	14.8	34.0	91.7
27~67	9.6	3.6	0.26	0.60	16.0	10.0	1.4	121.9
67~80	9.3	2.6	0.19	0.52	14.3	11.2	0.7	106.0
80~100	9.1	1.4	0.08	0.36	13.5	5.2	0.5	48.9
>100	9.4	0.6	0.05	0.35	13.6	5.2	0.4	52.9

Cr1：80～100 cm，浊黄橙色（10YR 7/3，干），浊黄棕色（10YR 5/3，润），壤质砂土，单粒，无结构，疏松，可见铁锰斑纹，中度石灰反应，向下层波状渐变过渡。

Cr2：>100 cm，棕灰色（10YR 6/1，干），棕灰色（10YR 4/1，润），砂土，单粒，无结构，疏松，可见铁锰斑纹，中度石灰反应。

该类型土壤为盐碱地，严禁过度放牧，保护现有植被，提高植被盖度，防止沙化。

（2）普通潮湿正常盐成土

普通潮湿正常盐成土诊断层包括盐积层和雏形层；诊断特性包括温性土壤温度状况、潮湿土壤水分状况、氧化还原特征和石灰性。地表盐斑面积介于10%～20%，土体厚度在1 m以上，pH介于8.8～9.5，层次质地构型为壤土–粉壤土–砂质壤土交错，粉粒含量介于290～550 g/kg，盐积层厚度介于15～20 cm，电导介于30～45 dS/m，通体有石灰反应，碳酸钙含量介于40～100 g/kg，雏形层可见铁锰斑纹（图6-29）。

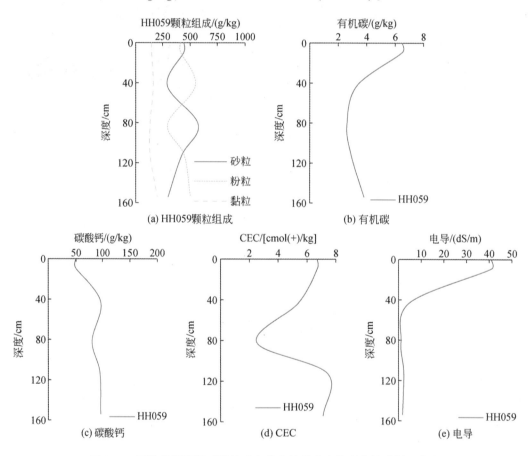

图6-29　下游普通潮湿正常盐成土代表性单个土体理化性质剖面分布

代表性单个土体　位于内蒙古阿拉善盟额济纳旗赛汉陶来藏查干东北，哈劳敖包东，41°51′33″N，100°35′51″E，海拔951 m，冲积平原低洼地，成土母质为黄土沉积物，荒草地，草灌盖度约80%，50 cm深度年均土壤温度9.3 ℃，野外调查采样日期为2013年7月

29 日，编号 HH059（图 6-30，表 6-47 和表 6-48）。

(a) 典型景观   (b) 剖面

图 6-30　下游普通潮湿正常盐成土代表性单个土体典型景观与剖面

表 6-47　下游普通潮湿正常盐成土代表性单个土体物理性质

土层	深度/cm	>2 mm 砾石/%	细土颗粒组成（粒径）/（g/kg）			质地	容重/（g/cm³）
			砂粒（0.05~2 mm）	粉粒（0.002~0.05 mm）	黏粒（<0.002 mm）		
Ahz	0~18	0	443	411	146	壤土	0.99
Ah	18~49	0	292	546	162	粉壤土	1.25
Br1	49~65	0	573	295	132	砂质壤土	0.90
Br2	65~94	0	424	444	132	壤土	1.48
Br3	>94	0	299	501	200	粉壤土	1.42

表 6-48　下游普通潮湿正常盐成土代表性单个土体化学性质

深度/cm	pH	有机碳/（g/kg）	全氮(N)/（g/kg）	全磷(P)/（g/kg）	全钾(K)/（g/kg）	CEC/[cmol(+)/kg]	电导/（dS/m）	碳酸钙/（g/kg）
0~18	8.8	6.5	0.58	0.49	16.5	6.7	40.9	49.0
18~49	9.1	3.3	0.35	0.59	17.0	5.4	4.9	96.4

深度/cm	pH	有机碳 /(g/kg)	全氮 (N)/(g/kg)	全磷 (P)/(g/kg)	全钾 (K)/(g/kg)	CEC/[cmol(+)/kg]	电导 /(dS/m)	碳酸钙 /(g/kg)
49~65	9.5	2.6	0.29	0.52	16.9	2.5	1.0	79.6
65~94	9.2	2.9	0.31	0.54	16.9	7.4	2.2	94.6
>94	9.2	3.8	0.38	0.55	17.9	7.1	1.7	96.4

Ahz：0~18 cm，淡黄橙色（10YR 8/3，干），灰黄棕色（10YR 5/2，润），壤土，发育弱的粒状–小块状结构，松散–稍紧实，多量草被根系，中度石灰反应，向下层波状渐变过渡。

Ah：18~49 cm，淡黄橙色（10YR 8/3，干），灰黄棕色（10YR 5/2，润），粉壤土，发育弱的小块状结构，稍紧实，多量草被根系，强度石灰反应，向下层平滑清晰过渡。

Br1：49~65 cm，淡黄橙色（10YR 8/3，干），灰黄棕色（10YR 5/2，润），砂质壤土，发育弱的小块状结构，紧实，中量草被根系，可见铁锰斑纹，强度石灰反应，向下层波状渐变过渡。

Br2：65~94 cm，浊黄橙色（10YR 7/3，干），灰黄棕色（10YR 5/2，润），壤土，发育弱的小块状结构，紧实，少量草被根系，可见铁锰斑纹，强度石灰反应，向下层波状渐变过渡。

Br3：>94 cm，浊黄橙色（10YR 7/3，干），灰黄棕色（10YR 5/2，润），粉壤土，发育弱的小块状结构，紧实，可见铁锰斑纹，强度石灰反应。

该类型土壤为盐碱地，严禁过度放牧，保护现有植被，提高植被盖度，防止沙化。

（3）普通干旱正常盐成土

普通干旱正常盐成土诊断层包括盐积层和钙积层，部分还有雏形层、盐积现象；诊断特性包括温性土壤温度状况、干旱土壤水分状况和石灰性。从 2 个代表性单个土体的统计信息来看（表6-49 和表6-50，图6-31），地表存在粗碎块，低的介于 20%~50%，高的可达80%以上。土体厚度在 1 m 以上，pH介于7.8~8.9。部分土体中含有砾石，含量介于10%~80%。质地类型多样，有砂质黏壤土、壤质砂土、砂土和粉质黏壤土，砂粒含量低的仅60 g/kg 左右，高的可达 920 g/kg。盐积层厚度介于 15~25 cm，电导介于 30~40 dS/m，通体有石灰反应，钙积层出现上界在 50 cm 以下，碳酸钙含量介于 130~220 g/kg，部分土体中可见残留的冲积层理。

表6-49 下游普通干旱正常盐成土物理性质（$n=2$）

土层	>2 mm 砾石 /%	细土颗粒组成（粒径）/(g/kg)			容重 /(g/cm³)
		砂粒（0.05~2 mm）	粉粒（0.002~0.05 mm）	黏粒（<0.002 mm）	
A	10.5±2.75	669±15.2	167.8±5.6	163.2±20.8	1.505±0.001
B	80	839	62	99	1.59
C	20	519.53±396.47	280.21±263.21	200.02±133.02	1.52±0.09

表6-50 下游普通干旱正常盐成土化学性质 ($n=2$)

土层	pH	有机碳/(g/kg)	全氮(N)/(g/kg)	全磷(P)/(g/kg)	全钾(K)/(g/kg)	CEC/[cmol(+)/kg]	电导/(dS/m)	碳酸钙/(g/kg)
A	7.9±0.01	1.4±0.19	0.15±0.04	0.309±0.03	15.3±1.2	3.7±0.6	33.8±0.4	35.9±14.6
B	9.2±0	1.1±0	0.18±0	0.18±0	15.5±0	1.7±0	5.5±0	31.1±0
C	9.4±0.7	1.6±0.7	0.24±0.07	0.38±0.1	15.5±3.3	5.4±4.3	7.7±5.3	163.1±65.9

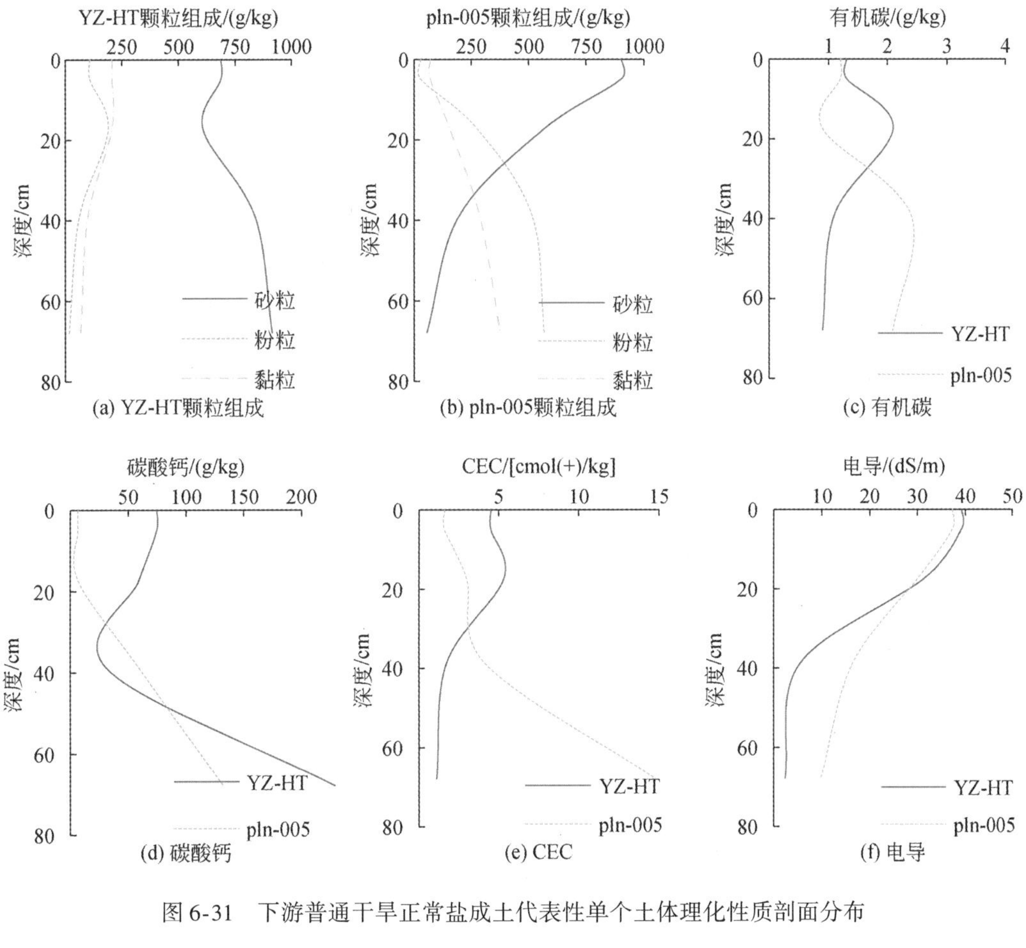

图6-31 下游普通干旱正常盐成土代表性单个土体理化性质剖面分布

代表性单个土体① 位于内蒙古阿拉善盟额济纳旗赛汉陶来准乌素东北，波日格音乌素东南，绍布格日波日格西，41°54′44.355″N，99°55′13.480″E，海拔890 m，湖积平原，成土母质为黄土湖积物，戈壁，芦苇盖度约10%，50 cm深度年均土壤温度9.5 ℃，野外调查采样日期为2012年8月28日，编号pln-005（图6-32，表6-51和表6-52）。

Az1：0～10 cm，淡黄橙色（10YR 8/3，干），灰黄棕色（10YR 6/2，润），5%石砾，砂土，发育弱的粒状–小块状结构，松散–坚硬，中量芦苇根系，向下层波状渐变过渡。

| (a) 典型景观 | (b) 剖面 |

图 6-32　下游普通干旱正常盐成土代表性单个土体①典型景观与剖面

表 6-51　下游普通干旱正常盐成土代表性单个土体①物理性质

| 土层 | 深度/cm | >2 mm 砾石/% | 细土颗粒组成（粒径）/（g/kg） | | | 质地 | 容重/（g/cm³） |
			砂粒（0.05~2 mm）	粉粒（0.002~0.05 mm）	黏粒（<0.002 mm）		
Az1	0~10	5	901	29	70	砂土	1.85
Az2	10~25	5	565	279	156	砂质壤土	1.29
Bw	25~53	0	196	516	287	粉质黏壤土	1.43
Bk	>53	0	55	569	376	粉质黏壤土	1.42

表 6-52　下游普通干旱正常盐成土代表性单个土体①化学性质

深度/cm	pH	有机碳/（g/kg）	全氮（N）/（g/kg）	全磷（P）/（g/kg）	全钾（K）/（g/kg）	CEC/［cmol（+）/kg］	电导/（dS/m）	碳酸钙/（g/kg）
0~10	8.1	1.2	0.05	0.30	15.7	1.6	37.3	6.5
10~25	7.8	0.9	0.08	0.22	11.2	3.0	30.1	6.9
25~53	8.4	2.4	0.33	0.47	17.0	4.2	16.4	59.7
>53	8.9	2.1	0.28	0.49	20.6	14.8	9.8	132.2

Az2：10~25 cm，淡黄橙色（10YR 8/3，干），灰黄棕色（10YR 6/2，润），5% 石砾，砂质壤土，发育弱的中块状结构，坚硬，少量芦苇根系，向下层平滑清晰过渡。

Bw：25~53 cm，浊黄橙色（10YR 7/3，干），灰黄棕色（10YR 5/2，润），粉质黏壤土，发育弱的大块状结构，坚硬，少量芦苇根系，中度石灰反应，向下层波状清晰过渡。

Bk：>53 cm，浊黄橙色（10YR 7/3，干），灰黄棕色（10YR 5/2，润），粉质黏壤土，发育弱的大块状结构，坚硬，强度石灰反应。

该类型土壤多为戈壁，地势平坦，石砾较多，植被盖度低，应封境育草。

代表性单个土体②　位于内蒙古阿拉善盟额济纳旗巴彦宝格德苏木四十三号东南，三十八号西北，三白滩东北，40°54′45.618″N，100°20′0.823″E，海拔 1028 m，洪积平原，成土母质为黄土和砾石交错洪积物，戈壁，50 cm 深度年均土壤温度 9.8 ℃，野外调查采样日期为 2013 年 8 月 1 日，编号 YZ-HT（图 6-33，表 6-53 和表 6-54）。

(a) 典型景观

(b) 剖面

图 6-33　下游普通干旱正常盐成土代表性单个土体②典型景观与剖面

表 6-53　下游普通干旱正常盐成土代表性单个土体②物理性质

土层	深度/cm	>2 mm 砾石/%	细土颗粒组成（粒径）/（g/kg）			质地	容重/（g/cm³）
			砂粒（0.05~2 mm）	粉粒（0.002~0.05 mm）	黏粒（<0.002 mm）		
Az1	0~10	10	686	108	206	砂质黏壤土	1.55
Az2	10~25	20	607	189	204	砂质黏壤土	1.46

| 土层 | 深度/cm | >2 mm 砾石 /% | 细土颗粒组成（粒径）/（g/kg） | | | 质地 | 容重 /（g/cm³） |
			砂粒 (0.05~2 mm)	粉粒 (0.002~0.05 mm)	黏粒 (<0.002 mm)		
C	25~53	80	839	62	99	壤质砂土	1.59
Bk	>53	20	916	17	67	砂土	1.61

表6-54　下游普通干旱正常盐成土代表性单个土体②化学性质

深度/cm	pH	有机碳 /（g/kg）	全氮 (N)/（g/kg）	全磷 (P)/（g/kg）	全钾 (K)/（g/kg）	CEC/[cmol(+)/kg]	电导 /（dS/m）	碳酸钙 /（g/kg）
0~10	7.9	1.3	0.20	0.48	17.5	4.5	39.2	74.5
10~25	8.0	2.1	0.26	0.29	17.7	5.3	31.4	58.9
25~53	9.2	1.1	0.18	0.18	15.5	1.7	5.5	31.1
>53	10.1	0.9	0.17	0.28	12.2	1.1	2.4	229.0

Az1：0~10 cm，浊黄橙色（10YR 6/4，干），浊黄棕色（10YR 4/3，润），10%石砾，砂质黏壤土，发育弱的粒状-小块状结构，松散-坚硬，强度石灰反应，向下层波状渐变过渡。

Az2：10~25 cm，浊黄橙色（10YR 6/4，干），浊黄棕色（10YR 4/3，润），20%石砾，砂质黏壤土，发育弱的小块状结构，坚硬，中度石灰反应，向下层波状渐变过渡。

C：25~53 cm，浊黄橙色（10YR 7/3，干），灰黄棕色（10YR 5/2，润），80%石砾，壤质砂土单粒，无结构，松散，轻度石灰反应，向下层波状渐变过渡。

Bk：>53 cm，浊黄橙色（10YR 7/3，干），灰黄棕色（10YR 5/2，润），20%石砾，砂土，发育弱的小块状结构，坚硬，可见碳酸钙粉末和残留的冲积层理，强度石灰反应。

该类型土壤多为戈壁，地势平坦，石砾较多，植被盖度低，应封境育草。

6.3　雏　形　土　纲

6.3.1　成土环境与成土因素

下游雏形土纲类型不多，仅有弱盐淡色潮湿雏形土1个亚类，分布在赛汉陶来南部，为地势冲积平原的低阶地地带的老盐碱地，海拔介于900~1000 m，成土母质为黄土性冲积物，植被为耐盐灌木，盖度约30%，年均降水量介于20~30 mm，年均气温介于2~3℃，50 cm深度年均土壤温度介于9.5~10.0℃，地下水位介于30~40 cm。

6.3.2　主要亚类与基本性状

弱盐淡色潮湿雏形土诊断层包括淡薄表层和雏形层；诊断特性包括温性土壤温度状况、潮湿土壤水分状况、氧化还原特征、盐积现象和石灰性。地表遍布盐斑，土体厚度在 1 m 以上，通体有石灰反应，碳酸钙含量介于 30 ~ 120 g/kg，pH 介于 8.3 ~ 8.8，盐积现象出现在表层，质地偏砂，主要有砂土、砂质壤土和壤质砂土，少量为壤土，砂粒含量介于 440 ~ 910 g/kg，淡薄表层厚度介于 15 ~ 20 cm，之下的雏形层可见少量铁锰斑纹（图6-34）。

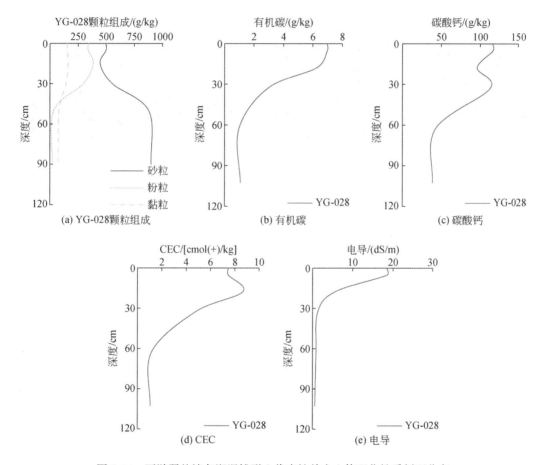

图 6-34　下游弱盐淡色潮湿雏形土代表性单个土体理化性质剖面分布

代表性单个土体　位于内蒙古阿拉善盟额济纳旗赛汉陶来毛川吉南，安都音高勒北，财很恩得楞西，41°43′43.018″N，100°43′22.535″E，海拔 920 m，冲积平原河流低阶地，成土母质为黄土冲积物，盐碱地，灌木盖度约30%，50 cm 深度年均土壤温度 9.6 ℃，野外调查采样日期为 2012 年 8 月 17 日，编号 YG-028（图6-35，表6-55 和表6-56）。

(a) 典型景观　　　　　　　　　　　(b) 剖面

图 6-35　下游弱盐淡色潮湿雏形土代表性单个土体典型景观与剖面

表 6-55　下游弱盐淡色潮湿雏形土代表性单个土体物理性质

| 土层 | 深度/cm | >2 mm 砾石/% | 细土颗粒组成（粒径）/（g/kg） | | | 质地 | 容重/（g/cm³） |
			砂粒（0.05~2 mm）	粉粒（0.002~0.05 mm）	黏粒（<0.002 mm）		
Ahz1	0~10	0	501	343	156	壤土	1.23
Ahz2	10~20	0	449	387	164	壤土	1.25
Br	20~40	0	560	298	143	砂质壤土	1.39
Cr1	40~60	0	883	35	82	壤质砂土	1.61
Cr2	>60	0	904	24	72	砂土	1.58

表 6-56　下游弱盐淡色潮湿雏形土代表性单个土体化学性质

深度/cm	pH	有机碳/（g/kg）	全氮(N)/（g/kg）	全磷(P)/（g/kg）	全钾(K)/（g/kg）	CEC/[cmol(+)/kg]	电导/（dS/m）	碳酸钙/（g/kg）
0~10	8.8	7.0	0.44	0.50	16.0	7.5	18.6	116.8
10~20	8.5	6.3	0.55	0.52	14.3	8.7	5.7	96.6
20~40	8.6	3.0	0.3	0.44	14.9	4.8	1.4	113.7
40~60	8.4	1.0	0.07	0.28	12.6	1.2	1.0	43.1
>60	8.3	1.1	0.07	0.27	13.1	1.1	0.7	39.1

Ahz1：0～10 cm，橙白色（10YR 8/1，干），浊黄橙色（10YR 6/3，润），壤土，发育弱的粒状-小块状结构，松散-疏松，中量草灌根系，强度石灰反应，向下层平滑清晰过渡。

Ahz2：10～20 cm，橙白色（10YR 8/1，干），浊黄橙色（10YR 6/3，润），壤土，发育弱的粒状-小块状结构，疏松，中量草灌根系，强度石灰反应，向下层波状渐变过渡。

Br：20～40 cm，浊黄橙色（10YR 7/2，干），棕灰色（10YR 5/1，润），砂质壤土，发育弱的小块状结构，疏松，少量草灌根系，少量铁锰斑纹，强度石灰反应，向下层波状渐变过渡。

Cr1：40～60 cm，50%浊黄橙色（10YR 7/2，干），棕灰色（10YR 5/1，润）；50%黑棕色（10YR 3/2，干），黑色（10YR 2/1，润）。壤质砂土，湖泥状，无结构，少量铁锰斑纹，中度石灰反应，向下层波状渐变过渡。

Cr2：>60 cm，60%浊黄橙色（10YR 7/2，干），棕灰色（10YR 5/1，润）；40%黑棕色（10YR 3/2，干），黑色（10YR 2/1，润）。砂土，湖泥状，无结构，少量铁锰斑纹，中度石灰反应。

该土壤类型为盐碱地，严禁过度放牧，保护现有植被，提高植被盖度，防止沙化。

6.4　新 成 土 纲

6.4.1　成土环境与成土因素

下游新成土纲类型不多，仅有干旱正常新成土 1 个亚类，主要分布在下游紧邻黑河河道的两岸以及下游西部地区的剥蚀山丘顶部，地貌类型主要有剥蚀高丘、剥蚀高平原、洪积平原等，多为戈壁，海拔介于 950～1900 m，成土母质是以粗骨性的石砾和砂粒物质为主的洪积-冲积物、洪积物，属极其干旱的温带漠境气候，植被类型为极端干旱的荒漠类型，多为耐旱、深根、肉汁的灌木和小灌木，主要优势种有红砂、梭梭、霸王及禾本科猪毛菜等，其生长特点为单个丛状分布，盖度一般低于 5%。年均降水量介于 20～90 mm，年均气温介于 3.5～9.0℃，50 cm 深度年均土壤温度介于 6.8～10.5℃。

6.4.2　主要亚类与基本性状

石灰干旱正常新成土诊断层包括干旱表层；诊断特性包括冷性土壤温度状况、干旱土壤水分状况、石质接触面和石灰性。从 6 个代表性单个土体的统计信息来看（表 6-57 和表 6-58，图 6-36），地表多遍布粗碎块，少的介于 20%～40%。土体厚度在 1 m 以上，通体有石灰反应，碳酸钙含量介于 20～40 g/kg，pH 介于 7.5～9.0。土体中多含有砾石，含量介于 10%～30%。质地偏砂，主要为砂质壤土、壤质砂土和砂质黏壤土，砂粒含量介于 620～930 g/kg。干旱结皮厚度介于 1～4 cm，干旱表层厚度介于 5～20 cm，之下为石质接触面出现上界。

表6-57　下游石灰干旱正常新成土物理性质（*n*=6）

土层	>2 mm 砾石 /%	细土颗粒组成（粒径）/（g/kg）			容重/（g/cm³）
		砂粒（0.05~2 mm）	粉粒（0.002~0.05 mm）	黏粒（<0.002 mm）	
A	31±21	729±101	119±73	151±45	1.56±0.04
C	34±24	878±44	37±33	86±19	1.61±0.04

表6-58　下游石灰干旱正常新成土化学性质（*n*=6）

土层	pH	有机碳 /（g/kg）	全氮 （N)/（g/kg）	全磷 （P）/（g/kg）	全钾 （K）/（g/kg）	CEC/[cmol(+)/kg]	碳酸钙 /（g/kg）
A	7.9±0.4	1.9±0.3	0.15±0.05	0.39±0.09	16.5±2.2	3.7±2.1	56.3±29.1
C	8.8±0.2	1±0.3	0.09±0.05	0.27±0.04	16.3±2.7	2±0.7	32.2±5.3

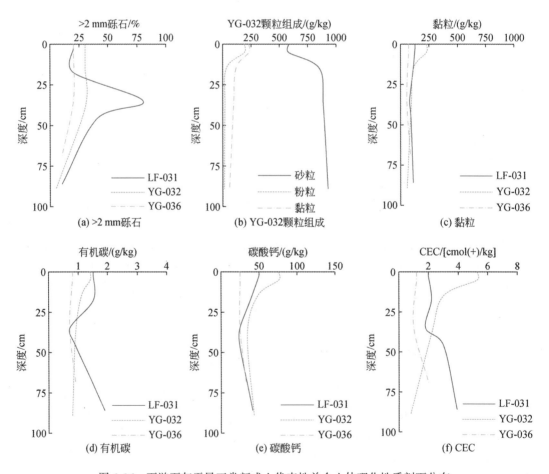

图6-36　下游石灰干旱正常新成土代表性单个土体理化性质剖面分布

代表性单个土体① 位于内蒙古阿拉善盟额济纳旗巴彦宝格德苏木嘛尼查干东北，桐格音乌素西，牛仑木格东南，41°47′16.730″N，100°59′59.419″E，海拔906 m，洪积平原，成土母质为黄土和砾石混杂洪积物，戈壁，灌木盖度<2%，50 cm 深度年均土壤温度9.4 ℃，野外调查采样日期为2013 年7 月28 日，编号HH058（图6-37，表6-59 和表6-60）。

(a) 典型景观 (b) 剖面

图 6-37 下游石灰干旱正常新成土代表性单个土体①典型景观与剖面

表 6-59 下游石灰干旱正常新成土代表性单个土体①物理性质

| 土层 | 深度/cm | >2 mm 砾石/% | 细土颗粒组成（粒径）/(g/kg) | | | 质地 | 容重/(g/cm³) |
			砂粒(0.05 ~ 2 mm)	粉粒(0.002 ~ 0.05 mm)	黏粒(<0.002 mm)		
A	0 ~ 20	10	767	60	172	砂质壤土	1.56
C	>20	75	880	14	107	壤质砂土	1.59

表 6-60 下游石灰干旱正常新成土代表性单个土体①化学性质

深度/cm	pH	有机碳/(g/kg)	全氮(N)/(g/kg)	全磷(P)/(g/kg)	全钾(K)/(g/kg)	CEC/[cmol(+)/kg]	碳酸钙/(g/kg)
0 ~ 20	7.3	1.2	0.19	0.41	17.0	3.7	43.7
>20	8.9	1.1	0.18	0.24	18.1	2.5	27.7

K：+2 ~ 0 cm，干旱结皮。

A：0 ~ 20 cm，淡黄橙色（7.5YR 8/6，干），浊橙色（7.5YR 6/4，润），10% 石砾，砂质壤土，发育弱的粒状-小块状结构，松散-坚硬，可见石膏粉末，中度石灰反应，向下层不规则渐变过渡。

C：>20 cm，淡黄橙色（7.5YR 8/6，干），浊橙色（7.5YR 6/4，润），75%石砾，壤质砂土，单粒，无结构，松散，可见残留的冲积层理。

该类型土壤多为戈壁，地势平坦，石砾较多，植被盖度低，应封境育草。

代表性单个土体②　位于内蒙古阿拉善盟额济纳旗巴彦宝格德苏木二十六号东北，十七号西南，41°01′53.853″N，100°25′21.190″E，海拔1005 m，剥蚀高平原，成土母质为黄土和砾石混杂洪积物，戈壁，50 cm深度年均土壤温度9.8 ℃，野外调查采样日期为2012年8月19日，编号YG-032（图6-38，表6-61和表6-62）。

(a) 典型景观　　　　　　　　　　　　(b) 剖面

图6-38　下游石灰干旱正常新成土代表性单个土体②典型景观与剖面

表6-61　下游石灰干旱正常新成土代表性单个土体②物理性质

土层	深度/cm	>2 mm砾石/%	细土颗粒组成（粒径）/(g/kg)			质地	容重/(g/cm³)
			砂粒（0.05~2 mm）	粉粒（0.002~0.05 mm）	黏粒（<0.002 mm）		
A	0~10	30	581	190	229	砂质黏壤土	1.54
AC	10~20	30	853	31	115	壤质砂土	1.59
C1	20~58	30	888	19	93	壤质砂土	1.63
C2	>58	5	928	14	58	砂土	1.64

表 6-62 下游石灰干旱正常新成土代表性单个土体②化学性质

深度/cm	pH	有机碳/(g/kg)	全氮(N)/(g/kg)	全磷(P)/(g/kg)	全钾(K)/(g/kg)	CEC/[cmol(+)/kg]	碳酸钙/(g/kg)
0~10	7.6	1.4	0.13	0.47	14.7	5.3	76.3
10~20	7.5	1.1	0.08	0.37	13.6	3.0	48.0
20~58	9.2	0.9	0.07	0.30	12.6	2.2	34.2
>58	9.1	0.8	0.04	0.30	11.6	0.8	43.3

K：+3~0 cm，干旱结皮。

A：0~10 cm，浊橙色（7.5YR 7/4，干），灰棕色（7.5YR 5/2，润），30% 石砾，砂质黏壤土，发育弱的粒状-小块状结构，松散-坚硬，可见残留的冲积层理，强度石灰反应，向下层波状渐变过渡。

AC：10~20 cm，浊橙色（7.5YR 6/4，干），灰棕色（7.5YR 5/2，润），30% 石砾，壤质砂土，单粒，无结构，松散，可见残留的冲积层理，轻度石灰反应，向下层波状清晰过渡。

C1：20~58 cm，浊橙色（7.5YR 7/3，干），灰棕色（7.5YR 5/2，润），30% 石砾，壤质砂土，单粒，无结构，松散，可见残留的冲积层理，轻度石灰反应，向下层波状清晰过渡。

C2：>58 cm，浊橙色（7.5YR 7/3，干），棕灰色（7.5YR 4/1，润），5% 石砾，砂土，单粒，无结构，松散，可见残留的冲积层理，轻度石灰反应。

该类型土壤多为戈壁，地势平坦，石砾较多，植被盖度低，应封境育草。

第7章 | 关键土壤属性空间分布与制图

当前黑河流域全覆盖的土壤分布数据是 20 世纪 80 年代全国第二次土壤普查整理获得的 1∶100 万土壤类型分布图，以及基于该类型分布图和第二次土壤普查的剖面点数据（无准确 GPS 坐标定位）通过多边形链接方法获得的土壤属性分布图，数据比较粗略、准确性不高，部分土壤属性现在可能已发生了显著变化，不能满足生态水文过程模拟研究的需要。

基于上述数字土壤制图方法的开发与应用，按照研究方案，参照"全球土壤制图计划"（GlobalSoilMap. net）的土壤信息产品标准规范，预测制作土壤表层（0～20 cm）的土壤属性空间分布图。采用数字土壤制图方法进行土壤类型/属性制图，对经典统计、空间统计和机器学习方法等方法进行应用、比较和开发研究，生成覆盖全流域的系列土壤类型/土壤属性数字分布图，包括土壤类型、土体厚度、砾石含量、土壤有机碳、砂粒、粉粒、黏粒含量、pH、碳酸钙含量等土壤图产品。

对黑河流域这样的复杂景观区域来说，与土壤有较强协同性的环境因素在不同景观区作用不同。根据流域内土壤发生过程及其影响因素研究，可以确定影响土壤空间变异的环境协同因素。流域内的山地丘陵地区，地形梯度比较大，地形属性和植被条件等易于观测获取的环境因素能够反映土壤的空间变化，可以有效地用作环境协同变量，研究如何通过数字地形分析、遥感等方法提取土壤的环境变量；流域内的平原和准平原地区，易于观测获取的地形和植被条件不能或只能部分体现土壤的空间差异，需要开发新的能够反映土壤空间变化的环境因素作为土壤–景观模型的参数。

在制图过程中，对经典统计（多元线性回归等）、空间统计（外部漂移克里格、地理加权回归、地理加权回归克里格等）和机器学习（案例推理、分类回归树、增强回归树、随机森林等）等方法进行了应用、比较和开发研究（Brus et al. , 2016；Yang et al. , 2016；Song et al. , 2017；Liu et al. , 2016）。基于环境变量与预测模型，构建了区域内不同土壤环境关系的知识集。以这种知识集作为依据进行土壤推测，构建依赖于知识的数字制图方法，能够有效地缓解数据驱动的统计/地统计方法等要求样本量大的缺陷。知识驱动的数字制图方法对土壤样本数量和布局没有定量要求，但是要求知识集要比较完备，即尽可能包含区域内所有土壤环境关系的知识。黑河流域目前积累的土壤样本数据隐含着具体位置上的土壤环境关系知识，而已有的传统土壤图则是土壤环境关系的硬化表达。因此，对这些资料进行知识提取和集成利用，可以获取多种土壤与环境关系知识，同时可以减少野外土壤采样工作和花费。本章所介绍的土壤属性图，是建立在土壤与环境关系基础上的预测性制图，并进行了独立验证，基本满足区域尺度的数据使用要求。同时关于该区域制图方法的部分相关文献也列在了书末。

7.1 机械组成

全流域的砂粒含量呈现较强的区域性（图7-1）。上游区域在河谷地带含量较高，下游区域土壤含有大量风化碎屑和大量的原生矿物，粒径大，整体砂粒含量较高。黑河流域土壤表层黏粒含量与砂粒含量的空间分布呈现相反的趋势。下游区域土壤黏粒含量平均值为7.83%，与中、上游区域具有显著性差异。土壤黏粒含量的垂直分布模式主要受母质类型影响，也与地形地貌、土地利用以及物质迁移导致的母质不连续性有关。黑河流域粉粒空间分布呈现较强的空间异质性，上、中、下游区域的平均值分别为60.55%、51.53%、29.24%，差异较为显著（表7-1）。

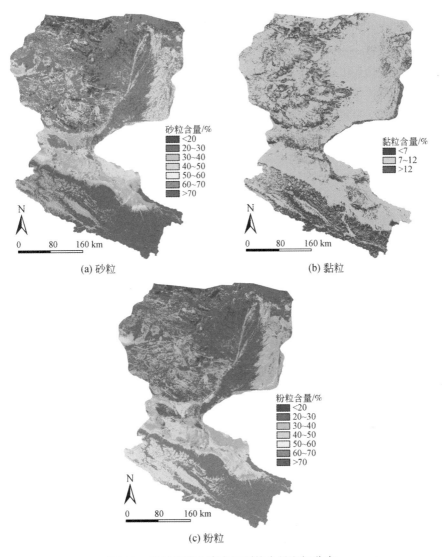

图7-1　黑河流域土壤表层颗粒含量空间分布

表 7-1　黑河流域土壤表层砂粒含量统计　　　　　　（单位：%）

颗粒级别	区域	最小值	最大值	极差	平均值	标准差
砂粒	上游	17.26	51.87	34.62	27.65	4.36
	中游	16.78	75.38	58.60	38.10	10.83
	下游	27.60	79.58	51.98	62.94	7.40
黏粒	上游	6.39	14.84	8.45	11.80	1.20
	中游	4.19	21.30	17.11	10.36	1.44
	下游	3.68	15.47	11.79	7.83	1.02
粉粒	上游	35.51	70.91	35.41	60.55	4.18
	中游	18.40	71.24	52.84	51.53	10.20
	下游	14.84	62.15	47.31	29.24	7.01

随着上游土壤退化加剧，容重、砂粒、石砾、pH 以及碳酸钙含量均呈现明显的上升趋势。中游地区的颗粒组成呈现从上游至下游的过渡状态，即自南向北土壤砂粒含量逐步上升，粉粒与黏粒含量逐步下降。土壤颗粒组成显著影响水分和养分在土壤中的迁移特性，其空间分布特征是区域土壤物理属性特征分析及水文模型下垫面研究的基础。土壤砂粒、粉粒、黏粒之间具有较高的相关性，其中黏粒含量与砂粒、粉粒含量分别呈现负相关（-0.73）、正相关（0.65）的关系，粉粒与砂粒含量呈现很高的负相关（0.99）关系。以土壤砂粒为例，砂粒含量与容重呈现较高的正相关（0.71）关系，与土壤全氮、全磷、全钾均呈现负相关关系，皮尔逊相关系数分别为-0.47、-0.40、-0.31。土壤砂粒含量与海拔、坡度呈现负相关关系，皮尔逊相关系数分别为-0.57、-0.48，与地形湿度指数呈现正相关（0.66）关系。砂粒含量与年均降水量、年均气温分别呈现负相关、正相关关系，皮尔逊相关系数分别为-0.57、0.46，而土壤黏粒和粉粒含量与年均降水量、年均气温分别呈现正相关、负相关的关系。

7.2　容　　重

由容重的空间分布图（图 7-2）可以看出，黑河流域上游、中游地区由于植被盖度较高，表层土壤呈现过松与适宜状态。从表 7-2 可以看出，黑河流域上游地区的土壤容重平均值要显著小于中、下游地区，为 0.89 g/cm³。中游地区的土壤容重平均值（1.26 g/cm³）略低于下游地区（1.32 g/cm³），这是因为中游地区有一部分绿洲灌溉农业区域，仍有较大的区域为戈壁或干旱荒地，土壤容重较高。

土壤容重与土壤全氮、有机碳含量呈现较高的负相关性，皮尔逊相关系数分别为-0.82、-0.80，与土壤砂粒含量呈现高正相关（0.71）。在与流域地形因子相关性方面，黑河流域土壤容重与海拔、坡度、地形湿度指数相关性较高，皮尔逊相关系数分别为-0.79、-0.61、0.69。由于海拔与坡度、地形湿度指数相关性也较高（分别为 0.67、0.80），在具体的制图过程中仅使用海拔这一地形因子。土壤容重总体上沿祁连山北坡自

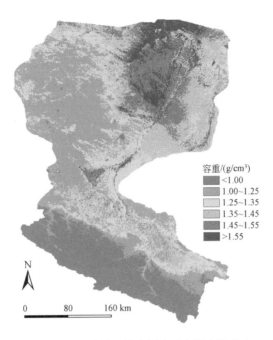

图 7-2 黑河流域土壤表层容重含量空间分布

表 7-2 黑河流域土壤表层容重含量统计　　　　　（单位：g/cm³）

区域	最小值	最大值	极差	平均值	标准差
上游	0.36	1.58	1.21	0.89	0.14
中游	0.68	1.60	0.93	1.26	0.10
下游	0.66	1.77	1.11	1.32	0.11

上而下呈递增趋势，上坡位土壤容重较小可能是由于植被盖度与降水量较高。随着海拔的下降，祁连山北坡出现了更多的冲积扇，降水量较少，植被盖度较低，土壤容重较高。从流域土壤容重空间分布来看，海拔很大程度上影响了土壤容重的空间分布。另外，土壤容重与年均降水量呈现较强的负相关（−0.75），与年均气温呈现较强的正相关（0.76），与湿润指数呈现较强的负相关（−0.82），这主要是由于降水影响着植物生长和土壤有机质积累，而土壤有机质含量与容重呈现负相关。土壤容重与成土母质之间没有明显的相关性。在植被覆盖方面，土壤容重与 NDVI 呈现负相关（−0.78）。

7.3 pH

黑河流域大部分地区呈现石灰性（86%）。从表 7-3 可以看出，上游祁连山区呈现较多的中性地区，约占全流域面积的 8%，平均值为 7.73，略低于中游、下游的平均值（8.26、8.23）。大部分的强石灰性甚至碱性地区分布在下游东部的古日乃湖盆，约占全流域面积的 6%。

表 7-3　黑河流域土壤表层 pH 统计

区域	最小值	最大值	极差	平均值	标准差
上游	6.59	8.57	1.98	7.73	0.46
中游	6.81	8.63	1.82	8.26	0.18
下游	7.77	8.91	1.14	8.23	0.17

黑河流域土壤 pH 与土壤属性具有较高的相关性，与土壤容重、碳酸钙呈现显著的正相关关系，皮尔逊相关系数分别为 0.52、0.32，与土壤全氮、全磷、全钾、CEC、土壤有机碳、黏粒、粉粒含量则呈现显著的负相关关系。土壤 pH 与海拔、NDVI 呈现较为显著的负相关关系，皮尔逊相关性系数分别为 -0.51、-0.49，说明植被盖度较高的高海拔地区土壤 pH 较低，呈现中性状态，在低海拔、低植被盖度的中下游呈现石灰性或强碱性（图 7-3）。下游地区还存在一定的盐碱化土壤。干旱–半干旱地区的土壤多富含碳酸钙。这是因为碳酸钙是土壤呈碱性（pH>7）的主要原因之一，黑河流域石灰性土壤 pH 与碳酸钙含量之间存在一定的关系。相关结果表明（林卡等，2017），黑河流域土壤 pH 与碳酸钙含量之间存在显著的非线性相关，pH 随着碳酸钙含量的增加而逐渐升高，当碳酸钙含量升高到某一阈值后，pH 增幅迅速降低，最终趋于稳定；不同区域、海拔、土纲、成土母质和土地利用方式下，pH 与碳酸钙含量之间的相关程度不同，表现为上游土壤 pH 与碳酸钙含量呈显著正相关，不同的海拔区间 pH 与碳酸钙含量之间具显著正相关，人为土、盐成土、均腐土、雏形土的 pH 与碳酸钙含量显著正相关，冰碛物、残积–坡积物、湖积物发育的土壤 pH 与碳酸钙含量具有极显著正相关，土地利用方式对 pH 与碳酸钙含量的关系影响较小。

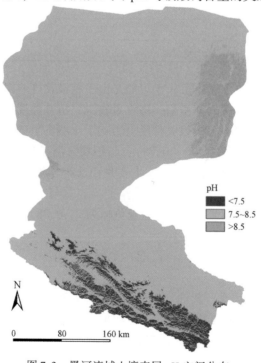

图 7-3　黑河流域土壤表层 pH 空间分布

7.4 有机碳和全氮

土壤有机碳含量（SOC）在空间分布上呈现明显的地域差异［图7-4（a）］：上游>中游>下游。上游祁连山区降水量较高，草灌植被盖度高，加上气温低有利于有机质积累，因此土壤有机碳含量高。中游河西走廊地区大部分是旱地，作物的秸秆还田和根系残留会在一定程度上提高土壤有机碳含量。下游主要是戈壁、沙漠或盐碱地等，植被盖度很低，通过植物残体归还到土壤中的有机物很少，加上干旱且气温较高，有机质矿化分解快，难于在土壤中积累，因此土壤有机碳含量最低。由于景观差异，结合表7-4可以看出，黑河流域中游（0.47 g/kg）与下游（0.17 g/kg）土壤全氮含量相对较为缺乏［图7-4（b）］，上游祁连山区土壤全氮含量较为丰富，平均值为2.16 g/kg。上游地区的地形起伏较大，植被盖度空间变异较大，间接导致土壤全氮含量空间分布的标准差较大（1.24 g/kg）。秦嘉海等（2014）根据不同发育程度的草地及其土壤理化性质分析，证实了未退化草地与轻度退化草地、中度退化草地和重度退化草地相比，有机碳含量随退化程度加剧呈显著减少趋势。

不同样点土壤属性的皮尔逊相关性分析结果表明，土壤全氮含量与有机碳含量呈现极高的正相关（0.91）关系，这与预测结果的空间分布特征相吻合（图7-4）。土壤有机碳含量与全氮、CEC之间呈显著的正相关关系，与土壤容重、pH之间呈显著的负相关关系。以土壤有机碳含量为例，土壤有机碳含量与年均降水量、年均气温分别呈现正相关（0.70）、负相关（0.60）关系。有机碳含量与海拔、地形湿度指数分别呈现正相关（0.64）、负相关（-0.53）关系。NDVI与土壤有机碳含量呈现较高的正相关关系，皮尔逊相关系数为0.67。由于上游地区的植被盖度高，土壤有机碳含量较高。

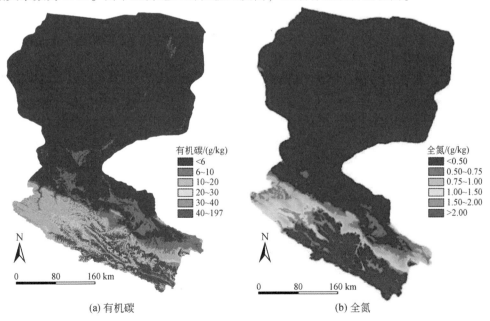

(a) 有机碳 (b) 全氮

图 7-4　黑河流域土壤表层有机碳和全氮含量空间分布

表7-4　黑河流域土壤表层有机碳和全氮含量统计　　　（单位：g/kg）

指标	区域	最小值	最大值	极差	平均值	标准差
有机碳	上游	2.14	86.60	84.46	26.15	16.27
	中游	1.09	80.74	79.66	5.77	6.16
	下游	1.01	8.50	7.49	1.83	0.78
全氮	上游	0.25	6.72	6.46	2.16	1.24
	中游	0.11	3.17	3.06	0.47	0.36
	下游	0.09	0.65	0.56	0.17	0.04

7.5　碳酸钙相当物

总体而言，黑河流域上游碳酸钙含量分布最为复杂，中游其次，下游相对简单，这主要是由上、中、下游景观的复杂性决定的。水平方向呈现从东南向西北和北部逐渐增加的趋势，这主要是由气候控制的，与降水量从东南向西北递减的趋势较为一致，在上、中游地区，这种增加趋势的梯度在垂直方向上从土壤表层向下层明显逐渐变小，这是由气候降水的效应从表层向下衰减所致。就上游而言，表层碳酸钙含量高值区分布在西北和北麓，这些地区降水量比较小，碳酸钙不容易淋失，积聚在表层；表层碳酸钙含量低值区分布在东南部，近似南北走向的河谷地带含量高于其他地区，这些地区降水量相对大，碳酸钙大多已淋洗到土体中下部或已淋出土体。表层碳酸钙含量与地形属性关系密切，与海拔是较为复杂的非线性关系，在2500 m以下（主要是中下游地区）随海拔表层碳酸钙含量有所增加，在上游地区，碳酸钙含量先随海拔增加而降低（3000 m以下），然后（3000 m以上）比较复杂但有一定的随海拔增加而增加的特征。地形湿度指数比较小的部位表层碳酸钙含量较高，相反地形湿度指数比较大的部位表层碳酸钙含量相对较低。表7-5表明，上游与中游的碳酸钙含量平均值（图7-5）分别为112.20 g/kg、100.78 g/kg，均显著高于下游的碳酸钙含量（71.75 g/kg），这是因为祁连山地区地形起伏较大，土壤受到风蚀较为严重，土层较薄，且土壤粗化，大颗粒较多，碳酸钙更容易依附在表层土壤的大颗粒，进而形成不连续的碳酸钙薄膜以及聚积形成淀积较浅的钙积层。

表7-5　黑河流域土壤表层碳酸钙含量统计　　　（单位：g/kg）

区域	最小值	最大值	极差	平均值	标准差
上游	6.50	215.28	208.77	112.20	55.74
中游	10.45	165.59	155.14	100.78	19.81
下游	42.45	149.00	106.55	71.75	12.12

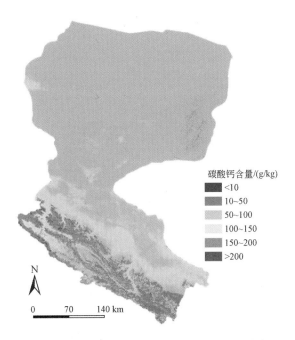

图 7-5　黑河流域土壤表层碳酸钙含量空间分布

土壤碳酸钙含量与环境变量相关性较弱，与大多数的土壤属性相关性也较低。土壤碳酸钙含量与全氮、pH 分别呈负相关、正相关关系，皮尔逊相关系数分别为 -0.33、0.32。在干旱地区，植物有机残体分解产生的碳可参与土壤碳酸钙的形成，许多微生物也会通过分解有机质释放碳酸钙，这也会增加土壤中碳酸钙含量，进而影响土壤碳酸钙含量的空间分布。例如，祁连山的西北部区域，部分沟谷地区的植被盖度较高，其土壤碳酸钙含量也达到了 100 g/kg 以上。预测结果发现，碳酸钙含量随海拔的变化趋势比较复杂，这是由于土样多集中在海拔介于 1000 ~ 2000 m 的中、下游地区，这一地区降水量、有机质含量、土地利用方式、成土母质和土壤类型差异较大，在一定程度上导致碳酸钙含量空间变异较为复杂。

除对全流域土壤碳酸钙进行预测制图外，还对上游地区土壤无机碳储量进行了高精度的预测制图。

土壤无机碳密度在 0 ~ 30 cm、0 ~ 50 cm、0 ~ 100 cm 的空间分布如图 7-6 所示。可以看出，黑河流域上游地区土壤无机碳的空间分布差异较大。较高的土壤无机碳密度主要分布在河谷地带、北部的冲洪积扇、北部的半干旱地区。中部和东部地区的土壤无机碳密度较低。将土壤无机碳密度的空间分布与主要环境因素的空间分布规律进行对比可以发现，土壤无机碳水平分布与环境因素的空间分布规律关系密切。其中，北部地区海拔较低，干旱少雨，植被盖度差，土壤无机碳密度较高；西北部地区寒冷干燥，植被盖度较低，土壤无机碳密度较高；中部和东部地区海拔较高，湿润多雨，植被盖度较高，土壤无机碳密度较低。

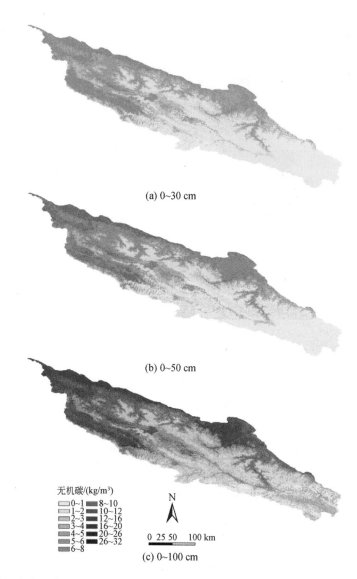

(a) 0~30 cm

(b) 0~50 cm

无机碳/(kg/m³)

0~1　8~10
1~2　10~12
2~3　12~16
3~4　16~20
4~5　20~26
5~6　26~32
6~8

N

0 25 50　100 km

(c) 0~100 cm

图 7-6　黑河流域上游地区土壤无机碳密度在 0~30 cm、0~50 cm、0~100 cm 深度的空间分布

　　土壤无机碳在土体 1 m 深度内的垂直分布示意如图 7-7 所示。从图中可以看出，黑河流域上游地区土壤无机碳的深度分布模式差异明显，如图 7-7 中的 a 点，该区域位于西北部的河谷地带，土壤无机碳基本上随深度增加而递减；又如图 7-7b ~ d 点，由于地形的影响，土壤无机碳的深度分布呈现出高度的不连续性。在黑河流域上游地区，土壤无机碳随深度递减的模式主要分布于西北地区。

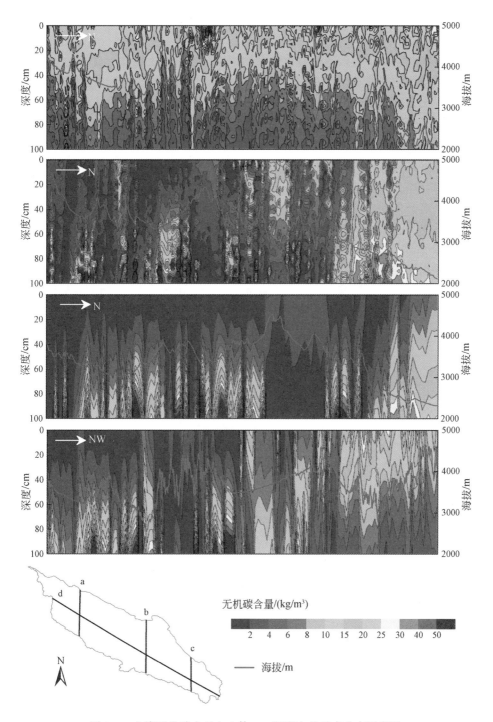

图 7-7　土壤无机碳含量在土体 1 m 深度内的垂直分布示意图

7.6 电 导

土壤盐分涉及土壤中可溶或易溶性盐分的积累，过量的土壤盐分含量是对植物生长的一种胁迫，严重威胁农作物的生产管理，特别是对干旱半干旱地区。土壤电导（EC）是土壤盐分的重要指标，国际上将土壤电导大于 4 dS/m 的土壤定义为盐渍化土壤。预测的黑河流域电导的最低值为 0.05 dS/m，最高值为 82.08 dS/m，受盐分影响较大的土壤主要分布于黑河下游。总体来说，黑河流域土壤电导值大致沿上游向下游逐渐变大，空间分布呈现明显的差异性特征（图 7-8 和表 7-6）：低值主要分布于上游的祁连山森林草原景观区；中值主要分布在中游的河西走廊绿洲景观区；高值则主要分布于下游的阿拉善高原荒漠景观区、弱水三角洲景观区以及古日乃湖盆沙漠景观区。出现这种差异的主要原因在于流域内独特的水文、气候和地形条件。下游土地利用以荒漠为主，干旱指数偏高，且由于地势偏低，接受了大量挟带盐分的地表径流，发展了较高的电导。中游土壤电导较下游有所下降，但是由于中游分布有大量的绿洲农场，引自黑河的灌溉水大大地提升了当地的地下水位，水分蒸发所挟带的盐分在土壤表层聚集，土壤电导升高，从而导致次生盐渍化的发生。上游景观主要为高山森林、草甸，土壤水分状况良好，因此土壤电导较低。

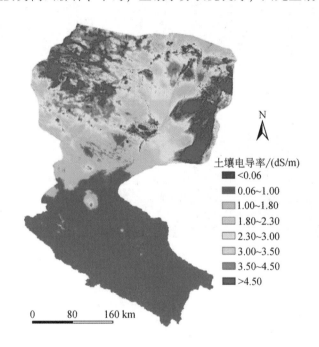

图 7-8 黑河流域土壤表层 EC 空间分布

表 7-6 黑河流域土壤表层 EC 统计 （单位：dS/m）

区域	最小值	最大值	极差	平均值	标准差
上游	0.05	3.18	3.13	0.23	0.17

区域	最小值	最大值	极差	平均值	标准差
中游	0.06	5.05	4.99	0.42	0.41
下游	0.18	82.08	81.90	3.21	2.85

EC 与土壤属性呈现较弱的相关性,与土壤全钾含量呈现显著负相关(-0.21),与土壤容重呈现显著的正相关关系(0.15)。EC 与海拔呈现负相关(-0.23),与地形湿度指数呈正相关(0.24);与年均降水量、年均气温分别呈现负相关、正相关,皮尔逊相关系数分别为-0.21、0.23。EC 与环境因子之间的相关关系呈现较强的空间非平稳性,即与某些环境因子的回归关系在空间上是固定的,而与另一些环境因子的回归关系随空间位置的变化而变化,这主要与空间尺度的大小有关。这些非平稳性关系的存在主要是因为黑河流域差异明显的气候和景观条件。此外,回归残差存在较强的空间异质性,表明土壤 EC 具有一定的空间结构,在进行空间回归建模时,需要同时考虑 EC 与土壤属性的空间非平稳性关系和残差的空间异质性。

7.7 上游草毡层预测制图

黑河上游是整个黑河流域的发源地,海拔高、温度低、冻融交替作用强烈,加之受长期放牧的影响,大量植被(主要是莎草科中的矮嵩草和小嵩草)的死根与活根交织缠结于土壤表层,形成草毡层(龚子同,1999)。李婧等(2012)和 Yang 等(2014)的研究表明,大量的根系和高有机质含量使得草毡层具有较强的水源涵养功能,对于土壤持水性能具有重要的控制作用。此外,草毡层的厚度可指示高寒草甸的退化程度(Zeng et al.,2013)。因此,明确草毡层的空间分布特征对于黑河流域生态环境保护和水资源有效管理具有重要的意义。

利用增强回归树方法建立定量的土壤-景观模型,分析草毡层的发生发育与环境因子之间的关系,初步揭示黑河上游草毡层的空间分布特征。研究结果可丰富我国区域尺度数字土壤制图的基础研究,并可为黑河流域生态保护和水资源有效管理提供急需的数据支持。

总体而言,草毡层的空间分布具有较为明显的区域聚集特征,少量分布于黑河上游北部草毡层分布的海拔下限(黑河上游北部海拔垂直落差大)或西部降水较少的地区,这些地区草毡层的形成多取决于微地形环境。草毡层出现概率较高的地区位于黑河上游的中部和东南部,这些地区降水量相对较大(降水量在黑河上游呈西北向东南递增),地势相对平缓,易于土壤水分的保持,植被生长状况良好,盖度高,且海拔和温度适中,适于植被的生长和根系的缠结,这些气候、地形等环境因素均有利于草毡层的发育。

就草毡层厚度空间分布的总体特征而言(图7-9和图7-10),不同发育程度的草毡层随海拔的降低(海拔3000 m 以上)呈较为明显的条带状分布,发育程度逐渐变强。草毡现象(2.3~5.0 cm)主要分布在海拔高、靠近雪线的位置,该区域温度低,植被能够获取的热量有限,根系发育较弱,不利于草毡层的发育。弱发育(5.0~6.5 cm)的草毡层多分布在山坡的中上部和部分河谷地区,山坡中上部坡度较大,水分难以保留,且温度较低，植被和根系生长受限，草毡层发育弱；分布在河谷地区的弱发育草毡层主要受地下水位较深的限制，根系难以获取水分，受干旱胁迫。中等发育（6.5～9.0 cm）的草毡层多分布在山坡的中、下部，较平缓的地形有利于水分的汇集与保持，海拔相对较低，温度较山坡上部有所提高，冻融交替作用有所增强，有利于植被根系的生长和缠结。由于平缓坡一般较长，土壤中的水分难以迁移（重力作用）至平缓坡的中下部位，强发育（>9.0 cm）的草毡层多分布在山坡下部平缓地区的中上部位。不同发育程度的草毡层空间分布也受坡向的影响，黑河上游东南部峨堡镇至祁连县城的中段，阳坡的草毡层比阴坡的草毡层发育程度高。可能的原因是该区域相对于黑河上游的其他地区降水量大，且山顶有常年冰雪覆盖，植被生长季节内的冰雪融水对土壤水分持续补给，水分不再是限制草毡层发育的最主要因素，阴坡土壤较为潮湿，而阳坡光照充足，有利于植被和根系生长，且冻融交替作用强，有利于根系缠结和草毡层的发育。

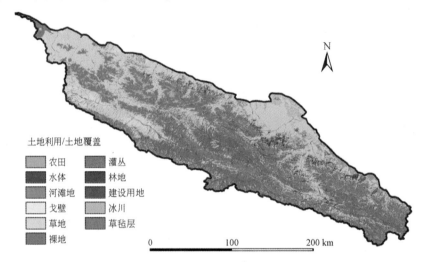

图 7-9　黑河上游草毡层空间分布（是/否出现）

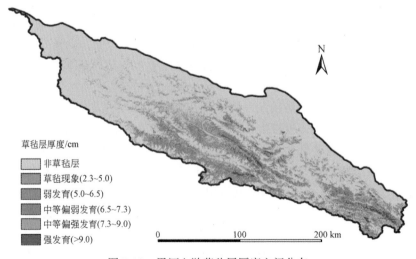

图 7-10　黑河上游草毡层厚度空间分布

7.8 上游土壤有机碳三维制图

土壤有机碳三维制图首先需要建立合理的土壤有机碳深度分布函数。由于草毡表层具有较高的土壤有机碳含量，在深度函数中能否准确地模拟出草毡表层富集土壤有机碳的特点将影响土壤有机碳深度分布的真实性表达以及土壤有机碳库的准确估算。为此，建立了一个分段指数函数来解决这一问题，其结构形式如下：

$$z \leqslant d_{mat} : C_v(z) = C_{mat}$$
$$z > d_{mat} : C_v(z) = C_a \exp(-kz) \tag{7-1}$$

式中，z 为绝对土壤深度（m），最表层为 0；d_{mat} 为草毡表层的厚度（m）；C_{mat} 为草毡表层中土壤有机碳含量（kg/m^3）；$C_v(z)$ 为在深度 z 模拟出的土壤有机碳含量（kg/m^3）；k（>0）为控制土壤有机碳含量随深度的递减速率；C_a 为表层土壤有机碳含量（kg/m^3，在具有草毡表层的土体中 $C_a = C_{mat}$）。定义的深度函数共有四个参数：草毡层的分布（mat）、草毡层的厚度（d_{mat}）、C_a、k。依据这四个参数确定 C_{mat} 值。

应用建立的分段指数函数对土壤有机碳的深度分布进行模拟，如图 7-11 所示：该剖面位于 38.27°N、99.88°E，海拔 3009 m，土壤类型为草毡寒冻雏形土。土体表层是一个典型的草毡表层，厚度约为 18 cm。表层土壤有机碳含量为 41.56 kg/m³，然而随着深度的增加土壤有机碳含量迅速降至 7.03 kg/m³（深度 90~100 cm）。从图 7-11 可以看出，定义的分段指数函数能够很好地模拟草毡表层土体的土壤有机碳随深度的分布。

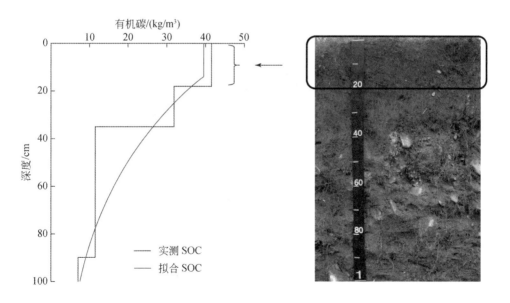

图 7-11 示例：利用分段指数函数在具有草毡表层覆盖的剖面模拟土壤有机碳的深度分布

利用定义的分段指数函数模拟所有土壤样点，模拟出的结果精度较高，决定系数为 0.91。说明本研究建立的深度函数能够很好地模拟出黑河流域上游地区的土壤有机碳深度分布特点（图7-12）。

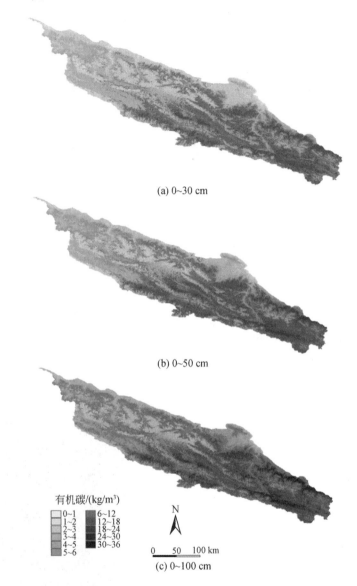

(a) 0~30 cm

(b) 0~50 cm

有机碳/(kg/m³)

□0~1	■6~12
1~2	12~18
2~3	18~24
3~4	24~30
4~5	30~36
5~6	

N

0　50　100 km

(c) 0~100 cm

图7-12　黑河流域上游土壤有机碳密度在0~30 cm、0~50 cm、0~100 cm深度的空间分布

利用分段指数函数对所有样点进行模拟之后，在每个样点位置得到一组土壤有机碳深度分布函数的参数，这些参数可以用来描述该位置土壤有机碳深度分布的特点。分段指数函数中参数的统计结果见表7-7，C_a和K的均值分别为49.89 kg/m³和3.82，标准差分别为48.21 kg/m³和3.64。

表 7-7　分段指数函数中参数的统计表

参数	个数/个	均值	标准差
草毡表层分布	41	—	—
草毡表层厚度/cm	41	14.97	4.15
$C_a/(\text{kg/m}^3)$	99	49.89	48.21
K	99	3.82	3.64

本研究首先利用随机森林模型建立土壤有机碳深度分布函数中四个参数与环境变量之间的定量关系模型。然后将建立的空间预测模型运用在未采样点位置，根据未采样点的环境信息预测该点位的土壤有机碳深度分布函数参数。考虑到本研究中样点数量有限，以及随机森林模型在精度评价方面具有较好的可靠性，利用所有土壤样点参与建模。

上游土壤有机碳密度的空间分布差异较大，中部和东部地区明显高于北部和西北部地区。土壤有机碳水平分布与该地区植被盖度状况的空间分布规律非常相似。中部和东部地区的植被盖度状况明显好于北部和西北部地区。此外，在北部低海拔地区、中部高海拔地区土壤有机碳密度较低。其中北部地区气候干燥，降水是制约该地区土壤有机碳的关键因素；而中部高海拔地区由于所处位置海拔很高，气候寒冷，温度条件可能是限制该地区土壤有机碳的重要因素。

图 7-13 为沿 99.5°E 土壤有机碳含量在 1 m 土体内的垂直分布示意图，从图中可以看

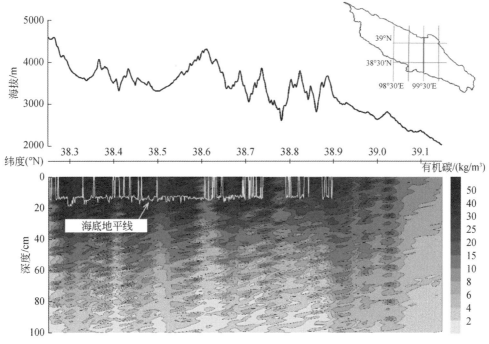

图 7-13　沿 99.5°E 土壤有机碳含量在土体 1 m 深度内的垂直分布示意图

出，土壤有机碳含量在 30 cm 左右深度表现出了上下层之间的明显差异；具有草毡表层覆盖的土壤有更高的有机碳含量；在地形起伏较大的地区，土壤有机碳的水平和垂直分布表现出了较强的空间不连续性特征。

参 考 文 献

白福，李文鹏，黎志恒．2008. 黑河流域植被退化的主要原因分析．干旱区研究，25（2）：219-224.

程国栋．2009. 黑河流域：水、生态、经济系统综合管理研究．北京：科学出版社．

冯学民，蔡德利．2004. 土壤温度与气温及纬度和海拔关系的研究．土壤学报，41（3）：489-491.

甘肃省土壤普查办公室．1993a. 甘肃土壤．北京：农业出版社．

甘肃省土壤普查办公室．1993b. 甘肃土种志．兰州：甘肃科学技术出版社．

龚子同．1999. 中国土壤系统分类-理论·方法·实践．北京：科学出版社．

侯光炯，梭颇．1935. 中国北部及西北部之土壤．土壤专报，（12）．

李婧，杜岩功，张法伟，等．2012. 草毡表层演化对高寒草甸水源涵养功能的影响．草地学报，20（5）：
836-841.

林卡，李德成，张甘霖．2017. 西北黑河流域土壤 pH 与 $CaCO_3$ 相当物含量关系研究．土壤学报，54（2）：
344-353.

马溶之．1938. 甘肃西北部之土壤．土壤专报，（19）：1-8.

马溶之．1943a. 甘肃土壤调查记．边政公论，（2）：7-8.

马溶之．1943b. 甘肃西部和青海东部之土壤及其利用．土壤季刊，3（3-4）：1-2.

马溶之．1944. 甘肃省土壤地理及其利用．新西北月刊．

马溶之．1946. 甘肃省之土壤概要．土壤季刊，5（2）：75-78.

内蒙古自治区土壤普查办公室，内蒙古自治区土壤肥料工作站．1994. 内蒙古土壤．北京：科学出版社．

齐善忠，王涛，罗芳，等．2004. 黑河流域环境退化特征分析及防治研究．地理科学进展，23（1）：
30-37.

青海省农业资源区划办公室．1997. 青海土壤．北京：中国农业出版社．

秦嘉海，张勇，赵芸晨，等．2013. 黑河上游冰沟流域 4 种土壤有机碳分布特征与土壤特性的关系．干旱
地区农业研究，31（5）：200-206.

秦嘉海，张勇，赵芸晨，等．2014. 祁连山黑河上游不同退化草地土壤理化性质及养分和酶活性的变化规
律．冰川冻土，36（2）：335-346.

梭颇．1936. 中国之土壤．南京：（中华民国）实业部地质调查所．

陶希东，赵鸿婕．2002. 黑河流域退化生态系统恢复与重建问题探讨．中国人口·资源与环境，12（6）：
104-106.

张甘霖，龚子同．2012. 土壤调查实验室分析方法．北京：科学出版社．

张甘霖，李德成．2017. 野外土壤描述与采样手册．北京：科学出版社．

张慧智．2008. 中国土壤温度空间预测与表征研究．南京：中国科学院南京土壤研究所．

郑丙辉，田自强，李子成．2005. 黑河流域土地覆盖变化与生态环境退化过程分析．干旱区资源与环境，
19（1）：62-66.

冯国科学院南京土壤研究所，中国科学院西安光学精密机械研究所．1989. 中国土壤标准色卡．南京：南
京出版社．

中国科学院南京土壤研究所土壤系统分类课题组，中国土壤系统分类课题研究协作组．2001. 中国土壤系
统分类检索（第三版）．合肥：中国科学技术大学出版社．

Brus D J, Yang R M, Zhang G L. 2016. Three-dimensional geostatistical modeling of soil organic carbon: A case
study in the Qilian Mountains, China. Catena, 141: 46-55.

Dominique A, Michael G G, Alfred E, et al. 2014. global soil map: toward a fine-resolution global grid of soil Properties//Donald L. Advances in Agronomy, Vol. 125. Burlington: Academic Press: 93-134.

Liu F, Rossiter D G, Song X D, et al. 2016. A similarity-based method for three-dimensional prediction of soil organic matter concentration. Geoderma, 263: 254-263.

Qi S Z, Wang T, Feng J M. 2003. Classification of land degradation in the Heihe River Basin, northwestern China. Ecology and Environment, 12 (4): 427-430.

Song X D, Brus D J, Liu F, et al. 2016. Mapping soil organic carbon content by geographically weighted regression: A case study in the Heihe River Basin, China. Geoderma, 261: 11-22.

Yang F, Zhang G L, Yang J L, et al. 2014. Organic matter controls of soil water retention in an alpine grassland and its significance for hydrological processes. Journal of Hydrology, 519: 3086-3093.

Yang R M, Zhang G L, Liu F, et al. 2016. Comparison of boosted regression tree and random forest models for mapping topsoil organic carbon concentration in an alpine ecosystem. Ecological Indicators, 60: 870-878.

Zeng C, Zhang F, Wang Q. 2013. Impact of alpine meadow degradation on soil hydraulic properties over the Qinghai-Tibetan Plateau. Journal of Hydrology, 478: 148-156.

索　引